C++之旅

（第3版）

[美] **Bjarne Stroustrup** —— 著

pansz —— 译

A Tour of C++
Third Edition

电子工业出版社·

Publishing House of Electronics Industry

北京·BEIJING

内 容 简 介

本书一共 19 章，以 C++20 为标准，讲述了现代 C++所提供的编程特性。

有其他语言编程经验的读者可以从本书中快速了解 C++所具备的功能，从而获得对现代 C++的更全面认知，以便更好地了解现代 C++语言已经发展到的程度。资深程序员可以从本书作者的整体行文风格中感受到他在设计 C++特性时的一些考量及侧重点，了解 C++这门语言在历史上曾经历过的变迁，以及一部分特性为什么会是今天这个样子。

所以，本书适合的读者：有其他语言编程经验，想要了解 C++语言的读者；有传统 C++编程经验，想要了解现代 C++语言特性的读者；有较丰富编程经验且想了解"C++之父"在 C++设计过程中的一些设计细节与思路的读者。

版权贸易合同登记号　图字：01-2023-3451

图书在版编目（CIP）数据

C++之旅：第 3 版/（美）本贾尼·斯特劳斯特鲁普（Bjarne Stroustrup）著；pansz 译. —北京：电子工业出版社，2023.10
书名原文：A Tour of C++, Third Edition
ISBN 978-7-121-46124-8

Ⅰ. ①C… Ⅱ. ①本… ②p… Ⅲ. ①C++语言—程序设计 Ⅳ. ①TP312.8

中国国家版本馆 CIP 数据核字（2023）第 150674 号

责任编辑：张春雨
印　　刷：三河市君旺印务有限公司
装　　订：三河市君旺印务有限公司
出版发行：电子工业出版社
　　　　　北京市海淀区万寿路 173 信箱　　　　　　邮编：100036
开　　本：787×980　1/16　　印张：20.5　　　字数：460 千字
版　　次：2023 年 10 月第 1 版（原书第 3 版）
印　　次：2023 年 11 月第 3 次印刷
定　　价：109.00 元

凡所购买电子工业出版社图书有缺损问题，请向购买书店调换。若书店售缺，请与本社发行部联系，联系及邮购电话：（010）88254888，88258888。
质量投诉请发邮件至 zlts@phei.com.cn，盗版侵权举报请发邮件至 dbqq@phei.com.cn。
本书咨询联系方式：faq@phei.com.cn。

推荐序一

欣闻 C++之父 Bjarne Stroustrup 的最新著作《C++之旅》（第 3 版）中文版即将上市。众所周知，C++20 是在 Bjarne 和 ISO 国际 C++标准委员会众多专家倾力推动下的一个重大版本，不仅包括一些重要特性，如：概念、模块、协程、范围等，还增强了很多语言细节。而 C++也从 C++98 标准开始，历经 C++11、14、17、20 多个版本的迭代，现在支持面向过程、面向对象、泛型编程、函数式编程等多种编程范式。如何将这样一门博大精深的编程语言，融汇贯通于三百页的篇幅，是非常需要功夫的。

Bjarne 在《C++之旅》（第 3 版）中延续了前两版的定位和风格：不求百科全书式的滴水不漏，但求对核心特性的鞭辟入里。不做细枝末节的考究，而致力于现代 C++大局观的构建。这非常适合那些既希望掌握 C++20 的重要核心特性，同时又能快速建立起对现代 C++全局纲领性认知的朋友。这也是一直以来，我对掌握复杂技术秉持的一个观念：首先要依循二八原则，即"永远要将 80%的精力花费在技术最重要的 20%部分"，提纲挈领，才能达到一通百通。对于现代 C++来说，类与层次结构、模板与概念、移动语义、智能指针、lambda 表达式（匿名函数）、模块化等都是这样一些重要的核心特性。同时要站在全局把握技术大局和脉络，要有体系认知能力，不能"只见树木、不见森林"。面向过程、面向对象、泛型编程、函数式编程等编程范式便是现代 C++的纲领体系。作为缔造 C++的大师，Bjarne 显然对这两方面驾轻就熟。

阅读《C++之旅》（第 3 版），还有一个比较吸引我的是每章最后的"建议"部分，在 C++领域濡染多年的朋友都知道，这是 C++社区积累的宝贵财富。每一条建议，都是前辈身经百战的经验总结，可谓句句真经，其实它们也是 Bjarne Stroustrup 领衔的 C++ *Core Guidelines* 开源文档的最初渊源。它们的篇幅虽短，但却很重要，我强烈建议读者反复研读，深入领会这些建议可以大大提升 C++的功力。Bjarne 的图书还有一个小甜点：每个章节前的"箴言"。例如，第 13 章算法章节的箴言是："若无必要，勿增实体。"——威廉·奥卡姆。再比如第 18 章并发章节的箴言是："保持简单：尽可能地简单，但不要过度简化。"——爱因斯坦。有过一定技术历练的读者，读到这些发人深省的哲理，相信也会暗中击掌。

　　"建议"和"箴言"，一个属于经验层次，一个属于哲理层次，这些都是技术道路上进阶的法宝，由此可见 Bjarne Stroustrup 的良苦用心。将 C++20 的重要核心特性、现代 C++的大局观和这些宝贵的"建议""箴言"放在一起，"主料"和"辅料"俱佳，体现出大师手笔。从这个意义上来讲，我认为《C++之旅》（第 3 版）是初入 C++20 的最佳图书。相信本书会给每一位 C++从业者带来一段美好的技术之旅，帮助大家打开 C++20 的大门。

——李建忠

C++及系统软件技术大会主席

ISO 国际 C++标准委员会委员

推荐序二

C++是一门神奇的语言，因为使用它必须要有一个好的心态，比如说要克制住自己不要提前优化。但这并不容易，因为需要对 C++有全面了解，才能让你更加信任语言和编译器，正如C++信任程序员一样。这本书正好起到"师傅领进门"的作用，而且跟其他教程不一样的是，本书内容十分全面，不仅对初学者很有参考价值，而且对大量停留在 C++03 的程序员来说，也是学习 C++20 的好机会。

从 C++11 开始，语言标准就对 C++进行了全面的升级换代，有些过去的知识已经不适用了。由于 C++本身追求兼容各种范式，所以导致各种语法和标准库的内容五花八门。但是在我看来，有几样东西是非学不可的，比如 lambda 表达式，比如 right value reference/move/forward，以及如何跟 template 以及 variadic template argument 互相配合。这些新的语法大大降低了写出zero cost abstraction 类型的难度，对性能强迫症患者来说是一个福音。

C++的更新换代还迎来了一些使得代码长度大幅缩短又不失可读性的新设计，比如<=>操作符、range-based for、auto 和 structured binding 等。还有代替 auto_ptr 而新加入的 shared_ptr、weak_ptr 和 unique_ptr 等，掌握了对象所有权的思考方法，将大大降低内存泄漏的机会。我认为这不仅仅是生产力的解放，更是思维负担的解放。

更加深入地使用 C++的话，我认为需要学习的还有 constexpr 变量/函数/if 语句，以及C++20 新增的 consteval 和 constinit 关键字；如果学有余力的话，还可以学习一下 coroutine 和concept。还记得令人毛骨悚然的模板元编程吗？大部分情况下使用 decltype、declval 及<type_traits>新增的各种_t 和_v 结构，再配合前面说的这些，很多原来必须用模板元编程写的代码如今都变得简单直接，再也无须为重载使用 enable_if 添加那些只为了 SFINAE 存在的多余的类型参数或函数参数了。如果你原本就懂得模板元编程，则可以更加明白它们背后的深意。

虽然到 C++20 为止，还有很多让人喜闻乐见的库没有马上成为标准，不过这也看得出标准委员会对标准精雕细琢的态度。这对于语言的发展来说是一件好事，因为只有有用的标准，才会让几大 C++编译器不会动不动就加入"私货"，使得它们的行为更加统一，写跨平台代码越来越简单。今天，你已经很难随便写出只能在某个 C++编译器上运行的平台无关的代码了。

从 C++11 的脱胎换骨，到 C++14/17 的逐步改进，到 C++20/23 的全面升级，如今 C++在成为一个生产力发达的语言的同时，并没有使你丧失在所有细节上进行优化的机会。这是一把双刃剑，用得好，则代码容易阅读、修改，跑起来还飞快；用得不好，则会令程序员迷失在各种细节里不能自拔。为了让 C++能为自己服务而不是把自己带偏，一本好的导论型教材是十分重要的。我认为 C++创始人编写的这本书正是承担了这样的角色，值得所有 C++程序员好好阅读。

读书之余，学习 C++，仍需不断地练习。

——陈梓瀚（知乎人称轮子哥）

微软技术专家

《C++ Primer 中文版》（第 5 版）审校者

推荐序三

　　这本书是 C++之父 Bjarne Stroustrup 针对已有编程经验的程序员介绍现代 C++最新标准（C++20）的图书。相比 C++之父的另一本书 *The C++ Programming Language*，本书要薄很多，仅有三百多页，理论上你只需要一到两周即可阅读完，然而你却可以快速地从本书中获得包括模块、概念及协程等 C++最新、最重要的特性。与此同时，这本书更精彩的地方莫过于每一章末尾提出的关于本章知识的建议，它们皆为 Bjarne Stroustrup 推荐的最佳实践，我强烈推荐时间有限的读者，即使快读这本书，在章末的"建议"部分也要慢下来，好好研读谨记，我相信你一定有很多收获。另外，如果你阅读这本书发现细节偏少想要探寻更多知识时，本书的"参考文献"部分能给你提供详细的指引。总之，这本书非常适合有编程经验的程序员快速学习 C++最新的特性，本书提供了很多最佳实践，"参考文献"部分可供大家进行参阅及进一步学习。本书是一本非常好的图书，强烈推荐给大家！

——吴钊（知乎 C++大 V：@蓝色）

蔚来自动驾驶 AI 引擎负责人

推荐语

自诞生之初至今，C++一直在积极吸收其他编程语言中的优秀设计理念，如自动类型推导、lambda 表达式、模块和协程等。现如今，C++已广泛应用于系统开发、数据库、游戏、音视频等对性能和效率要求较高的开发领域。《C++之旅》（第 3 版）一书涵盖了从 C、C++98、C++11 到最新的 C++20 中的主要语法特性，它既非详尽的语法教材，也非 API 文档。而是由 Bjarne Stroustrup 从语言设计者的角度出发，简明扼要地介绍 C++的各种语言特性，并阐述其设计思想与哲学的一本书。相信无论是初学者还是经验丰富的 C++开发者，都能从本书中有所收获，尤其是在对 C++及现代 C++的理解上。

——编程指北，知名技术自媒体

C++在计算机发展史上是一门常青藤编程语言。随着计算机软件、互联网、人工智能等技术的蓬勃发展，C++也迎来了脱胎换骨般的变化。概念、模块、范围、协程的引入让这门"古老"的编程语言持续焕发光彩，也让技术极客们可以更安全、更高效地实现更复杂的系统软件。C++就像一壶酒，历久弥香，而我们要想真正感受到它的香甜，就要了解它的历史，它的迭代过程。在本书中，Bjarne Stroustrup，C++的创造者，正是要带领我们走进 C++，揭开它的面纱。而我早已迫不及待想和大家一起开启这本《C++之旅》（第 3 版）了。

——程序员 Carl（孙秀洋），《代码随想录》作者

C++常年保持在编程语言排行榜的前五位。作为一门强大的编程语言，它应用领域广泛，可以用于系统级的开发，也可以用于高性能计算、游戏、音视频、跨平台等很多开发领域。它所具有的灵活性和高效性使其成为许多开发者的首选。对于很多开发者来说，学习 C++可能会面临较大挑战。然而，这本书对 C++的讲解非常系统和有条理。从基础到进阶，介绍了 C++的绝大多数核心知识点，且精炼不冗余，逐步引导读者掌握 C++的各个方面。本书将 C++的核心

知识点以清晰简明的方式呈现，帮助开发者建立起 C++的整体框架和思维模式。值得一提的是，本书每个章节最后都有 C++之父对于本章知识点的一些使用建议。这对开发者来说非常重要，能帮助开发者避免一些常见的错误和陷阱，提高代码质量和开发效率。从 C++11 开始，C++标准委员会做了许多重要的改进，比如自动类型推断、智能指针、lambda 表达式等，这本书还特别强调了这些新特性和现代编程技术，可帮助开发者更方便地编写代码，并且使代码更加简洁、易读。相信大家通过学习本书，能够掌握 C++的精髓，并且能够写出简洁、高效的 C++代码。

——程序喵大人，知名技术自媒体

近几年，市场对 C++的需求有所增长，这与人工智能的持续火爆和 GPU 开发的技术改进有很大关系，这让很多非 C++程序员也跃跃欲试，但是想学好这门语言并不容易。C++之父的这本书可谓生逢其时，为广大程序员量身定制了一条简易路径，让他们能快速理解 C++最新版本的设计理念与核心实现，充分利用已有的编程基础与开发经验，快速跳级到实战应用的水平。艺不压身，多掌握一门重要语言，从《C++之旅》（第 3 版）开始！

——程序员鱼皮，知名技术自媒体

众所周知，与 C++相关的图书非常多，如天上繁星让人眼花缭乱。但如果你有其他编程语言的基础，想要了解现代 C++语言特性，那么，这本书是你绝对不能也不应该错过的。通过阅读本书，你能了解 C++之父在设计 C++特性时的考量和思路，能够跟随他的脚步一起深入了解 C++设计过程中的细节。

——宋浩，微信公众号"拓跋阿秀"作者

掌握 C++并不是轻而易举的事情，需要时间和耐心，更需要指导和方向。这就是《C++之旅》（第 3 版）这本书的价值所在。Bjarne Stroustrup，C++的创造者，以他深厚的知识和丰富的经验，为你指点迷津。他以浅显易懂的语言，详细解析了 C++的核心概念和高级特性，从基础语法到面向对象编程，从 STL 到模板元编程，同时你也可以从中了解从 C++11 到 C++20 的发展脉络，以更全面的视角，学习 C++变化的过程。总之，这本书是你探索 C++世界的理想向导。

——小林 coding，知名技术自媒体

最近十年，C++发生了非常大的变化。遗憾的是，鲜有图书系统性地讲述这些变化。现在，C++之父 Bjarne Stroustrup 博士带着他的新书来了。作为 C++的创始人，他以独特的视角和深入浅出的方式为读者展现了现代 C++的魅力。书中涵盖了从基础语法到现代 C++特性的各个方面，如智能指针、范围、并发编程、协程等。Stroustrup 的讲解既简洁又有深度，使得复杂的概念变得易于理解。他不仅介绍了如何使用 C++，更重要的是，他强调了为什么要这样使用，这种探讨使读者能够更好地理解 C++的设计哲学和原则。总的来说，这本书是一本 C++的精华版指南，非常适合那些想在短时间内了解 C++核心概念的读者。它不仅为初学者提供了坚实的基础知识，也为有经验的程序员提供了宝贵的参考。对于每一个希望深入了解 C++的人来说，本书都是一本必不可少的读物。

——轩辕之风，《趣话计算机底层技术》作者，前百度 C/C++高级软件工程师

对于计算机专业的学生来讲，如果只学一门语言，我建议首选 C/C++。一门语言如果封装的程度太低，会导致学不到现代编程语言的思想精髓。封装程度太高的话，又不利于对操作系统底层实现的理解。而 C/C++语言封装得恰到好处，非常有利于在未来技术成长过程中达到应用和底层的融会贯通。毫无疑问，在 C/C++中，最经典的著作就是 C++之父 Bjarne Stroustrup 的《C++程序设计语言》。但由于编程语言发展得比较快，一些新技术没有被囊括进去。比如近些年在业界应用中比较流行的协程编程模型。很高兴地看到，这本《C++之旅》（第 3 版）中包括了这些比较新的知识点。所以这本书值得大家拥有。

——张彦飞，《深入理解 Linux 网络》作者，字节跳动性能专家工程师

由浮躁的学习风气所致，网上充满了"C/C++难学"或者劝退等言论。然而，从桌面软件到高性能服务，从金融交易系统到游戏开发领域，使用 C++开发的软件默默地为我们服务着。就如同我们每天都能吃到香喷喷的大米饭，可并没有刻意去关心大米的生产过程，但这不意味着它不重要，C++之于基础软件的位置就和大米之于粮食一样。尽管 C++如此重要，但新手程序员惧怕、远离学习 C++，不仅是因为受到错误言论的误导，更重要的是，好的 C++入门学习材料不多。如果有一本书，不需要涉及 C++的方方面面，同时又能细致无遗地解释 C++常用知识点，那该有多好，而《C++之旅》（第 3 版）正是这样的一本书。对新手，它足够友好，结合现代 C++的常用版本特点，介绍了 C++入门的常用语言细节，案例翔实。如果你想将 C++作为你的一个重要开发工具，那么这本《C++之旅》（第 3 版）推荐给你。

——张远龙，《C++服务器开发精髓》作者

译者序

很荣幸能够为大家带来 *A Tour of C++* 的中文翻译版。我选择翻译这本书，是因为项目组恰好开展了能使用最新版本编译器的 C++ 项目，我希望能够更好地了解最新版本的现代 C++，以寻求编程时可以使用的最佳实践。

在翻译过程中，我对本书的主要观点和内容有了更深入的认识。作者认为，使用 C++ 的程序员是要进行系统级开发的，会对性能与效率比较关注，因此在介绍各种语言特性时，本书往往会比其他编程类图书更加关注性能。这让我对 C++ 的设计哲学有了更深刻的理解，同时也让我更加注重代码的性能与效率。

翻译技术类图书的难点在于，一些词汇没有约定俗成的翻译，另一些词汇则存在多种不同的翻译版本。因此，在选择具体用词与统一翻译用词方面需要额外斟酌。我始终坚持要保证翻译的准确性和可读性，以确保读者能够更好地理解和掌握书中的内容。

本书中有大量代码，英文原书中的代码使用特定的颜色进行了标注，而翻译版则使用了加粗的等宽字体来表示原书中的代码，希望读者能够察觉。为了保证代码的可读性和格式的一致性，我花费了很多时间进行排版和校对。

我相信，读者一定能从本书中获益。对于有 C++98 开发经验的读者，可以从本书中获得对现代 C++ 的了解，使自己对 C++ 的理解上升到现代 C++ 的层面。而对于有其他语言编程经验的读者，可以通过本书对 C++ 语言获得基础的了解，从而进一步学习和使用 C++。

最后，我想说的是，翻译图书也同样是学习的过程，其间我自己对翻译的理解也向前迈进了一大步。果然，学而时习之，不亦说乎！

愿大家在阅读本书后能收获满满，感谢你的耐心阅读。

译者　潘诗竹

2023 年 4 月 12 日

前言

现代 C++ 给人感觉像一门新的语言。我是说，相比 C++98 或 C++11 的时代，现在我能够更清晰、更简单、更直接地表达我的想法。不但如此，现代 C++ 生成的程序也更容易被编译器检查，而且运行得更快。

本书展示了 C++20 定义的 C++ 的概况，它是当前 ISO C++ 的标准，并且已被主流 C++ 提供商实现。另外，本书还提到了一些目前已经被使用的组件，但它们还没有被纳入 C++23 标准的计划。

就像其他的现代编程语言一样，C++ 也很"大"，因为它需要大量的库来提高自身的效率。这本薄薄的书旨在让有经验的程序员了解现代 C++ 是由什么构成的，它涵盖了主要的语言特性和主要的标准库组件。本书可以在一两天内读完，但要写出好的 C++ 代码，显然需要比读本书多得多的学习时间。然而本书的目标不是让你精通语言，而是提供概述与关键示例来帮助你着手学习。

你最好已经有一些编程经验。如果不是这样，请考虑先阅读相关的资料再继续阅读本书，推荐的资料有《C++ 程序设计原理与实践》（第 2 版）[Stroustrup, 2014]。即使你以前编写过程序，使用的语言及写过的程序与这里介绍的 C++ 风格也可能存在非常大的区别。

想象一下，在哥本哈根或者纽约等城市观光旅游。在短短几小时内，你快速地浏览了当地主要景点，聆听了一些背景故事，并获得了一些下一步该做什么的建议。但你并不能在这样简

1　古罗马著名哲学家、学者。——译者注

短的旅程中完全理解这座城市，也不能完全理解所见所闻，有些故事听起来可能很奇特甚至不可思议。你也不知道如何驾驭管理城市生活的规则，不管是正式的还是非正式的。要想真正理解一座城市，你必须在这个城市住上几年。然而，如果足够幸运的话，你可能会了解一些概况，对这个城市的特殊之处形成概念，并且对其中的一部分产生兴趣。在这次旅行结束之时，真正的探索才刚刚开始。

《C++之旅》介绍了 C++ 语言的主要特性，它们都支持面向对象和泛型编程之类的编程风格。不要指望本书会像参考手册那样，逐个特性地详细介绍语言的全貌。在最经典的教科书中，是应该在使用一个特性之前对它做出解释的，但其实很难完全做到这样，因为并不是每个人都严格按顺序阅读。我认为本书的读者在技术上已经非常成熟。因此，读者不妨对交叉引用善加利用。

同样，《C++之旅》对标准库的介绍以示例的形式点到为止，不会穷尽所有细节。读者有必要根据需要搜索额外的资料来获取技术支持。C++生态系统涵盖的范围远超 ISO 标准提供的配套工具（例如，库、构建系统、分析工具和开发环境），读者可在网上获得海量（但良莠不齐）的资料。大多数读者可以从 CppCon 和 Meeting C++等会议中发现有用的教程和简要介绍的视频。如果读者想要了解有关语言的技术细节和 ISO C++ 标准提供的库，我推荐 Cppreference 网站。例如，当遇到一个标准库函数或类时，很容易就能在该网站查到它的定义，而且通过查阅它的文档，可以找到许多相关联的工具。

《C++之旅》呈现出来的 C++ 是一个集成的整体，而不是整齐地堆叠在一起的层状蛋糕。因此，具体的语言特性究竟是来自 C、C++98，还是来自更高版本的 ISO 标准，我极少做出标注。此类信息可在第 19 章中找到。我专注于基础知识并尽量保证内容简明扼要，但我并没有完全抵制住过度呈现新特性的诱惑，模块（3.2.2 节）、概念（8.2 节）和协程（18.6 节）这三节就是"例证"。我对最新进展的稍许偏爱，似乎也正好满足了许多已经了解某些旧版本 C++ 知识的读者的好奇心。

编程语言参考手册或标准只是简单地说明了可以做什么，但程序员通常更感兴趣的是学习如何更好地使用该语言。鉴于此，本书所涵盖的主题是精心挑选的，在文字内容上也有所体现，尤其是在建议性章节中。关于现代 C++ 如此优秀的原因，可以在 *C++ Core Guidelines* [Stroustrup,2015]中找到更多观点。如果想进一步探索本书提出的理念，可以将 *C++ Core Guidelines* 视为一个很好的参考来源。你可能会注意到，*C++ Core Guidelines* 和本书在建议的提法及建议的编号上有着惊人的相似之处，其原因之一是，《C++之旅》的第 1 版正是 *C++ Core Guidelines* 初版内容的主要来源。

鸣谢

感谢所有帮助完成和更正《C++之旅》早期版本的人，特别是在哥伦比亚大学参加我的"Design Using C++"课程的学生。感谢摩根士丹利给我时间编写本书。感谢 Chuck Allison、Guy Davidson、Stephen Dewhurst、Kate Gregory、Danny Kalev、Gor Nishanov 和 J.C. van Winkel 审阅本书，并提出了许多改进建议。

我使用 troff 完成本书的排版，并使用了 Brain Kernighan 原创的宏。

Bjarne Stroustrup
于纽约曼哈顿

读者服务

微信扫码回复：46124

- 加入本书读者交流群，与更多同道中人互动
- 获取【百场业界大咖直播合集】（持续更新），仅需 1 元

目录

第 1 章
基础

我们的首要任务是，
干掉所有语言专家！
——《亨利六世》的第 Ⅱ 部分 [1]

- 引言
- 程序
        Hello, World!
- 函数
- 类型、变量与运算
        算术运算；初始化
- 作用域和生命周期
- 常量
- 指针、数组和引用
        空指针
- 检验
- 映射到硬件
        赋值；初始化
- 建议

1.1　引言

本章非正式地展示了 C++的符号、C++的内存和计算模型，以及将代码组织成程序的基本

1　《亨利六世》是莎士比亚的作品。——译者注

机制。这些语言特性支持的编程风格经常会在 C 语言中见到，这种风格有时也被称为面向过程编程。

1.2 程序

C++是一门编译型语言。为了运行程序，它的源代码必须交由编译器处理，在那里生成目标文件，然后由链接器将这些目标文件组装成可执行程序。一个 C++程序通常包含许多源代码文件（简称源文件）。

一个可执行文件通常是为一个特定的硬件与操作系统组合而定制的，也就是说，它在安卓设备与 Windows 个人电脑之间是不可移植的。当我们提到 C++ 程序的可移植性时，通常讨论的是源代码的可移植性；也就是说，源代码可以在多种不同的系统中成功编译，然后运行。

ISO C++标准定义了两种实体：

- 核心语言特性，比如内置类型（例如，**char** 与 **int**）及循环（例如，**for** 语句与 **while** 语句）。
- 标准库组件，比如容器（例如，**vector** 与 **map**）及输入输出操作（例如，**<<**与 **getline()**）。

标准库组件是由每个 C++实现提供的极其普通的 C++代码。看上去，C++标准库可以由 C++自己来实现，确实是这样的（在线程上下文切换等事情上只需要极少量的机器码）。这也暗示了，C++对于要求最苛刻的系统编程任务具有足够的表达能力和效率。

C++是一门静态类型语言。这意味着，每一个实体（例如，对象、值、名称和表达式）在被使用的那一刻，编译器必须知道其准确的类型。目标的类型决定了目标适用的操作集合，以及其在内存中的布局。

1.2.1 Hello, World[1]!

最小的 C++程序是

```
int main() { }                    //最小的 C++程序
```

---

1 通常代表了所有编程语言的第一步。——译者注

这定义了一个名为 **main** 的函数，不接受任何参数，也不做任何事情。

花括号，**{ }**，表达了 C++中的编组。在这里，它用来标识函数体的开始与结束。双斜杠，**//**，标识一段注释的开始，这段注释直到行尾结束。注释是一段供其他人阅读的文本，编译器会忽略注释内容。

每个 C++程序必须有且仅有一个名为 **main()**的全局函数。程序从执行这个函数开始。**main()**函数返回的 **int** 类型的值（如果有的话），是程序返回给"系统"的值。如果没有任何值返回，系统默认收到成功返回值。从 **main()**函数返回一个非零的值代表程序失败，但并非所有操作系统及运行环境都会用到这个返回值：基于 Linux/UNIX 的环境通常使用它，但基于 Windows 的环境极少使用它。

典型的程序会产生一些输出。这里有一个能输出 **Hello, world!** 的程序：

```
import std;

int main()
{
    std::cout << "Hello, World!\n";
}
```

写有 **import std;**的那一行，指示编译器去声明标准库变量的存在。如果没有这个声明，这个表达式

```
std::cout << "Hello, World!\n"
```

就会变得毫无意义。操作符**<<**（"放入"）将其第二个参数写入第一个参数。在这里，字符串字面量 **"Hello, world!\n"** 被写入标准输出流 **std::cout**。字符串字面量是一系列被双引号包裹起来的字符。在字符串字面量内，反斜杠 **** 后跟着一个其他字符，表示一个单独的"特殊字符"。此处 **\n** 就是换行符，所以被写入输出流的是 **Hello, world!** 外加一个换行符。

std::代表 **cout** 来自标准库命名空间（3.3 节），在讨论标准特性时，我通常会省略 **std::**；3.3 节介绍了如何在没有明确指定的情况下让命名空间内的名称对外可见。

指令 **import** 是 C++20 的新特性，但将所有标准库放进一个单独的 **std** 模块还没有成为标准。这个问题将在 3.2.2 节中进行解释。如果你在 **import std;** 这行代码上遇到了麻烦，也可以尝试使用一些传统方法：

```
#include <iostream>              // include 输入输出流库的声明

int main()
{
```

```
    std::cout << "Hello, World!\n";
}
```

上述用法会在 3.2.1 节中进行解释，它支持 1998 年以后的所有 C++实现（19.1.1 节）。

本质上，所有可执行代码最终都会被放进函数，并且直接或间接地被 **main()** 调用，例如：

```
import std;                   // import 标准库中的声明

using namespace std;          // 使 std 中的名称在不用 std:: 时可见（3.3 节）

double square(double x)       // 求双精度浮点数的平方（square）
{
    return x*x;
}

void print_square(double x)
{
    cout << "the square of " << x << " is " << square(x) << "\n";
}

int main()
{
    print_square(1.234);    // 输出：1.234 的平方是 1.52276
}
```

"返回类型"为 **void**，表示函数不返回值。

1.3 函数

C++程序完成某件事情的方法主要通过调用函数来实现。你可以定义新的函数来指定如何完成操作，必须先声明函数然后才能调用它。

函数声明给出了函数的名称，调用函数时所必需的参数类型和数量，以及返回值的类型（如果有的话）。例如：

```
Elem* next_elem();            // 无参数，返回 Elem 的指针（Elem*类型变量）
void exit(int);               // int 参数，无返回值
double sqrt(double);          // double 参数，返回值为 double 类型
```

在函数声明中，返回值的类型在函数名之前，而参数在函数名之后，用括号括起来。

参数传递的语义与初始化的语义相同（3.4.1 节）。这意味着，在检测参数类型的过程中，

在必要时会发生隐式类型转换（1.4 节），例如：

```
double s2 = sqrt(2);           // 调用 sqrt()，参数为 double{2}
double s3 = sqrt("three");     // 错误：sqrt()需要类型为 double 的参数
```

不要低估了编译时检查与类型转换的价值。

函数声明可以包含参数的名称。这可以帮助他人阅读这段程序，但除非在函数声明的同时定义函数体，否则编译器会忽略函数声明中的参数名称。例如：

```
double sqrt(double d);      // 返回 d 的平方根
double square(double);      // 返回参数的平方
```

函数的类型由它的返回值类型和括号中的参数类型序列组成。例如：

```
double get(const vector<double>& vec, int index);
// 函数的类型是: double(const vector<double>&,int)
```

函数可以是类成员（2.3 节、5.2.1 节）。对于成员函数来说，类的名称也是函数类型的一部分。下面是一个例子：

```
char& String::operator[](int index); // 函数的类型是 char& String::(int)
```

我们希望写的代码易于理解，因为这是代码可维护性的第一步。要实现易于理解的代码，首先要将计算任务分解为有意义的块（表示为函数和类），并为其命名。这些函数提供了计算的基本词汇，就像（内置和用户定义的）类型提供了数据的基本词汇一样。

C++标准算法（例如，**find**、**sort** 和 **iota**）提供了一个良好的起点（第 13 章）。接下来，我们将用执行常见或专门任务的函数组合成更大的计算。

代码中的错误数量与代码量和代码复杂性强烈相关。这两个因素导致的问题可以通过使用更多且更短的函数来解决。使用函数来完成特定任务通常可以避免在其他代码中间编写特定的代码片段；将其作为函数可强制我们对任务进行命名并记录其依赖项。如果找不到合适的名称，则很有可能存在设计问题。

如果两个函数使用相同的名称但具有不同的参数类型，则编译器将选择最适合每个调用的函数。例如：

```
void print(int);        // 接受一个整型参数
void print(double);     // 接受一个浮点型参数
void print(string);     // 接受一个字符串参数
void user()
```

```
{
    print(42);                          // 调用 print(int)
    print(9.65);                        // 调用 print(double)
    print("Barcelona");                 // 调用 print(string)
}
```

如果有两个同名函数均可选择，匹配度难分伯仲，这就属于模棱两可的调用，编译器会报错，例如：

```
void print(int,double);
void print(double,int);

void user2()
{
    print(0,0);                         // 错误：模棱两可（ambiguous[1]）
}
```

在编程过程中，可以使用相同的函数名定义多个函数，这被称为函数重载，是泛型编程（8.2 节）的基本特性之一。当一个函数被重载时，同名的每个函数应该实现相同的语义。**print()**函数就是一个例子，每个 **print()** 函数都会打印出它的参数。

1.4 类型、变量与运算

每个名字和每个表达式都有自己的类型，类型决定了它们可以执行的操作。例如：

```
int inch;
```

上述声明指定了 **inch** 是 **int** 类型的；这意味着 **inch** 是整型变量。

声明（declaration）是一条语句，它为程序引入了一个实体，并指定了它的类型：

- 类型（type）定义了对象的取值范围及可进行的操作。
- 对象（object）是某个存放特定类型值的内存空间。
- 值（value）是一系列二进制位，具体含义由其类型定义。
- 变量（variable）是一个有名字的对象。

C++提供了数量堪比一个小型动物园的基础类型，但我不是动物学家，所以在这里不会把它们都列出来。你可以在参考资料中找到它们的所有信息，比如 Cppreference 网站。基础类型

---

1 查看英文的编译器错误信息，能够更好地帮助用户直接在网上搜索。——译者注

的例子如下所示：

```
bool        // 布尔值，可取的值为 true 和 false
char        // 字符，例如，'a'、'z'、'9'
int         // 整数，例如，-273、42、1066
double      // 双精度浮点数，例如，-273.15、3.14、6.626e-34
unsigned    // 非负整数，例如，0、1、999（一般用于位操作）
```

每种基础类型都与硬件设施直接对应，硬件决定了基础类型的固定尺寸，即可存储值的范围：

char 变量的尺寸取决于在指定机器上存放一个字符所需的空间（通常是 8 位，即 1 字节），其他类型的尺寸往往是 **char** 尺寸的整数倍。类型的实际尺寸依赖于实现（即不同机器可以不同），使用 **sizeof** 操作符可以获取对应尺寸。例如，**sizeof(char)** 等于 1 而 **sizeof(int)** 通常为 4。如果需要指定尺寸的类型，可以使用标准库的类型别名，比如，**int32_t**（17.8 节）。

数字可以是浮点数或者整数：

* 浮点字面量含有小数点（例如，**3.14**）或者指数符号（例如，**314e-2**）。
* 整数字面量默认是十进制的（例如，**42** 代表四十二）。前缀 **0b** 表示二进制整数字面量（例如，**0b10101010**）。前缀 **0x** 表示十六进制整数字面量（例如，**0xBAD12CE3**）。前缀 **0** 表示八进制字面量（例如，**0334**）。

为了提升长字面量的可读性，可以使用单引号（**'**）作为数字分隔符。例如，π 的值大约是 **3.14159'26535'89793'23846'26433'83279'50288** 或者是用十六进制表示的 **0x3.243F'6A88'85A3'08D3**。

1.4.1　算术运算

基础类型可以使用下列算术操作符的组合：

```
x+y     // 加法
+x      // 取正（一元加法）
x-y     // 减法
-x      // 取负（一元减法）
```

```
x*y              // 乘法
x/y              // 除法
x%y              // 整数求余（取模）
```

还可以使用这些比较操作符：

```
x==y             // 相等
x!=y             // 不等
x<y              // 小于
x>y              // 大于
x<=y             // 小于或等于
x>=y             // 大于或等于
```

不但如此，还支持逻辑操作符：

```
x&y              // 按位与
x|y              // 按位或
x^y              // 按位异或
~x               // 按位求补
x&&y             // 逻辑与
x||y             // 逻辑或
!x               // 逻辑非（取反）
```

按位操作符的返回值类型与运算对象相同。逻辑操作符，比如 **&&** 和 **||** 直接返回 **true** 或 **false** 这样的布尔类型。

在赋值及算术操作中，C++会在基本类型之间进行各种有意义的转换，使得它们可以自由地混合使用：

```
void some_function()        // 不返回值的函数
{
    double d = 2.2;         // 初始化浮点数
    int i = 7;             // 初始化整数
    d = d+i;               // 将和赋值给 d
    i = d*i;               // 将乘积赋值给 i；注意，double 类型的 d*i 被截断成 int 类型
}
```

表达式中使用的转换叫作常用算术类型转换，目的是确保表达式以最高操作对象精度运算。例如，**double** 和 **int** 类型的加法将使用双精度浮点数进行算术运算。

注意，=是赋值操作符，而==用于相等性判断。

除了常见的算术与逻辑运算，C++还提供了一些用来修改变量的专用操作符：

```
x+=y        // x = x+y
```

```
++x      // 自增: x = x+1
x-=y     // x = x-y
--x      // 自减: x = x-1
x*=y     // 自乘: x = x*y
x/=y     // 自除: x = x/y
x%=y     // x = x%y
```

这些操作符清晰、便捷，因而经常被程序员们使用。

部分操作符的计算顺序是从左向右的：**x.y**、**x->y**、**x(y)**、**x[y]**、**x<<y**、**x>>y**、**x&&y**、**x||y**。但赋值符号（例如 **x+=y**）的计算顺序是从右向左的。

不幸的是，历史上因为优化相关的原因，其他一些表达式（例如，**f(x)+g(y)**）与函数参数（例如，**h(f(x),g(y))**）的运算顺序是未定义的。

1.4.2 初始化

在对象被使用之前，必须为它指定一个值。C++提供了多种表达初始化的符号，比如前面用过的=符号，此外，还提供了一种通用形式，即用花括号括起来并用逗号分隔的初始化列表。

```
double d1 = 2.3;              // 初始化 d1 为 2.3
double d2 {2.3};              // 初始化 d2 为 2.3
double d3 = {2.3};            // 初始化 d3 为 2.3 (使用 { ... }时，=符号可省略)
complex<double> z = 1;        // 数值为双精度浮点数的复数
complex<double> z2 {d1,d2};
complex<double> z3 = {d1,d2}; // 使用 { ... }时，= 符号可以省略
vector<int> v {1, 2, 3, 4, 5, 6};  // int 类型动态数组
```

使用 = 的形式是 C 语言传统的方式，如果拿不定主意该用什么，就使用更通用的**{}**列表形式。抛开其他因素不谈，这种形式可以避免隐式类型转换导致的信息丢失：

```
int i1 = 7.8;    // i1 变成了 7 （你可能感觉意外）
int i2 {7.8};    // 错误：floating-point to integer conversion
```

当使用=而不是**{}**的时候，会进行从 **double** 到 **int** 及从 **int** 到 **char** 这样的窄化类型转换。这样即使会丢失一些信息，C++编译器也会接受这个后果并且隐式执行程序。这个不幸的后果是为了与 C 语言兼容而付出的代价（19.3 节）。

常量（1.6 节）在声明时必须被初始化，普通变量也仅仅在非常有限的特定情况下可处于未初始化状态。这意味着你可以在有合适的值时再定义新的标识符名称。用户自定义的类型（例如，**string**、**vector**、**Matrix**、**Motor_controller** 及 **Orc_warrior**）可以在定义时被隐式初始化（5.2.1 节）。

当你定义变量时，如果变量的类型可以从初始化符号中推导出来，就无须显式指定类型：

```
auto b = true;          // bool 类型
auto ch = 'x';          // char 类型
auto i = 123;           // int 类型
auto d = 1.2;           // double 类型
auto z = sqrt(y);       // z 与 sqrt(y) 的返回值类型相同
auto bb {true};         // bb 是 bool 类型
```

使用 **auto** 声明变量时，我们倾向于使用=符号，因为这没有导致类型转换问题的风险。但如果你偏好使用 **{}** 来保持初始化符号的一致性，也可以继续这样做。

当没有明显的理由需要显式地指定类型时，一般使用 **auto**。"明显的理由"包括：

- 该定义的作用域较大，我们希望代码的读者清楚地知道其类型。
- 初始化表达式的类型（对读者来说）不是显而易见的。
- 我们希望明确规定某个变量的范围和精度（例如，希望使用 **double** 而非 **float**）。

使用 **auto** 可以避免书写冗长的类型名称及重复代码。在泛型编程中这一点尤其重要，因为在泛型编程中程序员很难知道对象的确切类型，类型名称也会相当长（13.2 节）。

1.5　作用域和生命周期

声明语句把一个名字引入作用域：

- 局部作用域：在函数（1.3 节）或者匿名函数（7.3.2 节）中定义的名字叫局部名字。它的作用域从声明它的地方开始，到声明语句所在的块结尾为止。语句块的边界由一对 **{}** 决定。函数参数的名字也属于局部名字。
- 类作用域：如果一个名字被定义在类的内部（2.2 节、2.3 节、第 5 章），并且不在任何函数（1.3 节）、匿名函数（7.3.2 节）或 **enum class**（2.4 节）中，那么它可以被叫作成员名字（或类成员名字）。它的作用域从它括起声明的左花括号 **{** 开始，到对应的右花括号 **}** 结束。
- 命名空间作用域：如果一个名字在命名空间的内部，并且不在任何函数（1.3 节）、匿名函数（7.3.2 节）或 **enum class**（2.4 节）中，则把这个名字称为命名空间成员名字。它的作用域从声明它的地方开始，到命名空间结束为止。

声明在所有结构之外的名字称为全局名字，我们说它位于全局命名空间。

某些对象也可以没有名字，比如，临时对象或者用 **new**（5.2.2 节）创建的对象：

```
vector<int> vec;                // vec 是全局名字（全局整数动态数组）
void fct(int arg)               // fct 是全局名字（全局函数）
                                // arg 是局部名字（局部整数参数）
{
    string motto {"Who dares wins"};    // motto 是局部名字
    auto p = new Record{"Hume"};        // p 指向无名 Record 对象（由 new 创建）
    // ...
}
struct Record {
    string name;                // name 是 Record 的成员名字（字符串成员）
    // ...
};
```

对象必须先被构造（初始化）才能被使用，并且在退出作用域时被销毁。对于命名空间对象来说，它们将在程序结束时被销毁。对于成员来说，它们的销毁时间点取决于所属对象的销毁时间点。一个使用 **new** 创建的对象则可以持续"生存"，直到用 **delete**（5.2.2 节）将其销毁为止。

1.6　常量

C++支持两种不变性。

- **const**：大致意味着"我承诺不修改这个值"。这主要用来说明接口，因此可以用指针或者引用的方式传入函数参数而不用担心被改变。编译器负责强制执行 **const** 承诺。**const** 声明的值可以在运行时被计算。
- **constexpr**：大致意味着"请在编译时计算出它的值"。这主要用于声明常量，作用是把数据置于只读内存区域（更小概率被破坏），以及提高性能。**constexpr** 的值必须由编译器计算。

例如：

```
constexpr int dmv = 17;                  // dmv 是一个命名常量
int var = 17;                            // var 不是常量
const double sqv = sqrt(var);            // sqv 是一个命名常量，可能在运行时计算

double sum(const vector<double>&);       // sum 不会修改它的参数（1.7 节）

vector<double> v {1.2, 3.4, 4.5};        // v 不是常量
const double s1 = sum(v);                // 可行: sum(v)在运行时计算
constexpr double s2 = sum(v);            // 错误: sum(v)不是一个常量表达式
```

为了使一个函数可在常量表达式中使用，这个函数必须被定义为 **constexpr** 或 **consteval**，这样才能在编译期表达式中被计算。例如：

```
constexpr double square(double x) { return x*x; }

constexpr double max1 = 1.4*square(17);  // 可行: 1.4*square(17) 是常量表达式
constexpr double max2 = 1.4*square(var); // 错误: var 不是常量，所以 square(var) 不是常量
const double max3 = 1.4*square(var);     // 可行: 允许在运行时计算
```

一个 **constexpr** 函数可以输入非常量参数调用，但此时返回值不是常量表达式。只要上下文不需要该函数返回常量表达式，就允许以非常量表达式为参数调用 **constexpr** 函数。使用这种方法，不需要仅仅为了区分常量表达式与变量输出，定义实质上相同的函数两次。如果要求某个函数仅在编译时计算，可以声明它为 **consteval** 而不是 **constexpr**。例如：

```
consteval double square2(double x) { return x*x; }

constexpr double max1 = 1.4*square2(17); // 可行: 1.4*square(17) 是常量表达式
const double max3 = 1.4*square2(var);    // 错误: var 不是常量
```

被声明为**constexpr**或者**consteval**的函数是C++版本的纯函数。[1]它们不能有任何副作用，只能使用输入参数作为信息，尤其不能修改非局部变量，但它们可以有循环及自己的局部变量。例如：

```
constexpr double nth(double x, int n) // 假定 0≤n
{
    double res = 1;
    int i = 0;
    while (i<n) {            // while 循环: 当条件为真时持续进行（1.7.1 节）
        res *= x;
        ++i;
    }
    return res;
}
```

在某些场合，语言规则强制要求使用常量表达式［例如，数组边界（1.7 节）、case 标签（1.8 节）、模板值参数（7.2 节），以及用 **constexpr** 所定义的常量］。在另一些情况下，编译时求值对性能有要求，也同样需要常量表达式。即使不考虑性能因素，不变性概念（对象的状态不发生改变）也是程序设计中需要考虑的重要问题。

1　此处纯函数指的是数学意义上的函数。——译者注

1.7 指针、数组和引用

最基本的数据集合是同类型元素的连续分配序列，我们称之为数组。这种序列与其硬件上存储的结构一致，可以像下面这样声明一个 char 类型的数组：

```
char v[6];          // 6 个字符组成的数组
```

类似地，指针可以像下面这样声明：

```
char *p;            // 指向字符的指针
```

在声明中，[] 意味着对应类型的数组，*意味着指向对应类型的指针。所有数组的下标都从 0 开始，所以 v 拥有 6 个元素，v[0] 到 v[5]。数组的大小必须是一个常量表达式（1.6 节）。指针变量可存放指定类型的对象的地址：

```
char* p = &v[3];    // p 指向 v 的第 4 个元素
char x = *p;        // *p 代表 p 指向的对象
```

在表达式中，前置一元操作符 * 表示取内容，前置一元操作符 & 表示取地址。上面这段代码用图形的形式可以表达成这样：

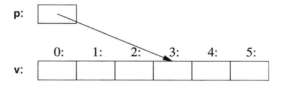

打印输出一个数组中的元素：

```
void print()
{
    int v1[10] = {0, 1, 2, 3, 4, 5, 6, 7, 8, 9};

    for (auto i=0; i!=10; ++i) // 打印输出元素
        cout << v[i] << '\n';
    // ...
}
```

上述 for 语句可以这样解读：将 i 置为零，当 i 不是 10 时，打印输出第 i 个元素并自增 i。C++ 还提供了一个更简单的 for 语句，叫作范围 for 语句，它是用来遍历序列的最简单的 for 循环方式：

```
void print2()
{
```

```
    int v[] = {0, 1, 2, 3, 4, 5, 6, 7, 8, 9};

    for (auto x : v)                            // 通过 x 遍历 v 中的每个元素
        cout << x << '\n';

    for (auto x : {10, 21, 32, 43, 54, 65})     // 遍历列表中的每个整数
        cout << x << '\n';
    // ...
}
```

上述第一个范围 **for** 语句可以解读为：对于 **v** 中的每个元素，从第一个到最后一个，复制一份到变量 **x** 并且打印输出它。注意，当我们给范围 **for** 语句指定了列表时，就不需要再指定数组边界范围了。范围 **for** 语句可以用于任何序列的元素（13.1 节）。

如果不希望把序列 **v** 中的数值复制到变量 **x**，而是希望通过 **x** 来引用序列中的元素，代码可以这样写：

```
void increment()
{
    int v[] = {0, 1, 2, 3, 4, 5, 6, 7, 8, 9};

    for (auto& x : v)               // 把 v 中的每个 x 加 1
        ++x;
    // ...
}
```

在上述声明中，一元后置操作符**&**表示指向前者的引用。引用与指针类似，区别在于无须使用前缀*****就能直接访问引用指向的值，而且，引用在初始化以后就不能再指向其他的对象了。

引用在指定函数的参数类型时特别有用，例如：

```
void sort(vector<double>&v);       // 对 v 排序（v 是 double 类型动态数组）
```

通过使用引用，可以确保对 **sort(my_vec)** 的调用不会复制整个 **my_vec** 数组，从而确保 **my_vec** 本身被排序，而不仅仅是排序了它的一份拷贝。

另外一种情况是，我们不希望函数修改传入的参数，只想减小参数复制的开销。此时可以使用 **const** 引用实现，例如：

```
double sum(const vector<double> &)
```

函数接受 **const** 引用作为参数的情况非常普遍。

当用于声明语句时，操作符**&**、*****、**[]** 被称为声明操作符。

```
T a[n]      // T[n]: a 是含有 n 个 T 元素的数组
```

```
T* p        // T*: p是一个指向 T 的指针
T& r        // T&: r是一个指向 T 的引用
T f(A)      // T(A): f是一个函数, 接受 A 类型的参数, 返回 T 类型的结果
```

1.7.1　空指针

为了保证解引用的操作有效，我们试图确保指针永远指向有效的对象。当确实没有对象可指向，或者（比如在链表末端）希望表达出一种"没有可用对象"的含义时，我们可令指针取值为空指针 **nullptr**。所有指针类型共享同一个 **nullptr**。

```
double* pd = nullptr;
Link<Record>* lst = nullptr;    // 指向 Link<Record>的指针
int x = nullptr;                // 错误: nullptr 是一个指针, 不是整数
```

在使用指针之前检查它是否为空，是明智的行为：

```
int count_x(const char* p, char x)
    // 计算 x 在 p[]中出现的次数。
    // 假定 p 指向一个以零结尾的字符数组 (或者指向空)
{
    if (p==nullptr)
        return 0;
    int count = 0;
    for (; *p!=0; ++p)
        if (*p==x)
            ++count;
    return count;
}
```

注意两点：可以使用**++**把指针移到数组中的下一个元素，**for** 语句的初始化操作如果不需要可以省略。

在**count_x()**的定义中，假定输入的**char***是一个C风格字符串，也就是说，该指针指向一个以零结尾的**char**数组。字符串字面量中的字符是不可变的，所以为了以**count_x("Hello!",'l')**[1]这样的格式接收字符串字面量作为参数，我决定把**count_x()**的第一个参数声明为**const char ***。

在旧式代码中，常常用 **0** 或者 **NULL** 替代 **nullptr**。然而，使用 **nullptr** 可以消除整数（**0** 或 **NULL**）与指针（**nullptr**）之间存在的潜在歧义。

1　此处原作为 count_x("Hello!")，可能为笔误。——译者注

例子中的 **count_x()** 不太复杂，我们没有用到 **for** 语句的初始化操作，因而也可以用 **while** 语句替代：

```cpp
int count_x(const char* p, char x)
    // 计算 x 在 p[] 中出现的次数。
    // 假定 p 指向一个以零结尾的字符数组（或者指向空）
{
    if (p==nullptr)
        return 0;
    int count = 0;
    while (*p) {
        if (*p==x)
            ++count;
        ++p;
    }
    return count;
}
```

while 语句重复执行，直到它的条件变成 **false** 为止。

把一个数值直接当作条件来检验（例如，**while(*p)**）等价于将这个值与 **0** 进行比较（例如，**while(*p!=0)**）。将一个指针值直接当作条件来检验（例如，**if(p)**），则等价于将这个值与 **nullptr** 进行比较（例如，**if(p!=nullptr)**）。

指针可以为空，但引用不能，引用必须指向有效的对象（编译器也假定如此）。当然，有一些奇技淫巧可以打破这个规则，但请不要这么做。

1.8　检验

C++提供了一套用于表示分支与循环的常规语句，比如，**if** 语句、**switch** 语句、**while** 循环、**for** 循环。例如，下面所示的是一个简单的函数，它向用户提问，然后返回布尔量作为回应：

```cpp
bool accept()
{
    cout << "Do you want to proceed (y or n)?\n"; //写问题
    char answer = 0;        // 初始化为用户不可能输入的值
    cin >> answer;          // 读取用户输入

    if (answer == 'y')
        return true;
    return false;
}
```

与输出操作符 << 的含义相对应，操作符 >> 被用作输入数据；**cin** 是标准输入流（11章）。>> 符号右边的操作数类型决定了接受什么样的输入类型，同时也是输入操作的目标。上述输出字符串结尾的 **\n** 符号表示换行（1.2.1 节）。

注意，**answer** 的定义出现在它确实需要的地方（不必提前）。声明可以出现在任何能出现语句的地方。

我们进一步改进例子，使得它可以接受用户输入 **n** 的情况：

```cpp
bool accept2()
{
    cout << "Do you want to proceed (y or n)?\n"; // 写题问
    char answer = 0;          // 初始化为用户不可能输入的值
    cin >> answer;            // 读取用户输入

    switch (answer) {
    case 'y':
        return true;
    case 'n':
        return false;
    default:
        cout << "I'll take that for a no.\n";
        return false;
    }
}
```

switch 语句检查一个值是否存在于一组常量中。这些常量叫作 **case** 标签，**case** 标签不可以重复，如果检验值不等于任何 **case** 标签，则执行 **default** 分支。如果程序没有提供 **default** 分支，则当检验值不等于任何 **case** 标签时什么也不做。

在使用 **switch** 语句时，如果想要退出一个 **case** 分支，不一定要从当前函数返回。更常见的情况是从 **switch** 语句之后继续执行，这可以使用 **break** 实现。例如，这个枯燥无趣的指令式游戏，初步简单地说明了该用法：

```cpp
void action()
{
    while (true) {
        cout << "enter action:\n"; // 请求动作
        string act;
        cin >> act;                // 将字符读到字符串
        Point delta {0,0};         // Point 存放一对 {x,y} 值

        for (char ch : act) {
            switch (ch) {
```

```
            case 'u':              // 上
            case 'n':              // 北
                ++delta.y;
                break;
            case 'r':              // 右
            case 'e':              // 东
                ++delta.x;
                break;
            // ……更多操作……
            default:
                cout << "I freeze!\n";
            }
            move(current+delta*scale);
            update_display();
        }
    }
}
```

与 for 语句（1.7 节）类似，if 语句也可以引入一个变量并且检验它，例如：

```
void do_something(vector<int>& v)
{
    if (auto n = v.size(); n!=0) {
        // ……如果 n!=0 则到达此处……
    }
    // …
}
```

这里，在 if 语句内定义整数 n，使用 v.size()初始化，并且在分号之后立即使用 n!=0 条件来检验。在条件中定义一个名称，其生命周期包含 if 语句的两个分支。

与 for 语句一样，在 if 语句条件内定义一个名称的目的是限制变量的作用域，从而提升可读性，尽可能减少错误。

将变量值与 0 或 nullptr 进行比较是很常见的情况。在这种情况下可以省略条件，不需要额外指出。例如：

```
void do_something(vector<int>& v)
{
    if (auto n = v.size()) {
        // ……如果 n!=0 则到达此处……
    }
    // …
}
```

如果可以的话，应当尽可能使用上述这类更简单的形式。

1.9　映射到硬件

C++提供了直接到硬件的映射。当你使用基本操作时，实现可能直接调用硬件提供的功能，典型的情况是执行单条机器指令。例如，如果对两个 **int** 型的数进行加法，**x+y** 会直接执行整数加法的机器指令。

C++的实现可以直接把机器的内存当作一个序列内存地址，并且直接将（有类型的）对象放进这些地址，同时使用指针取得对应的地址。

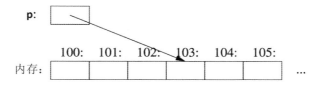

指针类型在内存中直接被表述为机器地址，所以图中指针 **p** 的数字值是 103。看起来这非常像数组，因为数组正是 C++对"内存中的连续序列对象"的基本抽象。

基本语言结构能够直接映射到硬件，这使得一门语言能获得系统原生的底层性能，C 与 C++数十年间以此闻名。C 与 C++的基本机器模型是直接基于计算机硬件的，而不是某种高层形态的数学抽象。

1.9.1　赋值

对于内置类型来说，赋值语句就是简单的机器复制指令。考虑如下情况：

```
int x = 2;
int y = 3;
x = y;          // x 变成 3，所以我们知道 x==y
```

显然，用图形方式可以展示如下：

x: | 2 |　　y: | 3 |　　　x = y;　　x: | 3 |　　y: | 3 |

两个对象是独立的，修改 **y** 值的时候不会影响 **x** 的值。例如，**x=99** 不会改变 **y** 的值。以上行为对所有数据类型成立，并不仅仅只是 **int**。这个现象与 Java、C#等其他语言不同，但与 C 语言一致。

如果希望不同的对象指向（共享）相同的值，必须明确指定。例如：

```
int x = 2;
```

```
int y = 3;
int* p = &x;
int* q = &y;              // p!=q 并且*p!=*q
p = q;                    // p 变成&y；现在 p==q，所以（显然）*p==*q
```

上述过程用图形方式展示如下：

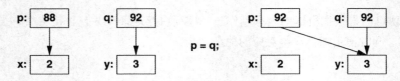

我任意选择了 **88** 与 **92** 作为两个 int 的地址。可以看到，对象赋值语句复制了被赋值对象的值，得到了两个独立的对象（此处是指针），包含相同的值。这意味着，**p=q** 得到了 **p==q**。在 **p=q** 之后，两个指针都指向 **y**。

指针和引用都指向或引用一个对象，在内存中也都表示为一个机器地址。但是，使用它们的语言规则有点不同。给引用赋值不会改变引用指向的对象，而是改变所引用对象的值：

```
int x = 2;
int y = 3;
int& r = x;               // r 指向 x
int& r2 = y;              // r2 指向 y
r = r2;                   // 从 r2 读取，通过 r 写入：x 变成 3
```

上述过程用图形方式展示如下：

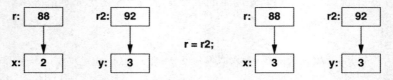

可以显式地使用 * 访问指针指向的值；对引用来说则是隐式操作。

在 **x=y** 之后，对所有内置类型及所有良好定义的用户类型（第 2 章）而言都有 **x==y** 成立。此处良好定义的用户类型指的是提供了 **=**（赋值）以及 **==**（比较）操作符。

1.9.2 初始化

初始化与赋值不同。通常，要想让赋值操作成功进行，被赋值的对象必须拥有一个有效的值；而初始化的任务要求将一段没有被初始化的内存区域变成一个有效的对象。对于几乎所有数据类型来说，对未初始化对象的读写操作都是未定义的。考虑引用的情况：

```
int x = 7;
int& r {x};          // 将 r 绑定到 x（r 引用 x）
r = 7;               // 赋值给 r 引用的目标
int& r2;             // 错误：未初始化的引用
r2 = 99;             // 赋值给 r2 引用的目标
```

幸运的是，不会出现未初始化的引用；如果可以的话，**r2=99** 会把 **99** 写到某个未知的内存位置；最终会呈现很糟糕的结果或者程序崩溃。

你可以使用=符号来初始化一个引用，但不要被符号迷惑。例如：

```
int& r= x;           // 将 r 绑定到 x（r 指代 x）
```

虽然使用了=符号，但这仍然是初始化（将 **r** 绑定到 **x**），而不是赋值。

对很多用户自定义的类型而言，初始化与赋值的区别也同样非常关键，比如 **string** 与 **vector**，在赋值对象拥有资源的情况下需要最终释放相关资源（6.3 节）。

函数参数与返回值的基本语义是初始化（3.4 节）。例如，引用传递（3.4.1 节）就使用了类似机制。

1.10 建议

本章的建议是 *C++ Core Guidelines*[Stroustrup, 2015]中的建议的一个子集。对那本书的引用呈现为这种形式：[CG: ES.23]，意为 Expressions and Statement 一节中的第 23 条准则。一般来说，每条核心准则都进一步给出了原理阐述和示例。

[1] 不必慌张！随着时间推移，一切都会清晰起来；1.1 节；[CG: In.0]。

[2] 不要排他地、单独地使用内置特性。最佳的方式通常是通过库（例如，ISO C++标准库，参见第 9～18 章）间接地使用基本（内置）特性；[CG: P.13]。

[3] 使用**#include** 或者 import 引入库，可以简化编程；1.2.1 节。

[4] 要想写出好的程序，你不必了解 C++的所有细节。

[5] 请关注编程技术，而非语言特性。

[6] 关于语言定义问题的最终结论，尽在 ISO C++标准；19.1.3 节；[CG: P.2]。

[7] 把有意义的操作"打包"成函数，并给它起个好名字；1.3 节；[CG: F.1]。

[8] 一个函数最好只执行单一逻辑操作；1.3 节；[CG: F.2]。

[9] 保持函数简短；1.3 节；[CG: F.3]。

[10] 函数重载的适用情况是，几个函数的任务相同而处理的参数类型不同；1.3 节。

[11] 如果一个函数可能需要在编译时求值，那么将它声明为 **constexpr**；1.6 节；[CG: F.4]。

[12] 如果一个函数必须在编译时求值，那么将它声明为 **consteval**；1.6 节。

[13] 如果一个函数不允许有副作用，那么将它声明为 **constexpr** 或 **consteval**；1.6 节；[CG: F.4]。

[14] 理解语言原语是如何映射到硬件的；1.4 节、1.7 节、1.9 节、2.3 节、5.2.2 节、5.4 节。

[15] 使用数字分隔符可令大的字面量更可读；1.4 节；[CG: NL.11]。

[16] 避免使用复杂表达式；[CG: ES.40]。

[17] 避免窄化类型转换；1.4.2 节；[CG: ES.46]。

[18] 最小化变量的作用域；1.5 节、1.8 节。

[19] 保持作用域尽量小；1.5 节；[CG: ES.5]

[20] 避免使用"魔法常量"，尽量使用符号化的常量；1.6 节；[CG: ES.45]。

[21] 优先采用不可变数据；1.6 节；[CG: P.10]。

[22] 一条语句（只）声明一个名字；[CG: ES.10]。

[23] 保持公共的和局部名字简短，特殊的和非局部名字则可长一些；[CG: ES.7]。

[24] 避免使用形似的名字；[CG: ES.8]。

[25] 避免出现字母全是大写的名字；[CG: ES.9]。

[26] 在声明语句中指定了类型名称（而非使用 **auto**）时，优先使用 **{}** 初始化语法；1.4 节；[CG: ES.23]。

[27] 使用 **auto** 可避免重复输入类型名称；1.4.2 节；[CG: ES.11]。

[28] 避免不初始化变量；1.4 节；[CG: ES.20]。

[29] 不要在变量有可初始化值之前声明变量；1.7 节、1.8 节；[CG: ES.21]

[30] 在 **if** 语句的条件中声明变量时，优先采用隐式检验而不是与 **0** 或 **nullptr** 进行比较；1.8 节。

[31] 优先使用范围 **for** 语句而非使用显式循环变量的传统 **for** 语句；1.7 节。

[32] 只对位运算使用 **unsigned**；1.4 节；[CG: ES.101] [CG: ES.106]。

[33] 指针的使用应尽量简单、直接；1.7 节；[CG: ES.42]。

[34] 使用 **nullptr** 而非 **0** 或 NULL；1.7 节；[CG: ES.47]。

[35] 可用代码清晰表达的，就不要放在注释中说明；[CG: NL.1]。

[36] 用注释陈述意图；[CG: NL.2]。

[37] 保持一致的缩进风格；[CG: NL.4]。

第 2 章
用户自定义类型

不必惊慌!

——道格拉斯·亚当斯

- 引言
- 结构
- 类
- 枚举
- 联合
- 建议

2.1 引言

用基本类型（1.4 节）、**const** 修饰符（1.6 节）和声明操作符（1.7 节）构造出来的类型，称为内置类型（buit-in types）。C++的内置类型和操作非常丰富，不过有意设计得更偏底层。这些内置类型能直接且高效地反映传统计算机硬件的能力。但是，它们没有为程序员提供便于编写高级应用程序的高级设施。取而代之，C++在内置类型和操作的基础上增加了一套精致的抽象机制（abstraction mechanism），程序员可用它来构造所需的高层设施。

C++抽象机制的目的主要是令程序员能够设计并实现他们自己的数据类型，这些类型具有恰当的表示和操作，程序员可以简单优雅地使用它们。利用 C++的抽象机制从其他类型构造出来的类型称为用户自定义类型（user-defined type），即类（class）和枚举（enumeration）。用户自定义类型可以基于内置类型构造，也可基于其他用户自定义类型构造。本书的大部分内容都在着重介绍用户自定义类型的设计、实现和使用。用户自定义类型通常优于内置类型，因为其更易用、更不易出错，而且通常与直接使用内置类型实现相同功能一样高效，甚至更快。

本章剩余部分将呈现类型定义和使用最简单且最基础的相关语言设施。第 4～8 章对抽象机制及其支持的编程风格进行了更加详细的介绍。第 9～17 章给出标准库的概述，因为标准库主要是由用户自定义类型组成的，所以在这些章节中也提供了很好的示例，展示了用第 1～8 章介绍的语言设施和编程技术能做什么。

2.2　结构

构建新类型的第一步通常是把所需的元素组织成一种数据结构，一个 **struct** 的例子如下：

```
struct Vector {
    double* elem;        // 指向元素的指针
    int sz;              // 元素的数量
};
```

这是第一个版本的 **Vector**，包含一个 **int** 和一个 **double***。

Vector 类型的变量可以通过下述方式定义：

```
Vector v;
```

然而，它本身并没有太大用处，因为 **v** 的 **elem** 指针并不指向任何实际内容。为了让它变得有用，需要令 **v** 指向某些元素。例如：

```
void vector_init(Vector& v, int s)           // 初始化 Vector 类型
{
    v.elem = new double[s];                  // 分配数组空间，包含 s 个 double 类型的值
    v.sz = s;
}
```

也就是说，**v** 的 **elem** 成员被赋予了由 **new** 操作符生成的指针，**v** 的 **sz** 成员保存了元素的个数。其中，**Vector&** 中的符号 **&** 意味着通过非 **const** 引用传递 **v** 参数（1.7 节），这样 **vector_init()** 就可以修改传递给它的参数。

new 操作符从名为自由存储（也叫动态内存或者堆）的区域中分配内存。分配在自由存储中的对象作用域与创建时所处的作用域无关，它会一直"存活"，直到调用 **delete** 操作符（5.2.2 节）销毁它为止。

Vector 的一个简单应用如下所示：

```
double read_and_sum(int s)
        // 从 cin 读入 s 个整数，然后返回它们的和；假定 s 为正
```

```
{
    Vector v;
    vector_init(v,s);            // 为 v 分配 s 个元素

    for (int i=0; i!=s; ++i)
        cin>>v.elem[i];          // 读入元素

    double sum = 0;
    for (int i=0; i!=s; ++i)
        sum+=v.elem[i];          // 计算元素的和
    return sum;
}
```

显然，在优雅性与灵活性方面，**Vector** 与标准库 **vector** 还有很大差距。尤其是 **Vector** 的使用者必须清楚地知道 **Vector** 实现中的所有细节。本章余下的部分及接下来的两章将当作呈现语言特性和技术的示例，一步步地完善 **Vector**。作为对比，第 12 章将介绍标准库 **vector**，其中蕴含着很多出色的改进。

本书使用 **vector** 及其他标准库组件作为示例是为了达到下述目的：

- 展现语言特性和程序设计技术。
- 帮助读者学会使用这些标准库组件。

不要试图重新发明 **vector** 和 **string** 这样的标准库组件；直接使用现成的更明智。标准库类型使用小写名称，所以，（用来展示设计与实现技术的）自定义类型的名称通常使用首字母大写（例如，**Vector** 和 **String**），以示区别。

访问 **struct** 成员有两种方式，通过名字或者引用来访问时用 **.**（点），通过指针访问时用**->**。例如：

```
void f(Vector v, Vector& rv, Vector* pv)
{
    int i1 = v.sz;               // 通过名字访问
    int i2 = rv.sz;              // 通过引用访问
    int i3 = pv->sz;             // 通过指针访问
}
```

2.3　类

上面这种将数据与其操作分离的做法有其优势，比如我们可以非常自由地使用它的数据部分。不过对于用户自定义类型来说，为了将其所有属性捏合在一起，形成一个"真正的类型"，

在其表示形式和操作之间建立紧密的联系还是很有必要的。特别是，我们常常希望自定义的类型易于使用和修改，希望数据具有一致性，并且希望表示形式最好对用户是不可见的。此时，最理想的做法是把类型的接口（所有代码都可使用的部分）与其实现（可访问外部不可访问的数据）分离开来。在 C++中，实现上述目的的语言机制被称为类。类含有一系列成员，可能是数据、函数或者类型。

类的 **public** 成员定义了该类的接口，**private** 成员则只能通过接口访问。**public** 成员与 **private** 成员声明允许以任意顺序出现在类声明中，但按照惯例，通常将 **public** 声明放在前面，把 **private** 声明放在后面，除非需要特别强调 **private** 成员的实现。类定义的例子如下：

```
class Vector {
public:
    Vector(int s) :elem{new double[s]}, sz{s} { }    // 构造一个 Vector
    double& operator[](int i) { return elem[i]; }    // 通过下标访问元素
    int size() { return sz; }
private:
    double* elem;        // 指向元素的指针
    int sz;              // 元素的数量
};
```

在此基础上，我们可以定义一个 **Vector** 类型的变量：

```
Vector v(6):                    // 拥有 6 个元素的 Vector
```

下图解释了这个 **Vector** 对象的含义：

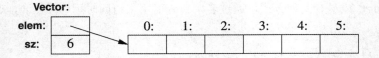

总的来说，**Vector** 对象是一个"句柄"，它包含指向元素的指针（**elem**）及元素的数量（**sz**）。在不同的 **Vector** 对象中，元素的数量可能不同（本例是 6），即使同一个 **Vector** 对象在不同时刻也可能包含不同数量的元素（5.2.3 节）。不过，**Vector** 对象本身的尺寸永远保持不变。这是 C++语言处理可变数量信息的一项基本技术：一个固定尺寸的句柄指向位于"别处"（比如通过 **new** 分配的自由存储，5.2.2 节）的一组数量可变的数据。第 5 章的主题就是学习如何设计并使用这样的对象。

在这里，我们只能通过 **Vector** 的接口访问其表示形式（成员 **elem** 和 **sz**）。**Vector** 的接口是由其 **public** 成员构成的，包括 **Vector()**、**operator[]()**和 **size()**。来自 2.2 节的 **read_and_sum()** 示例可简化为：

```
double read_and_sum(int s)
{
    Vector v(s);            // 创建一个包含 s 个元素的动态数组
    for (int i=0; i!=v.size(); ++i)
        cin>>v[i];          // 读入元素

    double sum = 0;
    for (int i=0; i!=v.size(); ++i)
        sum+=v[i];          // 计算元素之和
    return sum;
}
```

与所属类同名的成员函数被称为构造函数，即它是用来构造类的对象的。因此构造函数 **Vector()** 替换了 2.2 节中的 **vector_init()**。与普通函数不同，构造函数在初始化类的对象时一定会被调用，因此定义一个构造函数可以消除类变量未初始化造成的问题。

Vector(int) 规定了 **Vector** 对象的构造方式，此处意味着需要一个整数来构造对象，这个整数用于指定元素的数量。该构造函数使用成员初始值列表来初始化 **Vector** 的成员：

    :elem{new double[s]}, sz{s}

这条语句的含义是：首先从自由存储分配能容纳 **s** 个 **double** 类型的元素的空间，用指向这个空间的指针初始化 **elem**，然后将 **sz** 初始化为 **s**。

访问元素的功能是由下标函数提供的，它叫作 **operator[]**，它的返回值是元素的引用（使用了 **double&** 类型，从而可读可写）。

size() 函数的作用是向用户提供元素的数量。

显然，在上面的代码中完全没有涉及错误处理，与之有关的内容将在第 4 章提及。同样我们也没有提供一种机制来"归还"通过 **new** 获取的 **double** 数组，5.2.2 节将介绍如何使用析构函数来完成这一任务。

我们常用的两个关键字 **struct** 和 **class** 没有本质区别，唯一的不同之处在于，**struct** 的成员默认是 **public** 的。例如，我们也可以为 **struct** 定义构造函数和其他成员函数，这一点与 **class** 完全一致。

2.4　枚举

除了类，C++还支持一种简单的用户自定义类型，用于枚举一系列值：

```
enum class Color { red, blue, green };
enum class Traffic_light { green, yellow, red };

Color col = Color::red;
Traffic_light light = Traffic_light::red;
```

注意，枚举值（例如，**red**）的作用域在它们的 **enum class** 内，因此它们可以在不同的 **enum class** 中重复使用而不会混淆。例如，**Color::red** 是 **Color** 的 **red** 值，与 **Traffic_light::red** 完全不同。

枚举类型用于表示少量整数数值的集合。通过使用符号（或者助记符）名称替代整数，枚举值可以提升代码的可读性，降低潜在错误。

enum 后面的 **class** 表示这个枚举类型是强类型，并且具备独立作用域。不同的 **enum class** 是不同的类型，这有助于防止对常量的误用。比如，不能混用 **Traffic_light** 类与 **Color** 类的枚举值：

```
Color x1 = red;               // 错误: 哪个 red?
Color y2 = Traffic_light::red; // 错误: 这个 red 不属于 Color 类型
Color z3 = Color::red;        // 可行
auto x4 = Color::red;         // 可行: Color::red 是 Color 类型
```

类似地，我们无法隐式地混用 **Color** 与整数类型的值：

```
int i = Color::red;           // 错误: Color::red 不是 int 类型
Color c = 2;                  // 初始化错误: 2 不是 Color 类型
```

捕捉类型转换到 **enum** 的情况可以防止潜在错误的发生，但有时我们确实需要用其实际存储类型（默认是 **int**）初始化 enum 值，因此允许显式地指定从 **int** 类型进行转换：

```
Color x = Color{5};          // 可行, 但烦琐
Color y {6};                 // 可行
```

类似地，可以显式地将 **enum** 值转换到其实际存储类型：

```
int x = int(Color::red);
```

默认情况下，一个 **enum class** 定义且仅定义赋值操作符、初始化函数及比较操作符（例如，**==**和**<**；1.4 节）。但是，鉴于枚举类型属于用户自定义类型，也可以为它定义其他操作符（6.4 节）。

```
Traffic_light& operator++(Traffic_light& t)  // 前置自增操作符: ++
{
```

```
    switch (t) {
    case Traffic_light::green: return t=Traffic_light::yellow;
    case Traffic_light::yellow: return t=Traffic_light::red;
    case Traffic_light::red: return t=Traffic_light::green;
    }
}

auto signal = Traffic_light::red;
Traffic_light next = ++signal;                    // next 变成 Traffic_light::green
```

如果反复重复枚举名字 **Traffic_light**，将显得冗长，也可以在作用域内简写它：

```
Traffic_light& operator++(Traffic_light& t)  // 前置自增操作符：++
{
    using enum Traffic_light;                  // 此处开始使用 Traffic_light 作用域

    switch (t) {
    case green: return t=yellow;
    case yellow: return t=red;
    case red: return t=green;
    }
}
```

如果你不想显式指定枚举的名称，并且希望枚举值的类型直接是 **int**（而不需要显式类型转换），可以去掉 **enum class** 中的 **class** 字样，得到一个"普通的"**enum**。普通 **enum** 中的枚举值进入与 **enum** 自身同级的作用域，并且可以被隐式转换为整数数值。例如：

```
enum Color { red, green, blue };
int col = green;
```

此处 **col** 的值为 1。默认情况下，枚举值的整数数值从 **0** 开始，逐个加一。普通 **enum** 从 C 与 C++诞生的初期就存在，即便其部分行为不太理想，但仍然广泛用于现有代码中。

2.5　联合

union 是一种特殊的 **struct**，它的所有成员都被分配在同一块内存区域中，因此，**union** 实际占用的空间就是它最大的成员所占的空间。显然，同一时刻，**union** 中只能保存一个成员的值。例如，考虑实现一个符号表的表项，它保存着一个名字和一个值，这个值要么是 **Node***，要么是 **int** 类型，程序可能如下：

```
enum class Type { ptr, num };          // Type 可以是 ptr 或者 num（2.4 节）
```

```
struct Entry {
    string name;                        // string 是标准库提供的类型
    Type t;
    Node* p;              // 如果 t==Type::ptr，使用 p
    int i;                // 如果 t==Type::num，使用 i
};

void f(Entry* pe)
{
    if (pe->t == Type::num)
        cout << pe->i;
    // …
}
```

成员 p 和 i 从来不会同时被使用，所以空间被浪费。使用 union 可以解决该问题，例如，把两者都定义为 union 的成员：

```
union Value {
    Node* p;
    int i;
};
```

对于相同的 Value 对象而言，现在 Value::p 和 Value::i 将被放在相同的内存地址。

如果某些应用使用大量内存，那么这种空间优化带来的压缩存储对于这类应用来说会很重要。

C++语言本身不负责跟踪 union 实际存储的值的类型，所以程序员需要手动维护如下代码：

```
struct Entry {
    string name;
    Type t;
    Value v;              // 如果 t==Type::ptr，使用 v.p; 如果 t==Type::num，使用 v.i
};

void f(Entry* pe)
{
    if (pe->t == Type::num)
        cout << pe->v.i;
    // …
}
```

时刻维护类型字段（也叫标记，此处为 t）与 union 中实际类型的对应关系并不容易。为了避免潜在的错误，可以将 **union** 与类型字段封装为一个类，并且只允许通过新类的接口来正确访问 **union**。在应用程序的层面上，基于这种标记联合的抽象比较普遍和有善适性。而"裸" **union** 则极少会被使用到。

也可以使用标准库类型 **variant**，从而消除大多数需要直接使用 **union** 的情形。**variant** 保存给定的类型列表集合中的一个值（15.4.1 节）。例如，**variant<Node*, int>** 可以保存 **Node***或者 **int** 类型的值。若使用 **variant**，前面的 Entry 例子可以改写成：

```
struct Entry {
    string name;
    variant<Node*,int> v;
};

void f(Entry *pe)
{
    if (holds_alternative<int>(pe->v))    // *pe 是否保存了 int 类型？（参见 15.4.1 节）
        cout << get<int>(pe->v);          // 获取这个 int
        // …
}
```

在很多使用场景中，**variant** 都比 **union** 更简单、更安全。

2.6　建议

[1]　当内置类型过于底层时，优先使用定义良好的用户自定义类型；2.1 节。

[2]　将有关联的数据组织为结构（**struct** 或 **class**）；2.2 节；[CG: C.1]。

[3]　用 **class** 表达接口与实现的区别；2.3 节；[CG: C.3]。

[4]　一个 **struct** 就是一个成员默认为 **public** 的 **class**；2.3 节。

[5]　定义构造函数可保证和简化 **class** 的初始化；2.3 节；[CG: C.2]。

[6]　用枚举表示一组命名的常量；2.4 节；[CG: Enum.2]。

[7]　优先使用 **enum class** 而不是"普通" **enum**，以避免很多麻烦；2.4 节；[CG: Enum.3]。

[8]　为枚举定义操作来简化使用并保证安全；2.4 节；[CG: Enum.4]。

[9]　避免使用"裸" **union**；将其与类型字段一起封装到一个类中；2.5 节；[CG: C.181]。

[10]　优先使用 **std::variant**，而不是"裸" **union**；2.5 节。

第3章
模块化

管好你自己的事！

——道格拉斯·亚当斯

- 引言
- 分离编译
    - 头文件；模块
- 命名空间
- 函数参数与返回值
    - 参数传递；返回值；返回类型推导；返回类型后置；结构化绑定
- 建议

3.1 引言

一个 C++程序包含许多独立开发的部分，例如，函数（1.2.1 节）、用户自定义类型（第 2 章）、类层次（5.5 节）和模板（第 7 章）。管理如此多的部件的关键是清楚地定义这些组成部分之间的交互。第一步也是最重要的一步是将每个部分的接口和实现分离开来。在语法层面，C++通过声明来表示接口。声明指定了使用一个函数或一个类型所需的所有东西。例如：

```
double sqrt(double);      // 这个平方根函数接受一个 double 类型的值，返回值也是一个
                          // double 类型的值

class Vector {            // 使用 Vector 需要什么
public:
    Vector(int s);
    double& operator[](int i);
    int size();
```

```
private:
    double* elem;          // elem 指向一个数组，该数组包含 sz 个 double 类型的元素
    int sz;
};
```

这里的关键点是函数体，即函数的定义可位于"其他某处"。在此例中，我们可能也想让 **Vector** 描述位于"其他某处"，稍后我们再介绍相关内容（抽象类型；5.3 节）。**sqrt()** 的定义如下所示：

```
double sqrt(double d)      // sqrt() 的定义
{
    // ……算法与数学教科书中的相同……
}
```

对于 **Vector**，我们需要定义全部三个成员函数

```
Vector::Vector(int s)              // 构造函数的定义
    :elem{new double[s]}, sz{s}    // 初始化成员
{
}

double& Vector::operator[](int i)  // 下标操作符的定义
{
    return elem[i];
}

int Vector::size()                 // size() 的定义
{
    return sz;
}
```

我们必须定义 **Vector** 的函数，而不必定义 **sqrt()**，因为它是标准库的一部分。但是这没什么本质区别：库不过就是一些"我们碰巧用到的其他代码"，它也是用我们所使用的语言设施所编写的。

一个实体（例如，函数）可以有很多声明，但只能有一个定义。

3.2　分离编译

C++ 支持一种名为分离编译的概念，用户代码只能看见所用类型和函数的声明。有两种方法实现它。

- 头文件（3.2.1 节）：将声明放进独立的文件，该文件叫作头文件，然后将头文件以文本方式**#include** 到代码中你需要声明的地方。
- 模块（3.2.2 节）：定义 **module** 文件，独立地编译它们，然后在需要时 **import** 它们。在 **import** 对应 **module** 时，只有其中显式 **export** 的声明是可见的。

上述两种方法均可以用来将一个程序组织成一组半独立的代码片段。这种分离的优点是可以尽可能地减少编译时间，并且强制要求程序中逻辑独立的部分分离开来（从而尽可能降低发生错误的概率）。库通常是一组分别编译的代码片段（如函数）的集合。

使用头文件技术来组织代码的方式从最初的 C 语言时代就存在，并且远比其他方式更为常见。而模块技术则是在 C++20 中出现的新特性，其提供了实质性的优势，对改善代码组织与编译耗时都有好处。

3.2.1 头文件

传统情况下，我们把描述模块接口的声明放置在一个特定的文件中，文件名常常指示模块的预期用途。例如：

```
// Vector.h:

class Vector {
public:
    Vector(int s);
    double& operator[](int i);
    int size();
private:
    double* elem;          // elem 指向一个数组，该数组包含 sz 个 double 类型的元素
    int sz;
};
```

这个声明需要置于文件 **Vector.h** 中。用户可以通过**#include** 这个头文件来访问接口。例如：

```
// user.cpp:

#include "Vector.h"          // 获得 Vector 的相关接口
#include <cmath>             // 获得标准库的数学函数接口，包含 sqrt()

double sqrt_sum(const Vector& v)
{
    double sum = 0;
    for (int i=0; i!=v.size(); ++i)
```

```
        sum+=std::sqrt(v[i]);              // 平方根之和
    return sum;
}
```

为了帮助编译器确保一致性，负责提供 **Vector** 实现部分的 **.cpp** 文件同样应该包含提供其接口的 **.h** 文件：

```
// Vector.cpp:

#include "Vector.h"                   // 取得 Vector 的相关接口

Vector::Vector(int s)
    :elem{new double[s]}, sz{s}       // 初始化成员
{
}

double& Vector::operator[](int i)
{
    return elem[i];
}

int Vector::size()
{
    return sz;
}
```

user.cpp 和 **Vector.cpp** 中的代码共享 **Vector.h** 中提供的 **Vector** 接口信息，但这两个文件是相互独立的，可以被分别编译。该程序片段用图形化的方式呈现如下：

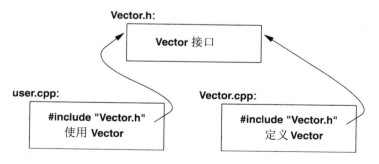

程序组织的最佳实践是把它当作一系列定义了良好依赖的模块集合。头文件展现了这种模块化，并且通过分离编译充分利用模块化。

一个可以单独编译的 **.cpp** 文件（包含它#include 的.h 文件）被称作一个翻译单元。程序

可以由成千上万个翻译单元组成。

使用 **#include** 及头文件实现模块化是一种传统方法，它具有明显的缺点。

- 编译时间：如果你在 101 个翻译单元中#include header.h，这个 **header.h** 的文本将被编译器处理 101 次。
- 依赖顺序：如果你在 **header2.h** 之前 #include header1.h，在 header1.h 中的定义与宏（19.3.2.1 节）可能会影响 **header2.h** 中代码的含义。反过来，如果你在 **header1.h** 之前#include header2.h，那么 **header2.h** 可能影响 **header1.h** 中代码的含义。
- 不协调：如果你在一个文件中定义一个实体，比如类型或者函数，然后在另一个文件中定义一个稍微不同的版本，则可能导致崩溃或者难以觉察的错误。这种情况出现在我们有意或者无意地在两个源文件中定义了同一个实体的时候，也可能出现于不同源文件引用头文件的顺序不一致的时候。
- 传染性：所有表达头文件中某一个声明所需的代码，都必须出现在头文件中。这会导致代码膨胀，因为头文件为了完成声明需要 **#include** 其他头文件，这会导致头文件的用户需要（有意或者无意地）依赖头文件包含的实现细节。

显然，这并不是理想的解决方案，而且这项技术自从 1970 年代初期开始就造成巨大的开销，也成为主要的错误（bug）来源。然而，对头文件的使用已经持续了数十年，使用 **#include** 的旧代码还会"存活"非常长的时间，毕竟更新大型软件的旧代码开销巨大。

3.2.2 模块

在 C++20 中，我们终于拥有了语言级的方式来直接实现模块化（19.2.4 节）。考虑使用 **module** 重新表达 3.2 节中的 **Vector** 及 **sqrt_sum()** 例子：

```
export module Vector;        // 定义一个 module，名为 Vector

export class Vector {
public:
    Vector(int s);
    double& operator[](int i);
    int size();
private:
    double* elem;            // elem 指向一个数组，该数组包含 sz 个 double 类型的元素
    int sz;
};

Vector::Vector(int s)
    :elem{new double[s]}, sz{s}          // 初始化元素
```

```
{
}

double& Vector::operator[](int i)
{
    return elem[i];
}

int Vector::size()
{
    return sz;
}

export bool operator==(const Vector& v1, const Vector& v2)
{
    if (v1.size()!=v2.size())
        return false;
    for (int i = 0; i<v1.size(); ++i)
        if (v1[i]!=v2[i])
            return false;
    return true;
}
```

上述代码定义了一个 **module**，名为 **Vector**，这个模块导出了 **Vector** 类及所有成员函数，还有成员函数的操作符 **==**。

要使用上述 **module**，只要在需要用到它的地方 **import** 就可以了。例如：

```
// user.cpp:

import Vector;              // 获得 Vector 的相关接口
#include <cmath>            // 获得标准库的数学函数接口，包含 sqrt()

double sqrt_sum(Vector& v)
{
    double sum = 0;
    for (int i=0; i!=v.size(); ++i)
        sum+=std::sqrt(v[i]);   // 平方根之和
    return sum;
}
```

其实标准库的数学函数也可以用 **import** 来引入，这里使用旧风格的 **#include**，仅仅是为了演示旧方式和新方式可以混合。允许这种混合很重要，因为从使用 **#include** 的旧代码过渡到使用 **import** 的新代码是一个循序渐进的过程。

头文件与模块的区别并不仅仅是在语法上。

- 模块只被编译一次，不会在每个用到它的翻译单元那里都被重新编译。
- 两个模块 **import** 的顺序不影响其含义。
- 如果你在模块内部 **import** 或者**#include** 其他内容，模块的使用者不会隐式地获得那些模块的访问权：这意味着 **import** 没有传染性。

模块在维护性与编译时间方面的改进非常显著。例如，我测量过使用

```
import std;
```

的"Hello, world!"程序，它的编译速度比使用

```
#include<iostream>
```

的版本快 10 倍！

而且这还是在 **std** 模块因包含了整个标准库足足有**<iostream>**10 倍大小的前提下实现的。速度提升的原理是：模块只导出接口，但头文件需要传递所有直接的或者间接的信息给编译器。这个特性使得我们可以放心地引用大规模的模块，而不必被迫记忆与选择只**#include** 其中个别功能的头文件（9.3.4 节）。从现在开始，我在所有的例子程序中都假定 **import std**。

不幸的是，**module std** 还没有进入 C++20。附录 A 介绍了如果你的标准库没有提供它，应如何获得一份 **module std** 的方法。

当定义一个模块时，不需要将实现与声明分开写成两个文件，如果想改进你的源代码组织，可以继续这么做，但这已经不再是必需的了。可以将 **Vector** 模块简单地定义为下面这样：

```
export module Vector;        // 定义 module，名叫 Vector

export class Vector {
    // ...
};

export bool operator==(const Vector& v1, const Vector& v2)
{
    // ...
}
```

以图形表示，这个程序片段可以展现如下：

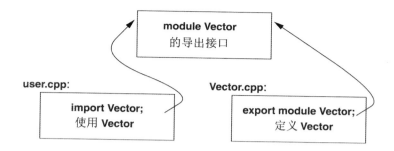

编译器负责把（用 **export** 指定的）模块的接口从实现细节中分离出来，因此，**Vector** 接口由编译器生成，不需要由用户指定。

使用 **module** 时，不需要为了在接口文件内隐藏实现细节而将代码变得复杂；因为模块只导出显式 **export** 的声明。考虑如下代码：

```
export module vector_printer;

import std;

export
template<typename T>
void print(std::vector<T>& v) // 这是唯一能被用户看见的函数
{
    cout << "{\n";
    for (const T& val : v)
        std::cout << " " << val << '\n';
    cout << '}';
}
```

用户 **import** 这个小模块的时候，不会意外引入这个模块所使用到的 **std** 库。

其中，**template<typename T>**就是给一个函数加上类型参数（7.2 节）的方法。

3.3 命名空间

除了函数（1.3 节）、类（2.3 节）和枚举（2.4 节），C++还提供了一种称为命名空间的机制，一方面表达某些声明是属于一个整体的，另一方面表明它们的名字不会与其他命名空间中的名字冲突。例如，我们尝试利用自己定义的复数类型（5.2.1 节、17.4 节）进行实验：

```
namespace My_code {
    class complex {
```

```
        // ...
    };

    complex sqrt(complex);
    // ...
    int main();
}

int My_code::main()
{
    complex z {1,2};
    auto z2 = sqrt(z);
    std::cout << '{' << z2.real() << ',' << z2.imag() << "}\n";
    // ...
}

int main()
{
    return My_code::main();
}
```

把代码放在命名空间 **My_code** 中，就可以确保我们的名字不会和命名空间 **std**（3.3 节）中的标准库名字冲突。因为标准库确实支持 **complex** 算术运算（5.2.1 节、17.4 节），所以提前设置这样的预防措施显然是非常明智的。

要想访问其他命名空间中的某个名字，最简单的方法是在这个名字前加上命名空间的名字作为限定（例如，**std::cout** 和 **My_code::main**）。"真正的 **main()**" 定义在全局命名空间中，换句话说，它不属于任何自定义的命名空间、类或者函数。

如果觉得（在一段代码中）反复使用命名空间限定显得冗长及干扰了可读性，可以使用 **using** 声明将命名空间中的名字放进当前作用域：

```
void my_code(vector<int>& x, vector<int>& y)
{
    using std::swap;          // 将标准库的 swap 放进本地作用域
    // ...
    swap(x,y);                // std::swap()
    other::swap(x,y);         // 某个其他的 swap
    // ...
}
```

using 声明将名称从命名空间复制到当前作用域，就像在当前作用域中声明该名称一样。在 **using std::swap** 之后，**swap** 被视为在 **my_code()** 局部作用域内声明。

要获得标准库命名空间中所有名称的访问权，可以使用 **using** 指令：

 using namespace std;

using 指令使整个命名空间的名称在当前作用域可用。在使用对 **std** 的 **using** 指令之后，我们可以用 **cout** 替代 **std::cout**。例如，在 **vector_printer** 模块中去掉 **std::** 限定符：

```
export module vector_printer;

import std;
using namespace std;

export
template<typename T>
void print(vector<T>& v) // 这是唯一一能被用户看见的函数
{
    cout << "{\n";
    for (const T& val : v)
    cout << " " << val << '\n';
    cout << '}';
}
```

重要的是，用以上方式使用命名空间指令不会影响使用模块的用户；这是实现细节，影响仅限于模块内部。

使用 **using** 指令时，我们失去了对所指定的命名空间名称的选择权，因此需要谨慎使用。通常当特定命名空间在应用中普遍使用（例如，**std**）或者移植一个没有使用 **namespace** 的旧应用时使用 **using** 指令。

命名空间主要用来组织更大规模的程序组件，典型的例子是库。通过使用命名空间，可以很容易地将若干独立开发的部件组织成一个程序。

3.4　函数参数与返回值

函数调用是程序部件之间传递信息的主要方法，也是建议使用的方法。用于执行任务的信息以参数的形式传递给函数，产生的结果以返回值的形式返回。例如：

```
int sum(const vector<int>& v)
{
    int s = 0;
    for (const int i : v)
        s += i;
    return s;
```

```
}

vector fib = {1, 2, 3, 5, 8, 13, 21};

int x = sum(fib);                // x 变成 53
```

函数之间传递信息还有其他路径，比如使用全局变量（1.5 节）及在类对象中共享状态（第 5 章）。强烈不建议使用全局变量，已知的很多问题都来源于它，而状态共享只适合在具备良好抽象并且协同开发的函数之间传递信息（比如同一个类的成员函数，2.3 节）。

既然函数之间的信息传递如此重要，语言提供了很多方法来实现它也就毫不奇怪了。选择方法的关键考量有：

- 对象是被复制的还是被共享的？
- 这个共享对象是否可被修改？
- 这个对象是否被移动，从而留下了一个空对象（6.2.2 节）？

参数传递与返回值的默认行为是复制（1.9 节）。但在很多情况下，复制可以被编译器隐式优化为移动。

在 sum()示例中，返回值 int 是从 sum()中复制出来的，但 vector 对象或许会很大，没有必要复制一份，因此这个参数以引用方式传入（用&符号指定，1.7 节）。

同时，sum()函数没有修改其参数的理由。因此我们声明 vector 参数为 const（1.6 节），最终，vector 以 const 引用的方式传递。

3.4.1 参数传递

首先要考虑的是，函数获取值的方法。默认情况使用复制（传值），如果希望直接指向调用者环境中的对象，我们使用引用（传引用）的方式。例如：

```
void test(vector<int> v, vector<int>& rv)     // v 是传值；rv 是传引用
{
    v[1] = 99;          // 修改 v（局部变量）
    rv[2] = 66;         // 修改 rv 指向的变量
}

int main()
{
    vector fib = {1, 2, 3, 5, 8, 13, 21};
    test(fib,fib);
    cout << fib[1] << ' ' << fib[2] << '\n'; // 输出 2 66
}
```

从性能方面考虑，我们通常对小数据传值、对大数据传引用。这里的"小"意味着"复制开销很低"。它的准确定义取决于具体的机器架构，通常而言，"尺寸在两到三个指针以内"是一个不错的标准。但如果传递方式对性能影响非常显著，请先测量再做决定。

如果为了性能而使用引用传递，但并不需要修改参数，那么可以选择以 const 引用的方式传递，就像 sum() 例子中的一样。在普通代码中，这其实是最常用的场景，效率高且不易出错。

函数参数也可以拥有默认值，意思是说，某个参数经常被设定为特定取值。可以通过默认函数参数来指定。例如：

```
void print(int value, int base =10);    // 使用 base 进制打印输出
print(x,16);                            // 十六进制
print(x,60);                            // 六十进制
print(x);                               // 使用默认的十进制
```

默认函数参数用起来更简单，虽然重载函数也能做到类似的事：

```
void print(int value, int base);    // 使用 base 进制打印输出

void print(int value)               // 使用十进制打印
{
    print(value,10);
}
```

使用默认参数意味着函数只有一份定义。通常来说，这对于理解代码以及减小代码尺寸更有帮助。当我们需要使用不同的代码来实现不同类型的相同语义时，可以使用重载。

3.4.2 返回值

当函数计算出结果后，需要想办法把它传递到函数之外，即返回给调用者。同样，返回值的默认行为是复制，对小对象而言这是理想的处理方式。返回引用的情况只应当出现在返回的内容不属于函数局部的时候。例如，Vector 对象可以返回一个元素的访问权：

```
class Vector {
public:
    // …
    double& operator[](int i) { return elem[i]; }// 返回元素的引用
private:
    double* elem;                       // elem 指向一个长度为 sz 的数组
    // …
};
```

Vector 的第 i 个元素可以独立于下标操作符调用本身存在，所以可以返回它的引用。

另一方面，局部变量在函数返回时消失，因此我们不应当返回它的引用或者指针：

```
int& bad()
{
    int x;
    // ...
    return x; // 不好：返回了局部变量的引用
}
```

幸运的是，所有主流C++编译器都可以对**bad()**函数中的上述情况给予警告或报错。[1]

对于小尺寸的类型，返回引用或者返回值都是高效的，但如何将大量的信息传递到函数之外呢？考虑这种情形：

```
Matrix operator+(const Matrix& x, const Matrix& y)
{
    Matrix res;
    // ……对于所有的 res[i,j]，让 res[i,j] = x[i,j]+y[i,j]……
    return res;
}

Matrix m1, m2;
// ...
Matrix m3 = m1+m2; // 没有复制
```

Matrix 对象可能非常大，即便在现代硬件上，复制开销可能也比较昂贵。因此我们不复制，而是给 **Matrix** 对象提供移动构造方法（6.2.2 节），以非常小的代价将 **Matrix** 对象移动到 **operator+()** 函数之外。即便我们不定义移动构造方法，编译器也经常可以将这次复制优化（省略复制）为仅在需要时才构建 **Matrix**。这种行为叫作省略复制优化。

我们不应当为了这个问题而选择手动管理内存，如下代码是反面例子：

```
Matrix* add(const Matrix& x, const Matrix& y) // 复杂易错的 20 世纪的编程风格
{
    Matrix* p = new Matrix;
    // ……对于所有的 *p[i,j]，让 *p[i,j] = x[i,j]+y[i,j]……
    return p;
}

Matrix m1, m2;
// ...
```

1　此处编译器有可能不会报错，而是警告，如果用户忽略或屏蔽警告则可能会错过提示。——译者注

```
Matrix* m3 = add(m1,m2);        // 只复制指针
// ...
delete m3;                      // 很容易忘记
```

不幸的是，在旧代码中，使用指针返回大对象非常常见，而这是部分问题难查的主要原因。不要写出这样的代码。在 `Matrix` 对象中，使用引用返回的 `operator+()` 函数的性能不会低于使用指针返回的 `add()` 函数，而且定义和使用更简单，也不容易出错。

如果函数无法完成所需要的功能，可以抛出异常（4.2 节）。这可以避免在程序中充斥着大量为了测试异常情况而书写的用于错误处理的代码。

3.4.3　返回类型推导

可以通过返回值来自动推导函数返回类型。例如：

```
auto mul(int i, double d) { return i*d; } // 此处 auto 的意思是自动推导返回类型
```

对于普通函数（7.3.1 节）及匿名函数（7.3.3 节）来说，这会很方便，但当推导类型无法提供稳定接口时需要谨慎使用：实现改变可能导致函数改变返回值类型。

3.4.4　返回类型后置

为什么返回值要放到函数名与参数的前面？这是因为历史原因，Fortran、C 和 Simula 都是这样的（而且现在依然如此）。但有的时候，我们需要先看到参数，然后决定返回值的类型。这包括但不限于返回类型推导这种情形。在本书之外的现实例子中，这个问题与命名空间（3.3 节）、匿名函数（7.3.3 节）、概念（8.2 节）都有一定的联系。因此，我们也允许将返回值显式地放到参数列表之后。那么，现在 `auto` 的含义表示"返回值可能会在后面提到或者自动推导"。例如：

```
auto mul(int i, double d) -> double { return i*d; } // 返回类型为 double
```

与变量（1.4.2 节）类似，使用这种记法能够更有效地将函数名对齐。比较一下这种格式与 1.3 节中所示格式的优劣：

```
auto next_elem() -> Elem*;
auto exit(int) -> void;
auto sqrt(double) -> double;
```

我认为这种后置返回记法比传统的前置返回记法更符合逻辑，但是，因为绝大多数现有代

码使用传统记法，所以在本书中仍然会使用传统记法。

3.4.5 结构化绑定

　　一个函数只能返回一个值，但这个值可以是拥有很多成员的类对象。这往往是函数体面地返回多个值的办法。例如：

```cpp
struct Entry {
    string name;
    int value;
};

Entry read_entry(istream& is) // 简单地读函数（改进版本参见 11.5 节）
{
    string s;
    int i;
    is >> s >> i;
    return {s,i};
}

auto e = read_entry(cin);

cout << "{ " << e.name << " , " << e.value << " }\n";
```

　　在这里，{s,i}被用于构造 Entry 类型的返回值。类似地，我们也可以将 Entry 的成员"解包"为局部变量：

```cpp
auto [n,v] = read_entry(is);
cout << "{ " << n << " , " << v << " }\n";
```

这里的 auto [n,v]声明了两个变量 n 和 v，它们的类型来自对 read_entry()返回类型的推导。这种把类对象成员的名称赋予局部变量名称的机制叫作结构化绑定。

　　考虑另外一个例子：

```cpp
map<string,int> m;
// ……填充 m 对象的值……
for (const auto [key,value] : m)
    cout << "{" << key << "," << value << "}\n";
```

与其他场景类似，可以使用 const 与&符号修饰 auto。例如：

```cpp
void incr(map<string,int>& m) // 自增 m 的每个元素的值
{
    for (auto& [key,value] : m)
```

```
        ++value;
}
```

对完全没有私有数据的类使用结构化绑定时，绑定行为是明显的：提供的名称数量必须与数据成员的数量相等，每个绑定名称对应一个成员变量。这与直接使用一个组合类并没有什么不同。特别地，使用结构化绑定并不意味着复制整个 **struct**。实际上，返回一个简单 **struct** 极少导致复制，因为简单类型可以在需要使用的地方按需构造（3.4.2 节）。使用结构化绑定主要是为了更清晰地表达思想。

结构化绑定也可以用于处理需要通过成员函数访问对象数据的类。例如：

```
complex<double> z = {1,2};
auto [re,im] = z+2;             // re=3; im=2
```

complex 类有两个数据成员，但它的接口包含访问函数 **real()** 和 **imag()**。将 **complex<double>** 映射到两个局部变量 **re** 和 **im** 是有效的，但其中涉及的技术超出了本书讨论的范围。

3.5　建议

[1]　区分声明（用作接口）和定义（用作实现）；3.1 节。

[2]　优先选择 **module** 而非头文件（在支持 **module** 的地方）；3.2.2 节。

[3]　使用头文件描述接口、强调逻辑结构；3.2 节；[CG: SF.3]。

[4]　使用**#include** 将头文件包含到实现其函数的源文件中；3.2 节；[CG: SF.5]。

[5]　在头文件中应避免定义非内联函数；3.2 节；[CG: SF.2]。

[6]　用命名空间表达逻辑结构；3.3 节；[CG: SF.20]。

[7]　用 **using** 指令来为基础库（如 **std**）或局部作用域进行转换；3.3 节；[CG: SF.6] [CG: SF.7]。

[8]　不要在头文件中使用 **using** 指令；3.3 节；[CG: SF.7]。

[9]　采用传值方式传递"小"值，采用传引用方式传递"大"值；3.4.1 节；[CG: F.16]。

[10]优先选择传 **const** 引用方式而非传普通引用方式；3.4.1 节；[CG: F.17]。

[11]使用函数返回值的方式（而非输出参数）；3.4.2 节；[CG: F.20] [CG: F.21]。

[12]不要过度使用返回类型推断；3.4.2 节。

[13]不要过度使用结构化绑定；使用命名的返回类型通常可以使代码更为清晰；3.4.5 节。

第 4 章
错误处理

我打断你的时候不许打断我。

——温斯顿·丘吉尔

- 引言
- 异常
- 约束条件
- 错误处理的其他替代方式
- 断言
- **assert()；static_assert；noexcept**
- 建议

4.1 引言

错误处理是一个庞大而复杂的主题，它所关注的问题和影响远远超出了语言工具，应归结为程序设计技术和工具的范畴。不过，C++提供了一些有益的功能，其中最主要的一个就是类型系统本身。在构建应用程序时，通常的做法不是仅仅依靠内置类型（如 **char**、**int** 和 **double**）和语句（如 **if**、**while** 和 **for**），而是建立更多适合应用的新类型（如 **string**、**map** 和 **thread**）和算法（如 **sort()**、**find_if()**和 **draw_all()**）。这些高级结构简化了程序设计，减少了产生错误的机会（例如，你大概不会把遍历树的算法应用在对话框上），同时也增加了编译器捕获错误的概率。大多数 C++ 的结构都致力于设计并实现优雅而高效的抽象模型（例如，用户自定义类型及基于这些自定义类型的算法）。使用这种抽象的效果是，可以检测到运行时错误的捕获位置与错误处理的位置是分离的。随着程序的发展，特别是当库被广泛使用时，处理错误的标准变得愈加重要。在程序开发的早期阐明错误处理策略是一个好主意。

4.2　异常

重新考虑 **Vector** 示例。当我们试图越界访问 2.3 节中介绍的动态数组时，应该发生什么事？

- **Vector** 类的作者并不知道用户在这种情况下想要做什么（**Vector** 类的作者通常不会知道动态数组在什么样的程序中运行）。

- **Vector** 类的用户并不能持之以恒地检测这个问题（如果可以做到，就不会出现数组下标越界了）。

假定可以从下标越界的访问错误中恢复，那么 **Vector** 类的解决方案是实现者检测所有的越界访问并且告知用户。然后用户执行合适的操作。例如，**Vector::operator[]()** 可以检测所有越界访问并且抛出 **out_of_range** 异常：

```
double& Vector::operator[](int i)
{
    if (!(0<i && i<size()))
        throw out_of_range{"Vector::operator[]"};
    return elem[i];
}
```

throw 指令创建了一个 **out_of_range** 类型的异常，并将异常的控制权转移给直接或者间接调用 **Vector::operator[]()** 函数的用户。要想做到这一点，编译器的实现需要回溯函数的调用栈并且找到调用者的上下文。这意味着异常处理机制将退出当前作用域并且把上下文回溯到对该异常感兴趣的调用者，在这个过程中可能会调用析构函数（5.2.2 节）。

参见示例：

```
void f(Vector& v)
{
    // ...
    try {                            // 在这个区块抛出的 out_of_range 异常，使用下方处理器处理
        compute1(v);                 // 可能会试图访问 v 的结束以外的范围
        Vector v2 = compute2(v);     // 可能会试图访问 v 的结束以外的范围
        compute3(v2);                // 可能会试图访问 v2 的结束以外的范围
    }
    catch (const out_of_range& err) {  // 哎呀，发生了 out_of_range 错误
        // 处理这个错误
        cerr << err.what() << '\n';
```

```
        }
        // ...
    }
```

我们将想要捕获异常的代码放进一个 **try** 代码块。该代码块可调用 **computer1()**、**computer2()**、**computer3()** 这些不容易预先判定是否发生访问越界错误的函数。此处的 **catch** 语句用来处理类型为 **out_of_range** 的异常。假如 **f()** 不是处理此类异常的恰当地方，那我们就不必使用 **try** 代码块，应当将这个异常隐式地传递给 **f()** 函数的调用者。

out_of_range 类型在标准库（**<stdexcept>**）中定义，事实上也已经被一些容器访问类标准库函数使用。

在这里，我使用引用来捕获异常以避免对异常变量的复制，同时使用 **what()** 函数打印输出被 **throw** 抛出的错误信息。

异常处理机制可以使错误处理更简单、更系统化，同时提升可读性。要达到这一点，注意不要过多使用 **try** 语句。程序的异常抛出点（**throw**）与可处理异常的函数之间往往有几十个函数调用。因而，绝大多数函数应当直接允许异常被向上传播到调用栈。让异常处理变得简单与系统化的主流技术（名为资源获取即初始化，RAII）在 5.2.2 节中有详细解释。RAII 的基本思想是让构造函数负责获取类需要的资源，同时让析构函数负责释放资源，这样就可让资源释放可靠地自动进行。

4.3　约束条件

使用异常对访问越界给出信号，这是函数检查参数并且拒绝执行动作的一个例子。这种行为基于不满足一个基本假定（换句话说是前提条件）。如果我们正式地描述 **Vector** 的下标操作符，会说"索引必须在[0:size())区间"，事实上，这就是我们在 **operator[]()** 内进行的检查。这里的[a:b)记号描述了一个半开半闭区间，意思是区间包括 **a** 但不包括 **b**。每当定义一个函数时，都应当考虑函数的前提条件，并且决定是否检测这些条件（4.4 节）。对于大多数应用来说，检测简单的约束条件（invariant）是一个好主意，参见 4.5 节。

要注意到，使用 **operator[]()** 操作 **Vector** 类型的对象，仅当 **Vector** 的成员存储"理性的"值时才有意义。特别地，我们仅在注释中才会说"**elem** 指向具有 **sz** 个双精度浮点数的数组"。这种被认为对一个类来说必定为真的语句，叫作类约束条件，或者简称为约束条件。给类建立约束条件是构造函数的任务，这是为了让成员函数依赖它并且确保约束条件持续。不幸的是，我们的 **Vector** 构造函数只完成了一部分工作。它正确地初始化了 **Vector** 的成员，但没有检查传递的参数是否合理。考虑这种情形：

```
Vector v(-27);
```

这就很有可能导致混乱的结果。

这里有一个更加合适的定义：

```
Vector::Vector(int s)
{
    if (s<0)
        throw length_error{"Vector constructor: negative size"};
    elem = new double[s];
    sz = s;
}
```

我使用标准库的 **length_error** 异常来报告元素数量为负的情形，因为一部分标准库操作使用这个异常来报告同类错误。如果操作符 **new** 无法获得用于分配的内存，它就会抛出 **std::bad_alloc** 异常。我们可以写出：

```
void test(int n)
{
    try {
        Vector v(n);
    }
    catch (std::length_error& err) {
        // ……处理负数尺寸……
    }
    catch (std::bad_alloc& err) {
        // ……处理内存耗尽……
    }
}

void run()
{
    test(-27);                  // 抛出 length_error（-27 数值太小）
    test(1'000'000'000);        // 可能抛出 bad_alloc
    test(10);                   // 大概率可行
}
```

内存耗尽会发生在申请的内存比机器提供的全部内存更多的情形下，或者发生程序已经把内存消耗到极限的情形下。请注意，现代操作系统允许你分配的内存比实际物理内存更多，因此在**bad_alloc**异常被触发之前，系统运行会被严重拖慢。[1]

1　现实中的应用程序可能过了数天的时间也无法触发 bad_alloc 异常。——译者注

你可以将自定义类用作异常，这样在错误发生并被处理时，可以根据需要存储更少或者更多的信息（4.2 节）。使用标准库定义的异常类层次结构并不是必需的。

一般来说，在抛出异常后，函数无法正常完成它应有的任务。于是，"处理"异常也可能意味着要做一些最小化的清理工作，然后重新抛出异常。例如：

```cpp
void test(int n)
{
    try {
        Vector v(n);
    }
    catch (std::length_error&) {      // 做一些事，然后重新抛出异常
        cerr << "test failed: length error\n";
        throw;                         // 重新抛出异常
    }
    catch (std::bad_alloc&) {          // 哎呀！这个程序没有办法处理内存耗尽
        std::terminate();              // 中止程序
    }
}
```

在良好设计的代码中，很少使用 **try** 代码块。可以通过系统性地使用 RAII 技术（5.2.2 节、6.3 节）来避免过多使用 **try** 代码块。

在设计类的过程中，约束条件占据了比较核心的地位，而前提条件则在函数中扮演了类似的角色。

- 制定约束条件可帮助我们精确地理解需求。
- 约束条件强迫我们描述得更具体；这使得将代码写正确的概率更高。

约束条件的概念强调了在 C++ 中的资源管理，而 C++资源管理由构造函数与析构函数提供支持（5.2.2 节、15.2.1 节）。

4.4　错误处理的其他替代方式

错误处理在真实世界的软件开发中是一个重大议题，自然有各种不同的实现方式。如果检测到一个错误却并不能在函数内进行处理，这个函数必须用某种方法与调用者通信，将问题传递出去。在 C++中，抛出异常是最通用的处理方式。

在某些编程语言中，异常处理被设计为提供一项替代返回值的机制。C++并不是这样的：异常被设计为用来报告在完成任务过程中发生的错误。异常处理机制与构造函数及析构函数一起，提供了进行错误处理与资源管理（5.2.2 节、6.3 节）的连贯框架。编译器会被优化，使得

返回值的代价远远低于抛出相同值的异常。

抛出异常并不是报告本地无法处理错误的唯一方法。函数可以通过下列方法表示它无法正常完成其任务：

- 抛出异常。
- 返回一个特定的、表示失败的值。
- 中止应用程序〔通过调用诸如 **terminate()**、**exit()**、**abort()** 之类的函数（16.8 节）〕。

在下列情况下会返回错误代码：

- 这种失败很常见并且可以预期。例如，打开文件失败是一件常见的事（可能这个文件不存在或者没有打开的权限）。
- 可以理性地期待该函数的调用者立即处理这个错误。
- 在并行处理的一系列任务中发生错误，我们需要知道具体是哪个任务失败。
- 在具有极低内存的系统中，支持异常机制的运行时开销将影响系统核心功能。

在下列情况下会抛出异常：

- 这个错误极为罕见，程序员通常会忘记检查它。例如，还记得你上一次检查 **printf()** 返回值是什么时候吗？
- 这个错误无法被直接调用者处理，而是必须向上渗透到调用链并找到顶层调用者。例如，要求每个函数都处理每一次内存分配失败及网络中断是不现实的。不断重复检查错误使代码显得冗长，代价昂贵，而且易出错。将错误及传递错误代码的检测作为返回值，会将函数的主要运行逻辑隐藏起来，使检测变得难以辨识。
- 新增类型的错误出现在应用底层模块，上层模块的代码并未处理这些错误。例如，当一个原本为单线程设计的应用被修改为使用多线程，或者将访问本地资源修改为到远程网络中访问。
- 无法以合适的路径返回错误代码。例如，构造函数没有办法将返回值传递给调用者检查。特别地，构造函数可能在多个局部变量中或者一个部分构造的复杂对象中被调用，清理这些返回值会变得极其复杂。类似地，操作符函数通常也不具备返回错误代码的条件。例如：**a*b+c/d**。
- 同时返回一个值及错误代码会让函数变得非常复杂，代价也相对昂贵（例如，使用 **pair**；15.3.3 节），可能导致被迫使用输出参数、非局部变量，或者其他奇技淫巧。
- 从错误中恢复还依赖于某些函数调用的结果，这导致需要管理本地状态机或者复杂的控制结构。
- 产生错误的函数本身是一个回调函数（函数参数），因此调用者可能并不知道调用的是什么函数。
- 当错误隐含地需要进行某种程度的"撤销动作"时（5.2.2 节）。

在下列情况下，应当中止程序运行：

- 这个错误类型是我们无法恢复的。例如，在大多数（但并不是所有）情况下，对于内存耗尽这样的错误，没有合理的恢复方法。
- 在某些系统中，错误处理可以通过重启线程、重启进程，甚至重启系统来实现，检测到错误就中止并自动重启应用，可以保持系统的长期运行。

一种确保中止程序运行的办法是把函数标明为 **noexcept**（4.5.3 节），这样在实现中任何抛出异常的函数行为都会变成 **terminate()**。注意，某些应用无法接受无条件中止，必须使用其他替代方法。通用的库不应当使用无条件中止。

不幸的是，上述情况并不总是能被分清楚，现实场景也不总是能适配上述情况，程序的规模与复杂度也有很大区别。因此在应用程序中总会存在取舍与权衡，这就需要依赖程序员的经验。当你有疑问时，建议使用异常，因为它能更好地适配不同规模的应用，而且不需要外部工具就能确保所有错误被处理。

不要认为错误代码和异常都是不好的；它们各有各的用途。不但如此，不要迷信地认为异常处理太慢；它常常比你想象得要快，尤其是需要正确处理一些复杂、稀有错误场景或者需要多次重复检测错误代码时。

对于使用异常简单有效地进行错误处理，RAII（5.2.2 节、6.3 节）至关重要。充斥着 **try** 块的代码通常只是简单地反映了为错误代码设计的错误处理策略，这种情况最为糟糕。

4.5 断言

在当前情况下，没有一个通用的、标准的方法来为诸如约束条件、前提条件等写出可行的运行时检查。然而，对许多大型应用来说，用户需要在测试过程中依赖更高强度的运行时检查，然后在最终发布代码时最小化检查开销。

到现在为止，我们不得不依赖特殊机制。有很多类似的机制，它们灵活、通用，并且在不使用的情况下没有任何开销。

```
// 替代错误处理
enum class Error_action { ignore, throwing, terminating, logging };

constexpr Error_action default_Error_action = Error_action::throwing; // 默认值

enum class Error_code { range_error, length_error };          // 个别错误

string error_code_name[] { "range error", "length error" };   // 个别错误的名称
```

```
template<Error_action action = default_Error_action, class C>
constexpr void expect(C cond, Error_code x)      // 条件不满足则执行动作
{
    if constexpr (action == Error_action::logging)
        if (!cond()) std::cerr << "expect() failure: " << int(x) << ' ' <<
    error_code_name[int(x)] << '\n';
    if constexpr (action == Error_action::throwing)
        if (!cond()) throw x;
    if constexpr (action == Error_action::terminating)
        if (!cond()) terminate();
    // 或者没有动作
}
```

这段代码粗看起来可能令人难以理解，因为许多语言特性还没有展示过。然而，它非常灵活而且使用开销足够低。例如：

```
double& Vector::operator[](int i)
{
    expect([i,this] { return 0<=i && i<size(); }, Error_code::range_error);
    return elem[i];
}
```

它可以检查下标是否在范围内，如果不满足则执行默认行为：抛出异常。我们期待保持的条件表达式 `0<=i&&i<size()`，以匿名函数 `[i,this]{return 0<=i&&i<size();}`（7.3.3 节）的形式传递给 `expect()`。由于 `if constexpr` 判断发生在编译时（7.4.3 节），因此 `expect()` 在运行时只会执行其中一条指令。把 `action` 设定为 `Error_action::ignore`，则任何行动都不会被执行，`expect()` 函数不会生成任何代码。

通过设定 `default_Error_action`，用户可以选择程序部署时更合适的行为，比如 `terminating` 或者 `logging`。为了支持日志，应为 `error_code_names` 定义一张表格。日志信息可以使用 `source_location` 进行改进（16.5 节）。

在许多系统中，对 `expect()` 这样的断言机制提供对于断言失效行为的单点控制很重要。在大型代码库中搜索 `if` 语句，然后对假设条件进行检查，是不切实际的。

4.5.1　assert()

标准库提供了一个调试宏，`assert()`，它可以在运行时断言必须满足的条件。例如：

```
void f(const char* p)
{
    assert(p!=nullptr); // p 不可以是 nullptr
    // …
}
```

如果 **assert()** 的条件不满足，在调试模式下，程序中止，在非调试模式下，**assert()** 不被检查。这个功能简单粗暴而且不够灵活，当然，那也比什么都不做要强。

4.5.2　static_assert

异常用于报告在运行时发现的错误。但只要有可能，我们倾向于尽量让错误可以在编译时被发现。类型系统、接口声明以及用户自定义类型都致力于此。同时，对于编译时确定的属性，我们也可以进行一些简单的检查，以确保与预期行为一致，并且将不符合的情况报告为编译错误。例如：

```
static_assert(4<=sizeof(int), "integers are too small"); // 检查整数大小
```

如果 **4<=sizeof(int)** 不满足（意思是，如果系统中的 **int** 类型不具备至少 4 字节长度），则会输出 **integers are too small**。我们把这种语句叫作断言。

静态断言 **static_assert** 机制可以使用任何常量表达式（1.6 节）。例如：

```
constexpr double C = 299792.458; // km/s
void f(double speed)
{
    constexpr double local_max = 160.0/(60*60);   // 160 km/h == 160.0/(60*60) km/s

    static_assert(speed<C,"can't go that fast"); // 错误: speed 必须是常量
    static_assert(local_max<C,"can't go that fast"); // 可行
    // ...
}
```

一般来说，如果 **A** 不为真，那么 **static_assert(A,S)** 打印输出 **S** 作为编译错误信息。如果你不需要某个特定的信息，可以忽略 **S** 参数，编译器会生成默认信息：

```
static_assert(4<=sizeof(int)); // 使用默认信息
```

典型的默认信息通常由 **static_assert** 调用代码的位置加上断言内容的字符表述谓词构成。

静态断言 **static_assert** 的一大重要用途是在泛型编程（8.2 节、16.4 节）中对类型参数进行断言。

4.5.3　noexcept

如果一个函数绝不应当抛出异常，那么可以将它声明为 **noexcept**。例如：

```
void user(int sz) noexcept
```

```
{
    Vector v(sz);
    iota(&v[0],&v[sz],1);          // 将 v 填充为 1,2,3,4... ( 参见 17.3 节 )
    // ...
}
```

如果所有的意图与设计都失败，**user()**函数依然抛出异常，系统会立即调用 **std::terminate**
中止这个程序。

不假思索地为函数增加 **noexcept** 标识是有害的。如果在 **noexcept** 函数中抛出我们期待可
以处理的异常，**noexcept** 会把这个（原本无害的）异常变成致命错误。同时，**noexcept** 强制
程序员使用错误代码的方式处理错误，这可能会使处理过程变得复杂、易错、代价昂贵（4.4
节）。与其他强有力的语言特性一样，**noexcept** 应当在理解其特性的基础上谨慎使用。

4.6　建议

[1]　当无法完成既定任务时，抛出异常；4.4 节；[CG:E.2]。

[2]　异常应仅用于错误处理（而不应用于正常返回）；4.4 节；[CG:E.3]。

[3]　打开文件失败或到达迭代结束是预期事件而不是异常；4.4 节。

[4]　当直接调用者期望处理错误时，使用错误代码；4.4 节。

[5]　在错误需要通过多层函数调用向上渗透时，抛出异常；4.4 节。

[6]　如果不确定是使用异常还是错误代码，首选异常；4.4 节。

[7]　在设计阶段就想好错误处理的策略；4.4 节；[CG: E.12]。

[8]　用专门设计的用户自定义类型作为异常类型（而非内置类型）；4.2 节。

[9]　不要试图捕获每个函数中的每个错误；4.4 节；[CG:E.7]。

[10] 不一定非要使用标准库的异常类层次；4.3 节。

[11] 优先使用 RAII，而不是直接用 **try** 代码块；4.2 节、4.3 节；[CG: E.6]。

[12] 让构造函数建立约束条件，如果不能则抛出异常；4.2 节；[CG: E.4]。

[13] 围绕约束条件设计你的错误处理策略；4.3 节；[CG: E.4]。

[14] 能在编译时检查的问题尽量在编译时检查；4.5.2 节；[CG: P.4] [CG: P.5]。

[15] 使用断言机制对故障进行单点控制；4.5 节。

[16] Concepts（8.2 节）是编译时的断言，因此经常用在断言中；4.5.2 节。

[17] 如果你的函数不允许抛出异常，那么把它声明成 **noexcept**；4.4 节；[CG: E.12]。

[18] 除非经过全面考虑，否则不要使用 **noexcept**；4.5.3 节。

第5章

类

那些类型一点儿都不"抽象";
它们如此真实,就像 `int` 和 `float` 一样。

——道格·麦克罗伊

- 引言
    类的概述
- 具体类型
    一种算术类型;容器;容器的初始化
- 抽象类型
- 虚函数
- 类层次结构
    类层次结构的益处;类层次结构导航;避免资源泄漏
- 建议

5.1 引言

本章和接下来 3 章的目标是向读者展现 C++是如何在不涉及过多细节的前提下支持抽象和资源管理的:

- 本章通俗地介绍定义和使用新类型(用户自定义类型)的方式,重点介绍与具体类、抽象类和类层次结构有关的基本属性、实现技术以及语言特性。
- 第 6 章将介绍在 C++中已定义的一些操作,例如构造函数、析构函数和赋值;概述了组合使用这些规则来控制对象的生命周期,并支持简单、高效和完整的资源管理。
- 第 7 章将介绍模板。模板是一种用(其他)类型和算法对类型和算法进行参数化的机制。基于用户自定义类型与内置类型的计算常常表示为函数的形式，有时也泛化为模板函数和函数对象。

- 第 8 章概述了泛型编程的概念、技术和语言特性。重点集中在对概念的定义和使用上，概念可精确指定模板接口和指导设计。引入可变参数模板是为了指定最通用和最灵活的接口。

以上语言特性，用于支持面向对象编程和泛型编程的编程风格。第 9~18 章将接着介绍标准库设施及其使用方法。

5.1.1 类的概述

C++最核心的语言特性就是类。类（class）是一种用户自定义的类型，用于在程序代码中表示某种实体。无论何时，只要我们想为程序设计一个有用的想法、实体或数据集合，都应该设法把它表示为程序中的一个类，这样我们的想法就能被表达为代码，而不是仅存于头脑中、设计文档里或者注释里。对于一个程序来说，不论是用易读性还是正确性来衡量，使用一组精挑细选的类写的程序比直接搭建在内置类型上的程序要容易理解得多。而且，往往库所提供的产品就是类。

从本质上来说，基础类型、操作符和语句之外的所有语言特性的作用都是帮助我们定义更好的类及更方便地使用它们。在这里，"更好"的意思包括更加正确、更容易维护、更有效率、更优雅、更易用、更易读及更易推断。大多数编程技术依赖于某些特定类的设计与实现。程序员的需求和偏好千差万别，因此，对类的支持也应该是宽泛和丰富的。接下来，我们优先考虑对三种重要的类的基本支持：

- 具体类（5.2 节）。
- 抽象类（5.3 节）。
- 类层次结构中的类（5.5 节）。

很多有用的类都可以被归到这三个类别当中，其他类也可以看成是这些类别的简单变形或是通过组合相关技术而实现的。

5.2 具体类型

具体类的基本思想是它们的行为"就像内置类型一样"。例如，复数类型和无穷精度整数与内置的 **int** 非常像，当然它们有自己的语义和操作集合。同样，**vector** 和 **string** 也很像内置的数组，只不过在可操作性上更胜一筹（10.2 节、11.3 节、12.2 节）。

具体类型的典型定义特征是，它的成员变量是其定义的一部分。在很多重要的例子中，如 **vector**，成员变量只不过是一个或几个指向保存在别处的数据的指针，但这种成员变量出现在具体类的每一个对象中。这使得实现可以在时间和空间上达到最优，尤其是它允许我们：

- 把具体类型的对象置于栈、静态分配的内存或者其他对象中（1.5 节）。
- 直接引用对象（而非仅通过指针或引用）。
- 创建对象后立即进行完整的初始化（比如使用构造函数，2.3 节）。
- 拷贝与移动对象（6.2 节）。

类的成员变量可以被限定为私有的（就像 **Vector** 一样，2.3 节），这意味着这部分内容确实存在，但只能通过成员函数访问。因此，一旦成员变量发生了任何明显的改动，使用者就必须重新编译整个程序。这也是我们想让具体类型尽可能接近内置类型而必须付出的代价。对于那些不常改动的类型，以及那些局部变量提供了必要的清晰性和效率的类型来说，这个代价是可以接受的，而且通常很理想。如果想提高灵活性，具体类型可以将其成员变量的主要部分放置在自由存储（动态内存、堆）中，然后通过存储在类对象内部的成员访问它们。**vector** 和 **string** 的机理正是如此，我们可以把它们看成带有精致接口的资源管理器。

5.2.1 一种算术类型

一种经典的"用户自定义算术类型"是 **complex**：

```cpp
class complex {
    double re, im;                                     // 成员变量：两个双精度浮点数
public:
    complex(double r, double i) :re{r}, im{i} {}       // 用两个标量构建该复数
    complex(double r) :re{r}, im{0} {}                 // 用一个标量构建该复数
    complex() :re{0}, im{0} {}                         // 默认的复数是：{0,0}
    complex(complex z) :re{z.re}, im{z.im} {}          // 拷贝构造函数

    double real() const { return re; }
    void real(double d) { re=d; }
    double imag() const { return im; }
    void imag(double d) { im=d; }

    complex& operator+=(complex z)
    {
        re+=z.re;                                      // 加到 re 和 im 上
        im+=z.im;
        return *this;                                  // 返回结果
    }
```

```
complex& operator-=(complex z)
{
    re-=z.re;
    im-=z.im;
    return *this;
}

complex& operator*=(complex);          // 在类外的某处定义
complex& operator/=(complex);          // 在类外的某处定义
};
```

这是对标准库 complex（17.4 节）略作简化后的版本。类定义本身仅包含需要访问其成员变量的操作。它的成员变量非常简单，这是约定俗成的。出于编程实践的需要，它必须兼容 60 年前 Fortran 语言提供的版本，还需要一些常规的操作符。除了满足逻辑上的要求，complex 还必须足够高效，否则仍旧没有实用价值。这意味着我们应该把简单的操作设置成内联的。也就是说，在最终生成的机器代码中，一些简单的操作（如构造函数、+=、imag()等）不应该以函数调用的方式实现。定义在类内部的函数默认是内联的，也可以在函数声明前加上关键字 inline，从而把它显式指定成内联的。除此之外，标准库 complex 还将一部分函数声明为 constexpr，使得某些算术运算可以在编译时完成。

默认情况下，拷贝赋值函数及拷贝初始化函数会被隐式生成（6.2 节）。

不需要实参就可以调用的构造函数称为默认构造函数，complex()是 complex 类的默认构造函数。通过定义默认构造函数，可以有效防止该类型的对象未被初始化。

在负责返回复数实部和虚部的函数中，const 修饰符表示这两个函数不会修改所调用的对象。const 成员函数可以被 const 及非 const 对象调用，但非 const 成员函数只能被非 const 对象调用。例如：

```
complex z = {1,0};
const complex cz {1,3};
z = cz;                  // 可行：赋值给非 const 变量
cz = z;                  // 错误：赋值给 const
double x = z.real();     // 可行：complex::real()是 const
```

很多函数并不需要直接访问 complex 的成员变量，因此它们的定义可以与类的定义分离开来：

```
complex operator+(complex a, complex b) { return a+=b; }
complex operator-(complex a, complex b) { return a-=b; }
complex operator-(complex a) { return {-a.real(), -a.imag()}; } //一元负号
complex operator*(complex a, complex b) { return a*=b; }
```

```
complex operator/(complex a, complex b) { return a/=b; }
```

此处我们利用了 C++的一个特性，即以传值方式传递实参时会复制一份拷贝传递给函数，因此我们修改形参（拷贝）不会影响调用者函数的实参，并可以将结果作为返回值使用。

==和!=的定义非常直观且易于理解：

```
bool operator==(complex a, complex b) { return a.real()==b.real() && a.imag()==
    b.imag(); }          // 相等
bool operator!=(complex a, complex b) { return !(a==b); }        // 不等
```

可以像下面这样使用 complex 类：

```
void f(complex z)
{
    complex a {2.3};                    // 用 2.3 构建了 {2.3, 0.0}
    complex b {1/a};
    complex c {a+z*complex{1,2.3}};
    if (c != b)
        c = -(b/a)+2*b;
}
```

编译器自动地把计算 complex 值的操作符转换成对应的函数调用，例如，c!=b 意味着 operator!= (c,b)，而 1/a 意味着 operator/ (complex {1}, a)。

在使用用户自定义操作符（重载的操作符）时，我们应该小心谨慎，并且尊重其常规的使用习惯（6.4 节）。你不能定义一元操作符/，因为其语法在语言中已被固定。同样，编译器不允许我们改变一个操作符操作内置类型时的含义，因此不能重新定义操作符+，令其执行 int 的减法。

5.2.2 容器

容器是指一个包含若干元素的对象，因为 Vector 的对象都是容器，所以我们称 Vector 是一种容器类型。如 2.3 节中的定义所示，Vector 作为一种容器具有许多优点：它易于理解，建立了有用的约束条件（4.3 节）；提供了包含边界检查的访问功能（4.2 节）；提供了 size() 以允许我们遍历它的元素。然而，还是存在一个致命的缺陷：它使用 new 分配元素，但从来没有释放这些元素。这显然是一个糟糕的设计，因为 C++并未提供一个垃圾回收器，所以并不能将未使用的内存回收再提供给新对象。在某些情况下你不能使用回收功能，而且有的时候出于逻辑或性能的考虑，你更想使用精确的资源释放控制。因此我们迫切需要一种机制以确保构造函数分配的内存一定会被销毁，这种机制就叫作析构函数：

```
class Vector {
public:
    Vector(int s) :elem{new double[s]}, sz{s}        // 构造函数：获取资源
    {
        for (int i=0; i!=s; ++i)                      // 初始化元素
            elem[i]=0;
    }

    ~Vector() { delete[] elem; }                      // 析构函数：释放资源

    double& operator[](int i);
    int size() const;
private:
    double* elem;                                     // elem 是指向有 sz 个 double 类型的元素的数组
    int sz;
};
```

析构函数的命名规则是在一个求补操作符 ˜ 后跟上类的名字，从含义上来说，它是构造函数的补充。

Vector 的构造函数使用 new 操作符从自由存储（也称为堆或动态存储）分配一些内存空间，析构函数则使用 delete[] 操作符释放该空间以达到清理资源的目的。单独的 delete 释放一个独立对象；delete[] 则释放一个数组。

这一切都无须 Vector 的使用者干预，他们只需要像对待普通的内置类型变量那样创建和使用 Vector 对象就可以了。例如：

```
Vector gv(10);                    // 全局变量 gv 在程序结束时被释放

Vector* gp = new Vector(100);     // 分配在自由存储的 Vector 不会被隐式释放
void fct(int n)
{
    Vector v(n);
    // ……使用 v ……
    {
        Vector v2(2*n);
        // ……使用 v 和 v2 ……
    }   // v2 在此释放
        // ……使用 v ……
}       // v 在此释放
```

Vector 与 int 和 char 等内置类型遵循同样的命名、作用域、分配空间、生命周期等规则（1.5 节）。出于简化的考虑，Vector 没有涉及错误处理，相关内容可以参考 4.4 节。

构造函数/析构函数的组合使用机制是很多优雅技术的基础，尤其是大多数 C++ 通用资源

管理技术（6.3 节、15.2.1 节）的基础。以下是 **Vector** 的图示：

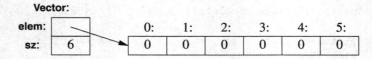

构造函数负责为元素分配空间并正确地初始化 **Vector** 成员，析构函数则负责释放空间。这就是所谓的数据句柄模型，常用来管理在对象生命周期中大小会发生变化的数据。在构造函数中获取资源，然后在析构函数中释放它们，这种技术称为资源获取即初始化，又叫 RAII，它使得我们可避免使用"裸 **new** 操作"；换句话说，该技术可以防止在普通代码中分配内存，而是将分配操作隐藏在行为良好的抽象的实现内部。同样，也应该避免"裸 **delete** 操作"。避免裸 **new** 和裸 **delete** 可以使我们的代码远离各种潜在风险，避免资源泄漏（15.2.1 节）。

5.2.3 容器的初始化

容器的作用是保存元素，因此我们需要找到一种便利的方式将元素存入容器。为了做到这一点，一种可能的方式是先用若干元素创建一个 **Vector**，然后再依次为这些元素赋值。显然这不是最优雅的办法，下面列举两种更简捷的途径。

- 初始值列表构造函数：使用元素列表进行初始化。
- **push_back()**：在序列的末尾添加一个新元素。

它们的声明形式如下所示：

```cpp
class Vector {
public:
    Vector();                                  // 默认初始化为空，意味着没有元素
    Vector(std::initializer_list<double>);     // 使用 double 类型的值列表进行初始化
    // ...
    void push_back(double);                    // 在末尾添加一个元素，容器的长度加 1
    // ...
};
```

其中，**push_back()** 可用于添加任意数量的元素。例如：

```cpp
Vector read(istream& is)
{
    Vector v;
    for (double d; is>>d; )      // 将浮点值读入 d
        v.push_back(d);          // 把 d 加到 v 中
    return v;
}
```

上面的循环负责执行输入操作，它的终止条件是到达文件末尾或者遇到格式错误。在此之前，每个读入的数被依次添加到 **Vector** 的尾部，最后 **v** 的大小就是读入的元素数量。我使用了一个 **for** 语句而不是 **while** 语句，以便将 **d** 的作用域限制在循环内部。

从 **read()** 返回大规模数据的代价可能很昂贵。要确保高效地返回 **Vector**，可以考虑提供移动构造函数（6.6.2 节）：

```
Vector v = read(cin);          // 此处不再复制 Vector 所有元素
```

有关标准库 **std::vector** 如何让 **push_back()** 及其他操作高效地改变 **vector** 的尺寸的知识，将在 12.2 节阐述。

用于定义初始值列表构造函数的 **std::initializer_list** 是一种标准库类型，编译器可以辨识它：当我们使用**{}**列表时，如**{1, 2, 3, 4}**，编译器会创建一个 **initializer_list** 类型的对象并将其提供给程序。因此，我们可以这样书写：

```
Vector v1 = {1, 2, 3, 4, 5};      // v1 有 5 个元素
Vector v2 = {1.23, 3.45, 6.7, 8};  // v2 有 4 个元素
```

Vector 的初始值列表构造函数可以定义成如下形式：

```
Vector::Vector(std::initializer_list<double> lst)      // 用列表初始化
    :elem{new double[lst.size()]}, sz{static_cast<int>(lst.size())}
{
copy(lst.begin(),lst.end(),elem);                      // 从 lst 复制到 elem 中（13.5 节）
}
```

在上面的程序中，为了把初始值列表的大小转换成 **int** 类型，使用了糟糕的 **static_cast**。这种写法比较呆板，因为一个手写的初始值列表的元素个数怎么也不可能超过整数所能表示的范围（16 位整数可以表示到 32 767，32 位整数可以表示到 2 147 483 647）。但要记住，类型系统是没有判断力的。它只知道变量的可能取值而非精确值，所以有时候它会无中生有地报告一些错误，然而对于程序员来说，这些报警信息迟早会发挥作用，它能防止程序发生特别严重的错误。

static_cast 本身并不负责检查要转换的值；它认为程序员自己知道应该如何正确地使用技术。这个假设显然不会一直成立，所以程序员如果不确定值是否合法，应记得检查它。最好避免使用显式类型转换（通常称为强制类型转换，以提醒人们这个转换是为了支持某种可能存在的问题而设计的）。为了降低发生错误的概率，程序员应当尽量只在底层软件系统中使用未经检查的类型转换。

其他强制类型转换还包括用于将对象直接当作字节流的 **reinterpret_cast** 和 **bit_cast**（16.7 节），以及用于将 **const** 限定符消除的 **const_cast**。如果程序员学会善用类型系统和

设计良好的标准库，他们就能在位于上层的软件系统中消除未经检查的类型转换。

5.3 抽象类型

complex 和 Vector 等类型之所以被称为具体类型，是因为它们的实现属于定义的一部分。在这一点上，它们与内置类型很相似。相反，抽象类型把使用者与类的实现细节完全隔离开来。为此，我们将接口与实现解耦，并且放弃了纯局部变量。因为我们对抽象类型的实现一无所知（甚至对它的大小也不了解），所以必须从自由存储（5.2.2 节）为对象分配空间，然后通过引用或指针（1.7 节、15.2.1 节）访问对象。

首先，我们为 Container 类设计接口，Container 类可以看成比 Vector 更抽象的一个版本：

```
class Container {
public:
    virtual double& operator[](int) = 0;    // 纯虚函数
    virtual int size() const = 0;           // const 成员函数（5.2.1 节）
    virtual ~Container() {}                  // 析构函数（5.2.2 节）
};
```

对于后面定义的那些特定容器来说，上面这个类是一个纯粹的接口。关键字 virtual 的意思是"可能在随后的派生类中被重新定义"。很好理解，我们把这种用关键字 virtual 声明的函数称为虚函数。Container 类的派生类负责为 Container 的接口提供具体实现。奇怪的=0 语法说明该函数是纯虚函数，意味着 Container 的派生类必须定义这个函数。因此，我们不能单纯定义一个 Container 的对象。例如：

```
Container c;                               // 错误，不可定义抽象类的对象
Container* p = new Vector_container(10);   // 可行，Container 是 Vector_container 的接口
```

Container 只是作为接口出现，它的派生类负责具体实现 operator[]() 和 size() 函数。含有纯虚函数的类被称为抽象类。

Container 的用法如下：

```
void use(Container& c)
{
    const int sz = c.size();
```

```
    for (int i=0; i!=sz; ++i)
        cout << c[i] << '\n';
}
```

请注意，**use()** 是如何在完全忽视实现细节的情况下使用 **Container** 接口的。它使用了 **size()** 和 **[]**，却根本不知道是哪个类型做到的。我们把一个常用来为其他类型提供接口的类称为多态类型。

作为一个抽象类，**Container** 中没有构造函数，毕竟它不需要初始化数据。另外，**Container** 含有一个析构函数，而且该析构函数是 **virtual** 的。这也不难理解，因为抽象类需要通过引用或指针来操纵，而当我们试图通过一个指针销毁 **Container** 时，我们并不清楚它的实现部分到底拥有哪些资源，关于这一点在 4.5 节有详细介绍。

抽象类 **Container** 只定义了接口却没有定义实现。为了获得一个有用的容器，必须实现抽象类 **Container** 接口所需的函数，为此，可以使用具体类 **Vector**：

```
class Vector_container : public Container {  // Vector_container 实现了 Container
public:
    Vector_container(int s) : v(s) { }        // 拥有 s 个元素的 Vector
    ~Vector_container() {}

    double& operator[](int i) override { return v[i]; }
    int size() const override { return v.size(); }
private:
    Vector v;
};
```

这里的 **:public** 可读作"派生自"或"是……的子类型"。我们说 **Vector_container** 类派生自 **Container** 类，而 **Container** 类是 **Vector_container** 类的基类。还有另外一种叫法，分别把 **Vector_container** 和 **Container** 叫作子类和超类。派生类从它的基类继承成员，所以我们通常把基类和派生类的这种关联关系叫作继承。

成员 **operator[]()** 和 **size()** 覆盖了基类 **Container** 中对应的成员。此处显式声明了 **override** 以描述程序员的意图。使用 **override** 指令是可选的，但显式指定允许编译器捕捉错误，比如在写虚函数名称时的书写错误或者类型声明错误。显式指定 **override** 在大型的类层次结构中特别有用，否则我们很难知道谁试图覆盖谁。

析构函数 **~Vector_container()** 则覆盖了基类的析构函数 **~Container()**。注意，成员 **v** 的析构函数 **~Vector()** 被它所属类的析构函数 **~Vector_container()** 隐式调用。

像 **use(Container&)** 这样的函数，可以在完全不了解 **Container** 实现细节的情况下使用，但还需另一个函数为其创建可供操作的对象。例如：

```cpp
void g()
{
    Vector_container vc(10);     // 有 10 个元素的 Vector
    // ……填充 vc 的内容……
    use(vc);
}
```

因为 **use()** 只知道 **Container** 的接口而不了解 **Vector_container**，所以对于 **Container** 的其他实现，**use()** 仍能正常工作。例如：

```cpp
class List_container : public Container {     // List_container 实现了 Container
public:
    List_container() { }                      // 空 List
    List_container(initializer_list<double> il) : ld{il} { }
    ~List_container() {}

    double& operator[](int i) override;
    int size() const override { return ld.size(); }
private:
    std::list<double> ld;            // 由 double 类型的值组成的（标准库）列表（12.3 节）
};

double& List_container::operator[](int i)
{
    for (auto& x : ld) {
        if (i==0)
            return x;
        --i;
    }
    throw out_of_range{"List container"};
}
```

在这段代码中，类的实现是一个标准库 **list<double>**。一般情况下，我们不会用 **list** 实现一个带下标操作的容器，因为 **list** 取下标的性能很难与 **vector** 取下标的性能相比。在本例中，我们只是用它完成了一个与之前完全不同的版本。

还可以通过一个函数创建 **List_container**，然后让 **use()** 使用它：

```cpp
void h()
{
    List_container lc = {1, 2, 3, 4, 5, 6, 7, 8, 9};
    use(lc);
}
```

这段代码的关键点是，**use(Container&)** 并不清楚它的实参是 **Vector_container**、**List_container** 还是其他什么容器；也根本不需要知道。它可以使用任一种 **Container**。它只要了解 **Container** 定义的接口就可以了。因此，不论 **List_container** 的实现发生了改变还是我们使用了 **Container** 的一个全新派生类，都不需要重新编译 **use(Container&)**。

这种灵活性背后唯一的不足是，我们只能通过引用或指针操作对象（6.2 节、15.2.1 节）。

5.4　虚函数

我们进一步思考 **Container** 的用法：

```
void use(Container& c)
{
    const int sz = c.size();

    for (int i=0; i!=sz; ++i)
        cout << c[i] << '\n';
}
```

use() 中的 **c[i]** 是如何解析到正确的 **operator[]()** 的呢？当 **h()** 调用 **use()** 时，必须调用 **List_container** 的 **operator[]()**；而当 **g()** 调用 **use()** 时，必须调用 **Vector_container** 的 **operator[]()**。要想达到这种效果，**Container** 的对象就必须包含一些有助于它在运行时选择正确函数的信息。常见的做法是编译器将虚函数的名字转换成函数指针表中对应的索引值，这张表就是所谓的虚函数表，或简称为 **vtbl**。每个含有虚函数的类都有它自己的 **vtbl**，用于辨识虚函数，其工作机理如下图所示。

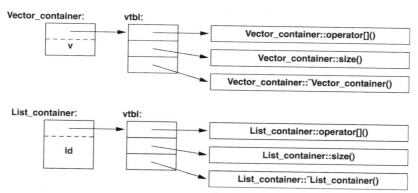

即使调用函数不清楚对象的大小和数据布局，**vtbl** 中的函数也能确保对象被正确使用。调用函数的实现只需要知道 **Container** 中 **vtbl** 指针的位置以及每个虚函数对应的索引就可以

了。这种虚调用机制的效率非常接近"普通函数调用"机制（速度相差不超过 25%，而且开销比重复调用相同对象低得多）。而它的空间开销包括两部分：如果类包含虚函数，则该类的每个对象都需要一个额外的指针；每个这样的类需要一个 **vtbl**。

5.5　类层次结构

Container 是一个非常简单的类层次结构的例子，所谓类层次结构是指通过派生（如 **public**）创建的一组在框架中有序排列的类。我们使用类层次结构表示具有层次关系的概念，比如"消防车是卡车的一种，卡车是车辆的一种"以及"笑脸是一种圆，圆是一种形状"。在实际应用中，大的层次结构动辄包含上百个类，不论深度还是宽度都很大。不过本节中我们只考虑一个半真实半虚构的小例子，那就是如下所示的形状：

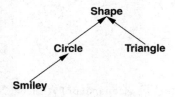

箭头表示继承关系。例如，**Circle** 类派生自 **Shape** 类。类层次结构通常从基类开始向下生长，从根向后续定义的派生类生长。要想把上面这个简单的图例写成代码，我们首先需要声明一个类，令其定义所有这些形状的公共属性：

```cpp
class Shape {
public:
    virtual Point center() const =0;     // 纯虚函数
    virtual void move(Point to) =0;

    virtual void draw() const = 0;        // 在当前画布上绘制
    virtual void rotate(int angle) = 0;

    virtual ~Shape() {}                   // 析构函数
    // ...
};
```

这个接口显然是一个抽象类：对于每种 **Shape** 来说，它们的实现基本上各不相同（除了 **vtbl** 指针的位置）。基于上面的定义，我们就能编写操纵一组形状指针的通用函数了：

```cpp
void rotate_all(vector<Shape*>& v, int angle)    // 将 v 的元素按照指定角度旋转
{
```

```
    for (auto p : v)
        p->rotate(angle);
}
```

要定义一种具体的形状,首先必须指明它是一个 **Shape**,然后再规定其特有的属性(包括虚函数):

```
class Circle : public Shape {
public:
    Circle(Point p, int rad) :x{p}. r{rad} {}        // 构造函数
    Point center() const override { return x; }
    void move(Point to) override { x = to; }
    void draw() const override;
    void rotate(int) override {}                     // 简单明了的示例算法
private:
    Point x;        // 圆心
    int r;          // 半径
};
```

到目前为止,**Shape** 和 **Circle** 示例涉及的语法知识并不比 **Container** 和 **Vector_container** 示例中涉及的多,但是我们可以继续构造:

```
class Smiley : public Circle {                       // 使用 Circle 作为笑脸的基类
public:
    Smiley(Point p, int rad) : Circle{p,rad}, mouth{nullptr} { }
    ~Smiley()
    {
        delete mouth;
        for (auto p : eyes)
            delete p;
    }

    void move(Point to) override;

    void draw() const override;
    void rotate(int) override;

    void add_eye(Shape* s)
    {
        eyes.push_back(s);
    }

    void set_mouth(Shape* s);
    virtual void wink(int i);                         // 眨眼次数为 i
```

```
    // ...

private:
    vector<Shape*> eyes;        // 通常包含两只眼睛
    Shape* mouth;
};
```

成员函数 **push_back()** 把它的实参添加给 **vector**（此处是 **eyes**），每次将向量的长度加 1。

接下来，通过调用 **Smiley** 基类的 **draw()** 和 **Smiley** 成员的 **draw()** 来定义 **Smiley::draw()**：

```
void Smiley::draw() const
{
    Circle::draw();
    for (auto p : eyes)
        p->draw();
    mouth->draw();
}
```

请注意，**Smiley** 把它的注意力放在了标准库 **vector** 上，然后在析构函数里把 **vector** 释放。**Shape** 的析构函数是一个虚函数，**Smiley** 的析构函数覆盖了它。对于抽象类来说，因为其派生类的对象通常是通过抽象基类的接口操纵的，所以基类中必须有一个虚析构函数。当使用一个基类指针释放派生类对象时，虚函数调用机制能够确保我们调用了正确的析构函数，然后该析构函数再隐式调用其基类的析构函数和成员的析构函数。

在上面这个简单的例子中，程序员负责在表示笑脸的圆圈中恰当地放置眼睛和嘴。

当我们通过派生的方式定义新类时，可以向其中添加数据成员或者新的操作。这种机制一方面提供了巨大的灵活性，同时也可能带来混淆，从而造成糟糕的设计。

5.5.1 类层次结构的益处

类层次结构的益处主要体现在以下两个方面。

- 接口继承：派生类的对象可以被用在任何需要基类对象的地方。也就是说，基类看起来像是派生类的接口。**Container** 和 **Shape** 就是很好的例子，这样的类通常是抽象类。
- 实现继承：基类负责提供可以简化派生类实现的函数或数据。**Smiley** 使用 **Circle** 的构造函数和 **Circle::draw()** 就是例子，这样的基类通常含有数据成员和构造函数。

具体类，尤其是表现形式不复杂的类，具有非常类似于内置类型的行为：我们将其定义为局部变量，通过它们的名字进行访问或随意拷贝，等等。类层次结构中的类则与之有所区别：

我们倾向于通过 **new** 在自由存储中为其分配空间，然后通过指针或引用访问它们。例如，我们设计这样一个函数，它首先从输入流中读入描述形状的数据，然后构造对应的 **Shape** 对象：

```
enum class Kind { circle, triangle, smiley };

Shape* read_shape(istream& is)          // 从输入流 is 中读取形状描述信息
{
    // ……从 is 中读取形状描述信息，找到形状的种类 k……

    switch (k) {
    case Kind::circle:
        // ……将 circle 数据 {Point,int} 读取到 p 和 r……
        return new Circle{p,r};
    case Kind::triangle:
        // ……将 triangle 数据 {Point,Point,Point} 读取到 p1、p2 和 p3……
        return new Triangle{p1,p2,p3};
    case Kind::smiley:
        // ……将 smiley 数据 {Point,int,Shape,Shape,Shape} 读取到 p、r、e1、e2 和 m……
        Smiley* ps = new Smiley{p,r};
        ps->add_eye(e1);
        ps->add_eye(e2);
        ps->set_mouth(m);
        return ps;
    }
}
```

程序使用该函数的方式如下所示：

```
void user()
{
    std::vector<Shape*> v;

    while (cin)
        v.push_back(read_shape(cin));

    draw_all(v);            // 对每个元素调用 draw()
    rotate_all(v,45);       // 对每个元素调用 rotate(45)

    for (auto p : v)        // 注意最后要删除掉元素
        delete p;
}
```

上面这个例子非常简单，尤其是并没有做任何错误处理。不过我们还是能从中看出 **user()**

并不知道它操纵的具体是哪种形状。user()的代码只需编译一次就可以使用随后添加到程序中的新 Shape。在 user()外没有任何指向这些形状的指针，因此 user()应该负责释放掉它们。这项工作由 delete 操作符完成并且完全依赖于 Shape 的虚析构函数。因为该析构函数是虚函数，因此，delete 会调用最终的派生类的析构函数。这一点非常关键，因为派生类可能有很多种需要释放的资源（如文件句柄、锁、输出流等）。在此例中，Smiley 需要释放掉它的 eyes 和 mouth 对象。完成后，调用 Circle 的析构函数。对象是"自底向上"从基类开始构造的，因此需要"自顶向下"从派生类开始析构。

5.5.2　类层次结构导航

read_shape()函数返回一个 Shape*指针，所以我们处理所有形状的方法都是类似的。如果想使用某个特定派生类的成员函数，比如 Smiley 的 wink()，则可以使用 dynamic_cast 操作符询问"这个 Shape 是一种 Smiley 吗？"：

```
Shape* ps {read_shape(cin)};

if (Smiley* p = dynamic_cast<Smiley*>(ps)) { // ps 指向的是 Smiley 类型吗？
    // ……是 Smiley，则使用之……
}
else {
    // ……不是 Smiley，执行其他操作……
}
```

如果在运行时 dynamic_cast 的参数（此处是 ps）所指对象的类型与期望的类型（此处是 Smiley）或者期望类型的派生类不符，则 dynamic_cast 返回的结果是 nullptr。

当一个指向其他派生类的对象的指针是一个有效参数时，我们就能对指针类型使用 dynamic_cast，然后可以检验求值结果是否是 nullptr。这种用法常常用来在条件语句中初始化变量。

如果不能直接使用候选的派生类，可以用它的引用形式作为替代。当对象的类型与期望类型不符时，抛出 bad_cast 异常：

```
Shape* ps {read_shape(cin)};
Smiley& r {dynamic_cast<Smiley&>(*ps)}; // 请在某处捕捉 std::bad_cast 异常
```

适度使用 dynamic_cast 能让代码显得更简洁。如果我们能避免使用类型信息，就能写出更加简洁有效的代码。不过在某些情况下，缺失的类型信息必须被恢复出来，尤其是当我们把对象传递给某些系统，而这些系统只接受基类定义的接口时。当该系统稍后传回对象以供使用时，我们不得不恢复它原本的类型。与 dynamic_cast 类似的操作表达的含义有点像"是……

的一种"或者"是……的一个实例"。

5.5.3　避免资源泄漏

当我们获取了资源并且没有释放它们的时候，通常用泄漏这个词来描述。因为资源泄漏导致系统无法访问相关资源，所以必须尽量避免。否则，资源泄漏导致的资源耗尽，最终将导致系统卡顿或者崩溃。

有经验的程序员可能已经发现，上面的程序存在三处漏洞：

- Smiley 的实现者可能没用 delete 释放指向 mouth 的指针。
- 使用者可能没用 delete 释放 read_shape() 返回的指针。
- Shape 指针容器的拥有者可能没用 delete 释放指针所指的对象。

从这层意义上来看，函数返回一个指向自由存储中的对象的指针是非常危险的：不应当用"旧式裸指针"来表达所有权。例如：

```
void user(int x)
{
    Shape* p = new Circle{Point{0,0},10};
    // ...
    if (x<0) throw Bad_x{};     // 潜在的泄漏
    if (x==0) return;           // 潜在的泄漏
    // ...
    delete p;
}
```

除非 x 是正数，否则这都会造成泄漏。将 new 的返回值赋值给"裸指针"是自找麻烦。

上述问题的简单解决方案是使用标准库 unique_ptr（15.2.1 节）替代"裸指针"，如果它需要被释放的话：

```
class Smiley : public Circle {
    // ...
private:
    vector<unique_ptr<Shape>> eyes;    // 通常是两只眼睛
    unique_ptr<Shape> mouth;
};
```

对于资源管理（6.3 节）来说，以上就是简单通用且有效的技术示例。

这个改变会带来一个令人愉快的附加作用，不再需要为 Smiley 定义析构函数。编译器会隐式地生成并且执行在 vector 中的 unique_ptr（6.3 节）所需的析构操作。使用 unique_ptr

的代码会与正确使用原始指针的代码同样高效。

那么，要考虑到 **read_shape()** 的用户：

```
unique_ptr<Shape> read_shape(istream& is) // 从流 is 内读取形状描述
{
    // ……从 is 中读取形状描述信息，找到形状的种类 k……

    switch (k) {
    case Kind::circle:
        // ……将 circle 数据{Point,int}读取到 p 和 r……
        return unique_ptr<Shape>{new Circle{p,r}}; // 参见 15.2.1 节
    // ……
}

void user()
{
    vector<unique_ptr<Shape>> v;

    while (cin)
        v.push_back(read_shape(cin));

    draw_all(v);            // 对每个元素调用 draw()
    rotate_all(v,45);       // 对每个元素调用 rotate(45)
} // 所有形状被隐式销毁
```

这样对象就由 **unique_ptr** 拥有了。当不再需要对象时，换句话说，当对象的 **unique_ptr** 离开了作用域时，**unique_ptr** 将释放掉所指的对象。

要令 **unique_ptr** 版本的 **user()** 能够正确运行，必须首先构建接受 **vector<unique_ptr<Shape>>** 的 **draw_all()** 和 **rotate_all()**。写太多这样的 **_all()** 函数过于烦琐和乏味，因此 7.3.2 节提供了另一种可选的方案。

5.6 建议

[1] 程序员应该直接用代码表达思想；5.1 节；[CG:P.1]。

[2] 具体类是最简单的类，在适用的情况下，与复杂类或者普通数据结构相比，请优先选择使用具体类；5.2 节；[CG:C.10]。

[3] 使用具体类表示简单的概念；5.2 节。

[4]　对性能要求比较高的组件，优先选择具体类而不是类层次结构；5.2 节。

[5]　定义一个构造函数来处理对象的初始化操作；5.2.1 节、6.1.1 节；[CG:C.40] [CG:C.41]。

[6]　只有当函数确实需要直接访问类的成员变量时，才把它作为成员函数；5.2.1 节；[IG:C.4]。

[7]　定义操作符的目的主要是模仿它的常规用法；5.2.1 节；[CG: C.160]。

[8]　把对称的操作符 [1]定义成非成员函数；5.2.1 节；[CG: C.161]。

[9]　如果成员函数不会改变对象的状态，则把它声明成 **const**；5.2.1 节。

[10] 如果类的构造函数获取了资源，那么类需要使用析构函数释放这些资源；5.2.2 节；[CG: C.20]。

[11] 避免"裸" **new** 和"裸" **delete** 操作；5.2.2 节；[CG: R.11]。

[12] 使用资源句柄和 RAII 管理资源；5.2.2 节；[CG: R.1]。

[13] 如果类是一个容器，给它一个初始值列表构造函数；5.2.3 节；[CG: C.103]。

[14]如果需要把接口和实现完全分离开来，则可使用抽象类作为接口；5.3 节；[CG: C.122]。

[15] 使用指针和引用访问多态对象；5.3 节。

[16] 抽象类通常不需要构造函数；5.3 节；[CG: C.126]。

[17] 使用类的层次结构可表示具有继承层次结构的一组概念；5.5 节。

[18] 含有虚函数的类应该同时包含一个虚析构函数；5.5 节；[CG: C.127]。

[19]在规模较大的类层次结构中使用 **override** 显式地指明函数覆盖；5.3 节；[CG: C.128]。

[20] 当设计类的层次结构时，注意区分实现继承和接口继承；5.5.1 节；[CG: C.129]。

[21] 当类层次结构导航不可避免时，记得使用 **dynamic_cast**；5.5.2 节；[CG: C.146]。

[22] 如果想在无法转换到目标类时报错，则 **dynamic_cast** 作用于引用类型；5.5.2 节；[CG: C.147]。

[23] 如果认为即使无法转换到目标类也可以接受，则令 **dynamic_cast** 作用于指针类型；5.5.2 节；[CG: C.148]。

[24] 为了防止忘记用 **delete** 销毁用 **new** 创建的对象，建议使用 **unique_ptr** 或者 **shared_ptr**；5.5.3 节；[CG: C.149]。

1　对称操作符是数学上的概念，指的是二元操作符左右两个参数满足交换律的情形。——译者注

第 6 章
基本操作

> 如果有人说：
>
> 我想要一种只需要口头许愿出想要做的事就能实现的编程语言。
>
> 那么，给他一根棒棒糖吧。[1]
>
> ——艾伦·佩里斯

- 引言
  - 基本操作；转换；成员初始值设定项
- 拷贝和移动
  - 拷贝容器；移动容器
- 资源管理
- 操作符重载
- 常规操作
  - 比较（关系操作符）；容器操作；迭代器及智能指针；输入与输出操作；**swap();**
  - **hash<>**
- 用户自定义字面量
- 建议

6.1 引言

语言规则对一部分基本操作进行了假设，如初始化、赋值、拷贝和移动等。但其他操作，例如，**=**和**<<**，具有常规的意义，忽视这一点是很危险的。

---

1 此图灵奖得主是在讽刺那些试图忽视编程是需要努力的人，也想要表明编程是一件复杂的创造性工作，无法简单地使用命令或者许愿来实现。——译者注

6.1.1 基本操作

构造函数、析构函数、拷贝操作和移动操作在逻辑上有千丝万缕的联系，在定义这些函数时我们必须考虑它们之间的内在联系，否则就会遇到逻辑问题或者性能问题。如果类 **X** 的析构函数执行了某些特定的任务，比如释放自由存储空间或者释放锁，则该类也应该实现所有其他相关的函数：

```
class X {
public:
    X(Sometype);                 // "普通的构造函数"：创建一个对象
    X();                         // 默认构造函数
    X(const X&);                 // 拷贝构造函数
    X(X&&);                      // 移动构造函数
    X& operator=(const X&);      // 拷贝赋值操作符：清空目标对象并拷贝
    X& operator=(X&&);           // 移动赋值操作符：清空目标对象并移动
    ~X();                        // 析构函数：清理资源
    // ...
};
```

在下面 5 种情况下，对象会被移动或拷贝：

- 赋值给其他对象。
- 作为对象初始值。
- 作为函数的实参。
- 作为函数的返回值。
- 作为异常。

赋值语句使用拷贝或者移动赋值操作符。而在其他情况下，将使用移动构造函数或拷贝构造函数。然而，拷贝与移动构造函数常常被优化为在目标对象的位置直接初始化。例如：

```
X make(Sometype);
X x = make(value);
```

这里，编译器往往会直接在 **x** 对象上构造 **make()** 函数的返回值，从而避免（eliding）一次拷贝。

除了用于命名对象和自由存储空间中的对象的初始化，构造函数还被用于初始化临时对象和实现显式类型转换。

编译器会根据需要生成上面这些成员函数，当然"普通的构造函数"除外。如果程序员希望显式地使用这些函数的默认实现，可以编写如下所示的代码：

```
class Y {
public:
```

```
    Y(Sometype);
    Y(const Y&) = default;        // 我确实需要默认的拷贝构造函数
    Y(Y&&) = default;             // 也确实需要默认的移动构造函数
    // ...
};
```

一旦显式地指定了某些函数的默认形式，编译器就不会再为函数生成其他默认定义了。

当类中含有指针成员时，最好显式地指定拷贝操作和移动操作。如果不这样做，则当编译器生成的默认函数试图 **delete** 指针对象时，系统将发生错误。即使我们不想 **delete** 某些对象，也应该在函数中指明这一点，以便于读者理解。例子可以参见 6.2.1 节。

好的经验法则（有时叫作零法则）是要么定义所有的基本操作，要么不定义任何操作（全部使用默认设置）。例如：

```
struct Z {
    Vector v;
    string s;
};
Z z1;              // 默认初始化 z1.v 和 z1.s
Z z2 = z1;         // 默认拷贝 z1.v 和 z1.s
```

这里，编译器会根据需要，逐个成员地将默认构造函数、拷贝操作、移动操作及析构函数以正确的语法组合在一起（从而生成新定义类的默认成员函数）。

与 =default 一样，还有 =delete 符号用于声明不生成目标操作函数。例如，类层次结构的基类通常不允许拷贝：

```
class Shape {
public:
    Shape(const Shape&) =delete;            // 禁止拷贝
    Shape& operator=(const Shape&) =delete;
    // ...
};

void copy(Shape& s1, const Shape& s2)
{
    s1 = s2;                                // 错误：Shape 禁止拷贝
}
```

试图使用 =delete 的函数会在编译时间报错；=delete 可以用于禁用任意函数，并非仅仅用于禁用基础成员函数。

6.1.2　转换

接受单个参数的构造函数同时定义了从参数类型到类类型的转换。例如，**complex**（5.2.1 节）提供了一个接受 **double** 类型的参数的构造函数：

```
complex z1 = 3.14;      // z1 变成{3.14,0.0}
complex z2 = z1*2;      // z2 变成 z1*{2.0,0} == {6.28,0.0}
```

这种隐式转换有时候合乎情理，有时候则不然。例如，**Vector**（5.2.2 节）提供了一个接受 **int** 类型的参数的构造函数：

```
Vector v1 = 7;          // 可行: v1 有 7 个元素
```

通常情况下，该语句的实际执行结果并非如我们的预期，标准库 **vector** 禁止这种 **int** 到 **vector** 的转换。

解决该问题的办法是只允许显式进行类型转换，也就是说，把构造函数定义成下面的形式：

```
class Vector {
public:
    explicit Vector(int s);      // 不能隐式地将 int 转化为 Vector
    // ...
};
```

在修改了构造函数的定义后：

```
Vector v1(7);       // 可行: v1 有 7 个元素
Vector v2 = 7;      // 错误: 不能隐式地将 int 转化为 Vector
```

关于类型转换的问题，大多数类型的情况与 **Vector** 类似，**complex** 则只能代表一小部分。因此除非你有充分的理由，否则最好把接受单个参数的构造函数声明成 **explicit** 的。

6.1.3　成员初始值设定项

定义类的数据成员时，可以提供默认的初始值，称其为默认成员初始值设定项。考虑一个修订版本的 **complex**（5.2.1 节）：

```
class complex {
    double re = 0;
    double im = 0;                  // 表示两个默认值为 0.0 的 double 类型的成员
public:
    complex(double r, double i) :re{r}, im{i} {} // 从两个标量{r,i}构造 complex
    complex(double r) :re{r} {}                   // 从一个标量{r,0}构造 complex
```

```
    complex() {}                                       // 默认值为{0,0}的 complex
    // ...
}
```

对于所有构造函数没有提供初始值的成员，默认初始值都会起作用。这会简化代码并且避免因意外忘记初始化某个成员。

6.2　拷贝和移动

默认情况下，我们可以拷贝对象，不论是用户自定义类型的对象还是内置类型的对象。拷贝的默认含义是逐成员地复制，即依次复制每个成员。例如，使用 5.2.1 节中介绍的 **complex**:

```
void test(complex z1)
{
    complex z2 {z1};    // 拷贝构造函数
    complex z3;
    z3 = z2;            // 拷贝赋值操作符
    // ...
}
```

因为赋值和初始化操作都复制了 **complex** 的全部两个成员，所以在上述操作之后，**z1**、**z2**、**z3** 的值变得完全一样。

当我们设计一个类时，必须仔细考虑对象是否会被拷贝以及如何拷贝的问题。对于简单的具体类型来说，逐成员复制的方式通常符合拷贝操作的本来语义。然而对于某些像 **Vector** 一样的复杂具体类型，逐成员复制的方式常常是不正确的，抽象类型更是如此。

6.2.1　拷贝容器

当一个类被作为资源句柄时，换句话说，当这个类负责通过指针访问一个对象时，采用默认的逐成员复制方式通常意味着会产生灾难性的错误。逐成员复制的方式会违反资源句柄的约束条件（4.3 节）。例如，下面所示的默认拷贝将产生 **Vector** 的一份拷贝，而这个拷贝所指向的元素与原来的元素是同一个：

```
void bad_copy(Vector v1)
{
Vector v2 = v1;        // 将 v1 的表层拷贝到 v2
v1[0] = 2;             // v2[0]也变成了 2!
v2[1] = 3;             // v1[1]也变成了 3!
}
```

假设 **v1** 包含 4 个元素，则结果如下图所示：

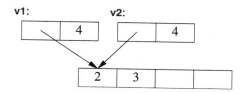

幸运的是，**Vector** 存在析构函数的事实强烈地预示着默认逐成员复制的语义是错误的，编译器至少应该给这个例子一个警告。这提醒我们应该为其定义更好的拷贝语义。

类对象的拷贝操作可以通过两个成员来定义：拷贝构造函数与拷贝赋值操作符：

```
class Vector {
public:
    Vector(int s);                          // 构造函数：建立约束条件，获取资源
    ~Vector() { delete[] elem; }            // 析构函数：释放资源

    Vector(const Vector& a);                // 拷贝构造函数
    Vector& operator=(const Vector& a);     // 拷贝赋值操作符

    double& operator[](int i);
    const double& operator[](int i) const;

    int size() const;
private:
    double* elem;                           // elem 指向含有 sz 个 double 类型元素的数组
    int sz;
};
```

对于 **Vector** 来说，拷贝构造函数的正确定义应该首先为指定数量的元素分配空间，然后把元素复制到空间中。这样在复制完成后，每个 **Vector** 就拥有自己的元素拷贝了：

```
Vector::Vector(const Vector& a)         // 拷贝构造函数
    :elem{new double[a.sz]},            // 分配元素所需要的空间
    sz{a.sz}
{
    for (int i=0; i!=sz; ++i)           // 拷贝元素
    elem[i] = a.elem[i];
}
```

在新的示例中，**v2=v1** 的结果现在可以表示成：

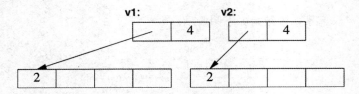

当然，除了拷贝构造函数，我们还需要一个拷贝赋值操作：

```
Vector& Vector::operator=(const Vector& a)    // 拷贝赋值操作
{
    double* p = new double[a.sz];
    for (int i=0; i!=a.sz; ++i)
        p[i] = a.elem[i];
    delete[] elem;                            // 删除旧元素
    elem = p;
    sz = a.sz;
    return *this;
}
```

其中，名字 **this** 被预定义在成员函数中，它指向调用该成员函数的那个对象。

元素拷贝发生在旧元素被删除之前，所以如果在拷贝的过程中抛出异常，**Vector** 的旧值可得以保留。

6.2.2 移动容器

我们可通过定义拷贝构造函数和拷贝赋值操作符来控制拷贝过程，但是对于大容量的容器来说，拷贝过程有可能消耗巨大。当给函数传递对象时，可通过使用引用类型来减少拷贝对象的代价，但是无法返回局部对象的引用（函数的调用者都没机会和返回结果碰面，局部对象就已经被销毁了）。以下面的代码为例：

```
Vector operator+(const Vector& a, const Vector& b)
{
    if (a.size()!=b.size())
        throw Vector_size_mismatch{};
    Vector res(a.size());

    for (int i=0; i!=a.size(); ++i)
        res[i]=a[i]+b[i];
    return res;
}
```

要想从**+**操作符返回结果，需要把局部变量 **res** 的内容复制到调用者可以访问的地方。

我们可能这样使用+：

```
void f(const Vector& x, const Vector& y, const Vector& z)
{
    Vector r;
    // ...
    r = x+y+z;
    // ...
}
```

这时就至少需要拷贝 **Vector** 对象两次（每个+操作符一次）。如果 **Vector** 的容量比较大，比如含有 10 000 个 **double** 类型的数据，那么显然上述过程会让人头疼不已。最不合理的地方是，**operator+()**中的 **res** 在拷贝后就不再被使用了。事实上，我们并不是真的想要一个拷贝，我们只想把计算结果从函数中取出来：相比于拷贝一个 **Vector** 对象，我们更希望移动它。幸运的是，C++ 为我们的想法提供了支持：

```
class Vector {
    // ...

    Vector(const Vector& a);              // 拷贝构造函数（复制构造）
    Vector& operator=(const Vector& a);   // 拷贝赋值操作符（复制赋值）

    Vector(Vector&& a);                   // 移动构造函数
    Vector& operator=(Vector&& a);        // 移动赋值操作符
};
```

基于上述定义，编译器将选择移动构造函数来执行从函数中移出返回值的任务。这意味着，**r=x+y+z** 不需要再拷贝 **Vector**，只是移动它就足够了。

定义 **Vector** 移动构造函数的过程非常简单：

```
Vector::Vector(Vector&& a)
    :elem{a.elem},        // 从 a 中攫取元素
    sz{a.sz}
{
    a.elem = nullptr;     // 现在 a 中没有任何元素
    a.sz = 0;
}
```

符号**&&**的意思是"右值引用"，我们可以给该引用绑定一个右值。"右值"的含义与"左值"正好相反，左值的大致含义是"能出现在赋值操作符左侧的内容"[Stroustrup, 2010]，因此右值大致上就是无法为其赋值的值，比如函数调用返回的一个整数就是右值。进一步地，右值引用的含义就是引用了一个别人无法赋值的内容，所以我们可以安全地"窃取"它的值。

Vector 的 **operator+()** 操作符的局部变量 **res** 就是一个例子。

移动构造函数不接受 **const** 实参：毕竟移动构造函数最终要删除它实参中的值。移动赋值操作符的定义与之类似。

当右值引用被用作初始值或者赋值操作的右侧运算对象时，程序将使用移动操作。

移动之后，源对象所进入的状态应该能允许运行析构函数。通常，我们也应该允许为一个移动操作后的源对象赋值。标准库算法（第 13 章）满足这个条件，我们的 **Vector** 同样满足。

程序员也许知道哪些地方不再使用某个值，但是编译器做不到这一点，因此程序员最好在程序中把这一点写明确：

```
Vector f()
{
    Vector x(1000);
    Vector y(2000);
    Vector z(3000);
    z = x;                  // 取得一份拷贝（x 在 f()函数内，后续可能需要使用 x 的值）
    y = std::move(x);  // 进行移动（移动赋值操作）
                            // ……最好不要使用 x……
    return z;               // 进行移动
}
```

其中，标准库函数 **move()** 不会真的移动什么，而是负责返回我们能移动的函数实参的引用——右值引用；这是一种强制类型转换（5.2.3 节）。

在 **return** 语句执行之前的状态是：

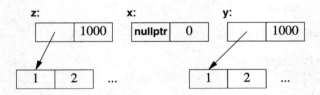

在从函数 **f()** 返回的过程中，**z** 中的元素被移动到 **f()** 之外，然后 **z** 被销毁。由 **y** 的析构函数对这些元素执行 **delete[]** 操作。

C++标准规定了编译器必须将与初始化相关的绝大多数拷贝行为消除掉，因此移动构造方法并不像你想象的那么经常被调用。这种拷贝省略行为消除了移动开销（哪怕这些开销并不大）。另一方面，通常不可能将来自赋值语句的拷贝或者移动操作消除掉，因此移动赋值操作对性能的影响会很关键。

6.3　资源管理

通过定义构造函数、拷贝操作、移动操作和析构函数，程序员就能对受控资源（比如容器中元素）的生命周期进行完全控制。而且移动构造函数还允许对象从一个作用域简单便捷地移动到另一个作用域。采取这种方式，我们不能或不希望拷贝到作用域之外的对象就能进行简单高效的移动了。以表示并发活动的标准库 **thread**（18.2 节）和含有上百万个 **double** 类型的数据的 **Vector** 为例，前者不能执行拷贝操作，而对于后者，我们则"不希望"拷贝它。

```
std::vector<thread> my_threads;

Vector init(int n)
{
    thread t {heartbeat};                // 在独立线程中并行执行心跳
    my_threads.push_back(std::move(t));  // 将 t 移动到 my_threads（16.6 节）
    // ……其他初始化……

    Vector vec(n);
    for (auto& x : vec)
        x = 777;
    return vec;                          // 将 vec 从 init() 移动到外部
}
auto v = init(1'000'000);               // 初始化 v 并开始心跳
```

在很多情况下，用 **Vector** 和 **thread** 这样的资源句柄比用指针效果要好。事实上，以 **unique_ptr** 为代表的"智能指针"本身就是资源句柄（15.2.1 节）。

我们使用标准库 **vector** 存放 **thread**，因为在 7.2 节之前，我们还找不到用一种元素类型参数化简化版 **Vector** 的方法。

就像替换掉程序中的 **new** 和 **delete** 一样，我们也可以将指针转化为资源句柄。在这两种情况下，都将得到更简单也更易维护的代码，而且没什么额外的开销。特别是我们能实现强资源安全，换句话说，对于一般的资源，这种方法都可以消除资源泄漏的风险。比如，存放内存的 **vector**、存放系统线程的 **thread** 和存放文件句柄的 **fstream**。

很多编程语言都把资源管理的任务委托给了垃圾回收器，C++ 同样也可以外挂一个垃圾回收器接口。不过对于资源管理而言，建议仅在穷尽更干净、通用性也更好的局部化的处理措施无法解决问题时，再考虑系统提供的垃圾回收机制。理想的情况是不要制造任何垃圾，也就不需要垃圾回收器，请勿乱扔垃圾！

从本质上来说，垃圾回收是一种全局内存管理模式。适当使用当然没有问题，不过随着系统的分布式趋势（比如多核、缓存及集群）日益明显，在局部范围内管理资源变得越来越重要了。

同时，内存也不是唯一的一种资源。资源是指任何在使用前需要获取与（显式或隐式）释放的东西，除了内存，还有锁、套接字、文件句柄和线程句柄等非内存资源。一个好的资源管理系统应该能够处理全部资源类型。任何长时间运行的系统都应该尽量避免资源泄漏，但从另一方面来说，过度占用资源和资源泄漏一样糟糕。例如，如果一个系统可能占用两倍的内存、锁、文件句柄等资源，则系统就必须储备两倍容量的资源以供使用。

在不得不求助于垃圾回收机制之前，优先使用资源句柄：让所有资源都在某个作用域内有所归属，并且在作用域结束的地方默认地释放资源。在 C++ 中，这被称为 RAII（*资源获取即初始化*），它与错误处理一起组成了异常机制。我们使用移动构造函数或者智能指针把资源从一个作用域移动到另一个作用域，使用共享指针分享资源的所有权（15.2.1 节）。

在 C++标准库中，RAII 无处不在：例如，内存（**string**、**vector**、**map**、**unordered_map** 等）、文件（**ifstream**、**ofstream** 等）、线程（**thread**）、锁（**lock_guard**、**unique_lock** 等）和通用对象（通过 **unique_ptr** 和 **shared_ptr** 访问）。在日常应用中，程序员也许无法察觉隐式资源管理在发挥作用，然而它确实使资源的实际占有时间被大大降低了。

6.4 操作符重载

我们可以让 C++ 操作符作用于用户自定义类型（2.4 节、5.2.1 节）。这种行为叫作操作符重载（又称运算符重载），因为操作符的正确实现必须从一系列同名操作符函数中选择。例如，在 **z1+z2** 中的复数+操作符（5.2.1 节）、整数+操作符和浮点数+操作符必须区分开来（1.4.1 节）。

C++不允许定义新的操作符，例如，我们不能定义^^、===、**、$或者单目操作符%。[1]允许这么做可能导致的问题多于可获得的好处。

在定义操作符时，强烈建议让它们保持通常的语义。例如，将操作符+的功能定义为减法不会带来任何好处。

我们可以给用户自定义类型定义下列操作符。

- 双目算术操作符：**+**、**−**、*****、**/**和 **%**
- 双目逻辑操作符：**&**（按位与）、**|**（按位或）和 **^**（按位异或）
- 双目关系操作符：**==**、**!=**、**<**、**<=**、**>**、**>=**和 **<=>**
- 逻辑操作符：**&&** 和 **||**
- 单目算术操作符与逻辑操作符：**+**、**−**、**~**（按位取反）和 **!**（逻辑非）

---

1 单目操作符又称为一元运算符，双目操作符又称为二元运算符，三目操作符又称为三元运算符。——译者注

- 赋值操作符：**=**、**+=**、***=**等。
- 自增/自减操作符：**++** 和 **−−**
- 指针操作符：**−>**、单目 *****，以及单目 **&**
- 程序调用操作符：**()**
- 下标操作符：**[]**
- 逗号操作符：**,**
- 移位操作符：**>>**和**<<**

不幸的是，我们不能重定义点操作符（.）来获得智能引用。

可以按如下方式将操作符定义为成员函数：

```
class Matrix {
    // ...
    Matrix& operator=(const Matrix& a); // 将 m 赋值给*this，并返回*this 的引用
};
```

这常见于那些会修改第一个操作数的操作符，同时由于历史原因，**=**、**−>**、**()**和**[]**这几个操作符必须被声明为成员函数。

其他绝大多数操作符都可以被声明为独立函数。

```
Matrix operator+(const Matrix& m1, const Matrix& m2); // 执行矩阵加法，并返回结果
```

用于对称操作数的操作符，通常应当将其定义为独立函数，以表示对两个操作数平等对待。要保证返回巨大对象时的高性能（比如 **Matrix**），我们可以依赖移动语义（6.2.2 节）。

6.5 常规操作

在定义类型时，一部分操作拥有常规的含义。程序员与库（特别是标准库）通常认可这种常规含义，当你设计新类型时，最好也让操作遵循这些常规含义。

- 比较操作：**==**、**!=**、**<**、**<=**、**>**、**>=**和**<=>**（6.5.1 节）
- 容器类操作：**size()**、**begin()**和 **end()**（6.5.2 节）
- 迭代器与智能指针：**−>**、*****、**[]**、**++**、**−−**、**+**、**−**、**+=**和**−=**（13.3 节、15.2.1 节）
- 函数对象：**()**（7.3.2 节）
- 输入和输出操作符：**>>**和**<<**（6.5.4 节）
- **swap()**函数（6.5.5 节）

- 哈希函数：hash<> （6.5.6 节）

6.5.1 比较（关系操作符）

相等性比较（==与!=）的含义与拷贝有紧密的关联。在拷贝完成之后，两份拷贝应当相等：

```
X a = something;
X b = a;
assert(a==b); // 如果这里 a!=b，一定是有什么事情出错了（4.5 节）
```

当我们定义==操作符时，应当同步定义!=操作符，并且确保 a!=b 与 !(a==b) 一致。

类似地，如果定义了< 操作符，建议同步定义<=、>、>=，以确保通常意义上的等价：

- a<=b 等价于(a<b)||(a==b) 及 !(b<a)。
- a>b 等价于 b<a。
- a>=b 等价于(a>b)||(a==b) 及 !(a<b)。

为了让双目操作符（比如==）的两个操作数得到平等对待，最好将其定义成独立函数，并且与类位于相同的命名空间。例如：

```
namespace NX {
    class X {
        // ...
    };
    bool operator==(const X&, const X&);
        // ...
};
```

与其他的比较操作符不同，"宇宙飞船操作符"<=>有不同的规则；具体来说就是，在定义了默认的<=>操作符后，其他关系操作符会被隐式定义：

```
class R {
    // ...
    auto operator<=>(const R& a) const = default;
};

void user(R r1, R r2)
{
    bool b1 = (r1<=>r2) == 0;  // r1==r2
    bool b2 = (r1<=>r2) < 0;   // r1<r2
    bool b3 = (r1<=>r2) > 0;   // r1>r2

    bool b4 = (r1==r2);
    bool b5 = (r1<r2);
}
```

与 C 语言中的 **strcmp()** 函数一样，**<=>** 实现了三向比较。返回负数表示小于，返回零表示等于，返回正数表示大于。

当 **<=>** 没被声明为 **default** 时，不会隐式定义 **==** 操作符，但 **<** 符号及其他操作符会被定义。例子如下：

```
struct R2 {
    int m;
    auto operator<=>(const R2& a) const { return a.m == m ? 0 : a.m < m ? -1 : 1; }
};
```

这里，我们使用了 **if** 语句的表达式形式：**p?x:y** 是一个表达式，如果条件 **p** 为真，**?:** 表达式的值为 **x**，否则就是 **y**。

```
void user(R2 r1, R2 r2)
{
    bool b4 = (r1==r2);     // error: no non-default ==
    bool b5 = (r1<r2);      // OK
}
```

这会导致非平凡类型具备如下定义模式：

```
struct R3 { /* ... */ };

auto operator<=>(const R3& a,const R3& b) { /* ... */ }

bool operator==(const R3& a, const R3& b) { /* ... */ }
```

大多数标准库类型，例如 **string** 和 **vector** 都符合以上模式。这是因为，如果类型中有多个元素参与比较，默认的 **<=>** 会检查每个元素并以字典顺序比较。这样，独立优化的 **==** 就很有必要，可避免 **<=>** 对所有三种情况都进行检查，考虑如下字符串比较：

```
string s1 = "asdfghjkl";
string s2 = "asdfghjk";

bool b1 = s1==s2;          // 假
bool b2 = (s1<=>s2)==0;    // 假
```

使用常规的 **==** 符号，可以通过字符串长度直接判定两者不相等。如果使用 **<=>**，必须顺序读取所有字符，然后发现 **s2** 小于 **s1**，最终得出两者不相等。

有关 **<=>** 操作符还有很多其他细节，比如对比较与排序的考虑，但那是语言库的高级实现者需要关注的事，超出了本书的讨论范围。旧代码并不支持 **<=>** 。

6.5.2 容器操作

除非有明确不这么做的理由，否则我们应该把容器的风格设计为与标准库容器一致（第 12 章）。特别地，可以通过实现句柄并给予基本操作（6.1.1 节、6.2 节）以保护容器内的资源安全。

标准库容器都知道它们的元素个数，所以可以通过调用 **size()** 函数来获取。例如：

```
for (size_t i = 0; i!=c.size(); ++i)    // size_t 是标准库 size()返回的类型的名称
    c[i] = 0;
```

不过，标准库不会通过索引来从 0 到 **size()** 遍历容器，标准算法（第 13 章）依赖序列这个概念，用一对迭代器作为参数可以指定序列。

```
for (auto p = c.begin(); p!=c.end(); ++p)
    *p = 0;
```

在这里，**c.begin()** 是指向 **c** 的第一个元素的迭代器，而 **c.end()** 则指向 **c** 的最后一个元素的下一个位置。与指针类似，迭代器支持**++**操作移动到下一个元素，以及支持 ***** 操作访问其指向的元素。

这些函数也同样被用于实现范围 **for** 语句，因此我们可以将这个循环简化为范围形式：

```
for (auto& x : c)
    x= 0;
```

迭代器可以被用于将序列传递给标准库算法，例如：

```
sort(v.begin(),v.end());
```

这个迭代器模型（13.3 节）具有更大的通用性和更高的效率。要想了解更多与容器操作相关的细节，可参见第 12 章及第 13 章。

此处的 **begin()** 和 **end()** 也同样可以被定义为独立函数，参见 7.2 节。对于 **const** 容器，两者的常量版本名为 **cbegin()** 及 **cend()** 。

6.5.3 迭代器及智能指针

用户自定义迭代器（13.3 节）及智能指针（15.2.1 节）实现了类似指针的操作符，因为它们往往需要使用类似指针的语义。

- 访问：*****、**->**（对于类）、**[]**（对于容器）

- 迭代/导航：**++**（前进）、**--**（后退）、**+=**、**-=**、**+**和**-**
- 拷贝与移动：**=**

6.5.4　输入与输出操作

对于一对整数来说，**<<**表示左移位，**>>**表示右移位。但是，对于 **iostream** 来说，它们被定义为输入和输出操作符（1.8 节、第 11 章）。更多有关输入和输出操作的细节，请参见第 11 章。

6.5.5　swap()

很多算法，尤其是 **sort()**，使用一个叫作 **swap()** 的函数来交换两个对象的值。这种算法通常假定 **swap()** 高效、快速并且不抛出异常。标准库提供的 **std::swap(a,b)** 使用了三次移动操作来实现（16.6 节）。如果你设计了一个拷贝开销较大但可以被移动的类型，那么给它定义移动操作符或者 **swap()** 函数，或者两个都实现。注意，标准库容器（第 12 章）及 **string**（10.2.1 节）实现了快速的移动操作。

6.5.6　hash<>

标准库 **unordered_map<K,V>** 是一个哈希表，**K** 为键的类型，**V** 为值的类型（12.6节）。如果要将类型 **X** 作为键，那么就必须定义 **hash<X>**。对于常见类型，比如 **std::string**，标准库已经为我们定义了 **hash<>** 函数。

6.6　用户自定义字面量

类的一个目标是允许程序员设计与实现与内置类型相似的类型。构造函数提供了初始化过程，与内置类型的初始化等价（甚至在一定程度上有超越），但对于内置类型来说，我们有字面量：

- **123** 是 **int** 类型的。
- **0xFF00u** 是 **unsigned int** 类型的。
- **123.456** 是 **double** 类型的。
- **"Surprise!"** 是 **const char[10]** 类型的。

如果能对用户自定义类型也提供类似的字面量就更好了。可以通过给字面量加后缀来实现这一点，例如：

- **"Surprise!"s** 是 **std::string** 类型的。

- **123s** 是 **second** 类型的。
- **12.7i** 是 **imaginary** 类型的，所以 **12.7i+47** 是 **complex** 数（即 **{47,12.7}**）。

使用合适的头文件与命名空间，我们可以从标准库中找到类似的例子：

标准库字面量后缀		
<chrono>	std::literals::chrono_literals	h、min、s、ms、us、ns
<string>	std::literals::string_literals	s
<string_view>	std::literals::string_literals	sv
<complex>	std::literals::complex_literals	i、il、if

带有用户自定义后缀的字面量被称为用户定义字面量或者 UDL。这种字面量使用字面量操作符定义。字面量操作符将参数类型的字面量及一个后缀，转化成返回值的类型。例如，虚数 **imaginary** 的后缀 **i** 可能使用下列方法来实现：

```
constexpr complex<double> operator""i(long double arg) // 虚数字面量
{
    return {0,arg};
}
```

这里，

- 符号 **operator""** 表明我们正在定义字面量操作符。
- 字面量操作符 **""** 后面的 **i**，就是需要赋予其意义的后缀。
- 参数类型 **long double** 表示要定义的后缀是附加在浮点字面量后面的。
- 返回值类型 **complex<double>**，则指定了返回的字面量类型。

有了上述方法，我们可以写出如下代码

```
complex<double> z = 2.7182818+6.283185i;
```

实现 **i** 后缀与**+**操作符都使用了 **constexpr**，因此 **z** 的值在编译期间计算完成。

6.7 建议

[1] 尽量让对象的构造、拷贝（复制）、移动和销毁在掌控之中；6.1.1 节；[CG:R.1]。

[2] 设计构造函数、赋值函数和析构函数时要全盘考虑，使之成为一体；6.1.1 节；[CG:C.22]。

[3] 同时定义所有的基本操作，或者什么都不定义；6.1.1 节；[CG: C.21]。

[4]　如果默认的构造函数、赋值操作符和析构函数符合要求，那么让编译器负责生成它们；6.1.1 节；[CG: C.20]。

[5]　如果类含有指针成员，考虑这个类是否需要用户自定义或者删除析构函数、拷贝函数及移动函数；6.1.1 节；[CG:C.32] [CG:C.33]。

[6]　如果类有用户自定义的析构函数，它可能需要用户自定义或删除拷贝函数和移动函数；6.2.1 节。

[7]　默认情况下，把单参数的构造函数声明成 **explicit** 的；6.1.2 节；[CG: C.46]。

[8]　如果类成员有合理的默认值，那么以数据成员初始化的形式提供它；6.1.3 节；[CG: C.48]。

[9]　如果默认拷贝函数不适合当前类型，则重新定义或禁止拷贝函数；6.1.1 节；[CG: C.61]。

[10]　用传值的方式返回容器（依赖拷贝消除和移动以提高效率）；6.2.2 节；[CG:F.20]。

[11]　避免显式使用 **std::copy()**；16.6 节；[CG: ES.56]。

[12]　对于容量较大的操作数，使用 **const** 引用作为参数类型；6.2.2 节；[CG: F.16]。

[13]　确保强有力的资源安全保障，也就是说，绝不泄漏任何你认为是资源的东西；6.3 节；[CG: R.1]。

[14]　如果类被用作资源句柄，则需要为它提供构造函数、析构函数和非默认的拷贝操作符；6.3 节；[CG: R.1]。

[15]　使用 RAII 管理所有资源——内存和非内存资源；6.3 节；[CG: R.1]。

[16]　进行操作符重载时，尽可能模拟操作符的常规用法；6.5 节；[CG: C.160]。

[17]　重载操作符时，同时定义通常在一起工作的其他操作符；6.1.1 节，6.5 节。

[18]　如果将类型的 **<=>** 定义为非默认值，那么也要定义==操作符；6.5.1 节。

[19]　遵循标准库容器设计；6.5.2 节；[CG: C.100]。

第 7 章
模板

你的畅所欲言之地。

——本贾尼·斯特劳斯特鲁普[1]

- 引言
- 参数化类型；
    受限模板参数；模板值参数；模板参数推导
- 参数化操作
    模板函数；函数对象；匿名函数表达式
- 模板机制
    模板变量；别名；编译时 if
- 建议

7.1 引言

显然，人们在使用动态数组时不一定总是使用元素类型为 **double** 的数组。动态数组是一个通用的概念，独立于浮点数的概念。因此，动态数组的元素类型应该独立表示。模板是一个类或者一个函数，我们用一组类型或值对其进行参数化。我们使用模板表示那些通用的概念，然后通过指定参数（比如，指定动态数组的元素的类型为 **double**）生成特定的类型或函数。

本章主要讨论语言机制。第 8 章接着介绍编程技术，在有关库的章节（第 10～18 章）提供了许多实例。

1　本贾尼·斯特劳斯特鲁普是 C++的作者，C++之父。——译者注

7.2 参数化类型

对于我们之前使用的 **double** 类型的动态数组（5.2.2 节），只要将其改为 **template** 并且用一个参数替换掉特定类型 **double**，就能将其泛化为任意类型的动态数组。例如：

```
template<typename T>
class Vector {
private:
    T* elem;                            // elem 指向含有 sz 个 T 元素的数组
    int sz;
public:
    explicit Vector(int s);             // 构造函数：建立约束条件，获取资源
    ~Vector() { delete[] elem; }        // 析构函数：释放资源

                                        // ……拷贝和移动操作……

    T& operator[](int i);               // 对于非常量的 Vector
    const T& operator[](int i) const;   // 对于常量 Vector（5.2.1 节）
    int size() const { return sz; }
};
```

前缀 **template<typename T>** 指明 **T** 是该声明的形参，它是数学上"对所有 **T**"或更准确地说是"对所有类型 **T**"的 C++ 表达。如果你需要"对所有 **T**，比如 **P**（**T**）"的数学表达，可以使用概念（7.2.1 节、8.2 节）。在引出类型参数时，使用 **class** 和使用 **typename** 是等价的，在旧式代码当中经常出现将 **template<class T>** 作为前缀。

成员函数的定义方式与之类似：

```
template<typename T>
Vector<T>::Vector(int s)
{
    if (s<0)
        throw length_error{"Vector constructor: negative size"};
    elem = new T[s];
    sz = s;
}


template<typename T>
const T& Vector<T>::operator[](int i) const
{
    if (i<0 || size()<=i)
        throw out_of_range{"Vector::operator[]"};
    return elem[i];
}
```

有了这些定义，我们可以用如下方式声明动态数组 Vector：

```
Vector<char> vc(200);           // 200 个字符组成的动态数组
Vector<string> vs(17);          // 17 个字符串组成的动态数组
Vector<list<int>> vli(45);      // 45 个整数链表组成的动态数组
```

其中， 最后一行 Vector<list<int>> 中的>>表示嵌套模板实参的结束，它并不是被放错了地方的输入操作符。

我们可以按如下方式使用 Vector：

```
void write(const Vector<string>& vs) // 几个字符串组成的动态数组
{
    for (int i = 0; i!=vs.size(); ++i)
        cout << vs[i] << '\n';
}
```

为了让 Vector 支持范围 for 循环， 需要为之定义适当的 begin()和 end()函数：

```
template<typename T>
T* begin(Vector<T>& x)
{
    return &x[0];           // 指向第一个元素，或者指向末尾元素后面的一个位置
}

template<typename T>
T* end(Vector<T>& x)
{
    return &x[0]+x.size(); // 指向末尾元素后面的一个位置
}
```

在此基础上，我们可以写出如下代码：

```
void write2(Vector<string>& vs)      // 几个字符串组成的动态数组
{
    for (auto& s : vs)
        cout << s << '\n';
}
```

类似地， 也可以将链表（list）、动态数组（vector）、映射（map，也就是关联数组）、无序映射（unordered_map，也就是哈希表）等定义成模板（第 12 章）。

模板是一种编译时的机制，因此与"手工编码"相比，它并不会产生任何额外的运行时开销。事实上，Vector<double>生成的代码和第 5 章中介绍的 Vector 生成的代码完全一致，而标准库 vector<double>生成的代码则要更优（因为在它的实现过程中做了很多优化工作）。

模板加上一系列模板参数被统称为实例化或者特例化。在编译过程中进行实例化时，每个实例都会生成一份代码（8.5 节）。

7.2.1　受限模板参数

在大多数情况下，模板仅对满足特定条件的模板参数有意义。例如，动态数组 **Vector** 提供一个拷贝操作，这就同时要求它的元素也可被拷贝。这就意味着，**Vector** 的模板参数仅仅是一个 **typename** 还不够，还需要指定 **Element** 满足特定需求才能成为其元素：

```
template<Element T>
class Vector {
private:
    T* elem;        // elem 指向一个数组，元素类型为 T，长度为 sz
    int sz;
    // ...
};
```

这里，**template<Element T>** 前缀是 C++对数学中"对所有 **T** 满足 **Element(T)**"的描述；也就是说，**Element** 是一个谓词，用于检查 **T** 是否满足 **Vector** 需要的特性。这种谓词叫作概念（8.2 节）。在模板参数中指定一个概念，这叫作受限模板参数，拥有这种参数的模板叫作受限模板。

标准库元素对类型的限制需求可能有点复杂（12.2 节），但对于我们的简化版 **Vector** 来说，**Element** 和标准库定义的概念 **copyable**（14.5 节）差不多。

给模板提供不符合需求的参数会造成编译时错误。例如：

```
Vector<int> v1;         // 可行：可以拷贝 int 类型的参数
Vector<thread> v2;      // 错误：不能拷贝标准线程（18.2 节）
```

因此，概念允许编译器在使用的时候进行类型检查，从而提供更好的错误信息，比受限模板参数更友好。C++在 C++20 标准之前并没有官方支持概念，所以旧有代码只能使用受限模板参数，并且把受限需求写在文档中。然而，从模板生成的代码同样包含了类型检查，即便是受限模板的代码也和手写代码一样类型安全。对于受限模板参数来说，在涉及的所有类型实体可用前，无法进行类型检查，因此它可能在编译过程的后期及实例化时（8.5 节）产生相对难以理解的编译错误。

概念检查机制纯粹在编译时进行，因此产生的代码同非受限模板一样好。

7.2.2 模板值参数

除了类型参数以外，模板还支持值作为参数。例如：

```cpp
template<typename T, int N>
struct Buffer {
    constexpr int size() { return N; }
    T elem[N];
    // ...
};
```

值参数在很多环境中都有用。例如，`Buffer` 允许我们创建任意尺寸的缓冲区而不需要使用动态内存分配：

```cpp
Buffer<char,1024> glob;            // 静态分配的全局 char 缓冲区

void fct()
{
    Buffer<int,10> buf;            // 栈上分配的本地 int 缓冲区
    // ...
}
```

不幸的是，因为隐晦的技术原因，字符串字面量不可以作为模板值参数。但在某些场合，使用字符串值作为参数又非常重要。因而，我们可以使用存放字符的数组来表示字符串：

```cpp
template<char* s>
void outs() { cout << s; }

char arr[] = "Weird workaround!";

void use()
{
    outs<"straightforward use">();  // 到目前为止，这样不可行
    outs<arr>();                    // 诡异的间接解决方案
}
```

在 C++中，通常会有间接的解决方案；不需要对所有情况提供直接支持。

7.2.3 模板参数推导

当将模板实例化为一个类型时，必须指定模板参数。考虑使用标准库模板 `pair`:

```cpp
pair<int,double> p = {1, 5.2};
```

必须指定模板参数类型显得有些冗长。幸运的是，在大多数场合，可以在初始化时让 `pair` 的构造函数推导模板参数：

```
pair p = {1, 5.2};          // p 的类型是 pair<int,double>
```

容器类提供了另外一个例子：

```
template<typename T>
class Vector {
public:
    Vector(int);
    Vector(initializer_list<T>);    // 初始化列表构造函数
    // ...
};
```

```
Vector v1 {1, 2, 3};        // 从初始化元素类型推导 v1 的元素类型：int
Vector v2 = v1;             // 从 v1 的元素类型推导 v2 的元素类型：int
auto p = new Vector{1, 2, 3};  // p 的类型是 Vector<int>*

Vector<int> v3(1);          // 此处没有提到元素类型，因此必须显式指定类型
```

显然，这样的记法更简单，而且有助于消除重复输入模板类型参数导致的拼写错误。然而这不是灵丹妙药。就像所有强有力的机制一样，推导的结果可能导致意外。考虑如下情形：

```
Vector<string> vs {"Hello", "World"};   // 可行：Vector<string>
Vector vs1 {"Hello", "World"};          // 可行：推导为 Vector<const char*>（意外吗？）
Vector vs2 {"Hello"s, "World"s};        // 可行：推导为 Vector<string>
Vector vs3 {"Hello"s, "World"};         // 错误：初始化列表中的数据类型不一致
Vector<string> vs4 {"Hello"s, "World"}; // 可行：显式指定了元素类型
```

注意，C 风格的字符串字面量的类型是 **const char***（1.7.1 节）。如果那不是 **vs1** 想要的，那么必须显式指定元素类型，或者使用 **s** 后缀把它变成一个正确的 **string**（10.2 节）。

如果初始化列表中的元素有不同的类型，就没法推导出唯一的元素类型，编译器会报告二义性错误。

有时，我们需要解决这种二义性。例如，标准库 **vector** 有能接受一对迭代器的构造函数，但同时初始化列表构造函数也能接收一对值。考虑下列情况：

```
template<typename T>
class Vector {
public:
    Vector(initializer_list<T>);    // 初始化列表构造函数

    template<typename Iter>
        Vector(Iter b, Iter e);     // [b:e)迭代器对构造函数

    struct iterator { using value_type = T; /* ... */ };
```

```
    iterator begin();
    // ...
};
Vector v1 {1, 2, 3, 4, 5};                  // 元素类型是 int
Vector v2(v1.begin(),v1.begin()+2);         // 一对迭代器还是一对值?
Vector v3(9,17);                            // 错误: 二义性
```

我们或许可以用概念（8.2 节）来解决上述问题，但标准库和非常多的重要代码完成于十年前，此时语言还不支持概念。那么，需要一种办法表述"一对相同类型的值可以被认为是迭代器"。在 **Vector** 的定义之后增加一份推导指引可以做到这一点：

```
template<typename Iter>
    Vector(Iter,Iter) -> Vector<typename Iter::value_type>;
```

现在，我们看：

```
Vector v1 {1, 2, 3, 4, 5};                  // 元素类型是 int
Vector v2(v1.begin(),v1.begin()+2);         // 一对迭代器: 元素类型是 int
Vector v3 {v1.begin(),v1.begin()+2};        // 元素类型是Vector2::iterator[1]
```

使用**{}**初始化语法时，编译器总是偏向于选择 **initializer_list** 构造函数（如果可用），因此 **v3** 就是迭代器的数组：**Vector<Vector<int>::iterator>**。

使用**()**初始化语法时（12.2 节），编译器偏向于不选择 **initializer_list**。

推导指引的效果往往很微妙，所以最好在模板类中通过设计来避免必须使用推导指引的情形。

喜欢使用缩写词的人，可以把"类模板参数推导"简写为 CTAD。

7.3 参数化操作

除了给容器类的元素指定类型以外，模板还有很多其他用途。比方说，它们被广泛用于参数化标准库中的类型与算法（12.8 节、13.5 节）。

要想表达将操作用类型或者值来参数化，有三种方法：

* 模板函数。
* 函数对象：对象可以携带数据，并且以函数的形式调用。
* 匿名函数表达式：函数对象的简略记法。

---

1 此处原著即如此，Vector2 的含义可能表示 v2 变量对应的实际 Vector 推导类型。——译者注

7.3.1　模板函数

可以使用函数来计算任何序列中元素的和，只要可以用范围 **for** 语句来遍历这个容器：

```
template<typename Sequence, typename Value>
Value sum(const Sequence& s, Value v)
{
    for (auto x : s)
        v+=x;
    return v;
}
```

模板参数 **Value** 和函数参数 **v** 使得调用者可以指定累加器（用于求和的变量）的类型和初始值：

```
void user(Vector<int>& vi, list<double>& ld, vector<complex<double>>& vc)
{
    int x = sum(vi,0);                        // int 类型动态数组的求和（累加为 int 类型）
    double d = sum(vi,0.0);                   // int 类型动态数组的求和（累加为 double 类型）
    double dd = sum(ld,0.0);                  // double 类型动态数组的求和
    auto z = sum(vc,complex{0.0,0.0});        // complex<double>类型动态数组的求和
}
```

把一些 **int** 值累加到一个 **double** 变量中的做法让我们可以得体地处理超出 **int** 表示范围的数值。请注意，**sum<Sequence,Value>** 的模板实参类型是如何根据函数实参推导出来的。幸运的是，我们无须显式地指定这些类型。

这里的 **sum()** 可以看作标准库 **accumulate()**（17.3 节）的简化版本。

模板函数可以是成员函数，但不能是 **virtual** 函数。编译器不可能知道模板的所有实例，所以不可能为模板函数生成 **vtbl**（5.4 节）。

7.3.2　函数对象

一种特别有用的模板叫作函数对象（有时也被称为仿函数），它可以用来定义对象，该对象可以像函数一样被调用。例如：

```
template<typename T>
class Less_than {
    const T val;              // 待比较的值
public:
    Less_than(const T& v) :val{v} { }
    bool operator()(const T& x) const { return x<val; }    // 函数调用操作符
};
```

名叫 **operator()** 的函数实现了应用操作符 **()**，这个操作符又可被称作"函数调用操作符""调用操作符"。

可以通过给定参数类型来定义 **Less_than** 类型的命名变量：

```
Less_than lti {42};                 // lti(i)会将 i 与 42 进行比较
Less_than lts {"Backus"s};          // lts(s)会将 s 与"Backus"字符串进行比较
Less_than<string> lts2 {"Naur"};    // "Naur"是 C 风格的字符串，所以需要指定类型
```

可以以函数的形式调用这种对象：

```
void fct(int n, const string& s)
{
    bool b1 = lti(n);        // 如果 n<42，则为真
    bool b2 = lts(s);        // 如果 s<"Backus"，则为真
    // ...
}
```

函数对象被广泛用作算法的参数。例如，可以计算令谓词为 **true** 的值的次数：

```
template<typename C, typename P>
int count(const C& c, P pred)   // 假定 C 是容器，P 是关于元素的谓词
{
    int cnt = 0;
    for (const auto& x : c)
        if (pred(x))
            ++cnt;
    return cnt;
}
```

这其实是标准库算法 **count_if**（13.5 节）的简化版本。

如果有了概念（8.2 节），就可以将 **count()** 对参数的假定进行正规表达，并且在编译时进行检查。

这里所说的谓词，就是一个可以调用并返回 **true** 或 **false** 的对象。例如：

```
void f(const Vector<int>& vec, const list<string>& lst, int x, const string& s)
{
    cout << "number of values less than " << x << ": " << count(vec, Less_than{x})
        << '\n';
    cout << "number of values less than " << s << ": " << count(lst, Less_than{s})
        << '\n';
}
```

这里，**Less_than{x}**构造了一个 **Less_than<int>**类型的对象，该对象使用函数调用操作符将传入的参数值与 **x** 进行比较；与此同时，**Less_than{s}**构造了一个用于与 **string s** 进行比较的对象。

函数对象的美观之处在于它们携带了用于比较的值。不需要为每个值与每个类型写一个独立的函数，也不需要引入令人讨厌的全局变量来保存数据。另外，对于像 **Less_than** 这样简单的函数对象，很容易在编译时实现内联，因此调用 **Less_than** 会比间接函数调用更有效率。能携带数据的能力及更有效率的实现，使得函数对象很适合作为算法模块的参数。

函数对象可以用来写明通用算法中的关键操作（比如 **Less_than** 对象与 **count()** 算法的关系），它有时也被叫作策略对象。

7.3.3　匿名函数表达式

在 7.3.2 节中，我们在使用之外独立定义了 **Less_than** 对象。这会很不方便。因此，有一种方法能够隐式生成函数对象：

```
void f(const Vector<int>& vec, const list<string>& lst, int x, const string& s)
{
    cout << "number of values less than " << x
        << ": " << count(vec,[&](int a){ return a<x; })
        << '\n';

    cout << "number of values less than " << s
        << ": " << count(lst,[&](const string& a){ return a<s; })
        << '\n';
}
```

其中的记法**[&](int a){ return a<x; }**叫作匿名函数表达式（lambda）。它实际上生成了一个非常类似 **Less_than<int>{x}**的函数对象。此处，**[&]**是匿名函数的捕获列表，它指定了函数体内所有局部变量可以以引用的形式被访问。如果只想捕获 **x** 这一个变量，可以使用**[&x]**作为捕获列表。如果想生成 **x** 的一份拷贝，可以直接使用**[x]**作为捕获列表。什么都不捕获可以用**[]**，以引用方式捕获所有局部变量可用**[&]**，以值的方式捕获所有局部变量可用**[=]**。

如果在成员函数中定义匿名函数，可以用**[this]**来捕获当前对象的引用，从而可以直接访问类成员。也可以用**[*this]**捕捉当前对象的拷贝。

如果要捕捉多个指定对象，可以将它们写成列表。在函数 **expect()**（4.5 节）中有一个例子，其写法是**[i,this]**，多个捕捉对象的列表以逗号分隔。

7.3.3.1　匿名函数作为函数参数

使用匿名函数方便又简洁，但也许有点儿晦涩。对于复杂操作（大于一个表达式）来说，我倾向于给操作命名，这样可以更清晰地表达出它的意图，并且可在程序的多个地方使用它。

在 5.5.3 节，我们不得不编写很多像 **draw_all()** 和 **rotate_all()** 这样的函数来执行针对指针 **vector** 或 **unique_ptr** 中元素的操作。函数对象（尤其是匿名函数）能在一定程度上解决这一问题，其核心思想是把容器的遍历和对每个元素的具体操作分离开来。

首先，我们需要定义一个函数，它负责把某个操作应用于指针容器的元素所指的每个对象：

```
template<typename C, typename Oper>
void for_each(C& c, Oper op)      // 假定 C 是一个指针容器（参见 8.2.1 节）
{
    for (auto& x : c)
        op(x);                    // 给 op()传递指向每个元素的引用
}
```

这是标准库 **for_each** 算法（13.5 节）的简化版本。

接下来，我们改写 5.5 节中的 **user()**，而无须编写一大堆 **_all()** 函数：

```
void user()
{
    vector<unique_ptr<Shape>> v;
    while (cin)
        v.push_back(read_shape(cin));
    for_each(v,[](unique_ptr<Shape>& ps){ ps->draw(); }); // draw_all()
    for_each(v,[](unique_ptr<Shape>& ps){ ps->rotate(45); }); // rotate_all(45)
}
```

我们给匿名函数传入 **unique_prt<Shape>**，这样 **for_each()** 函数就无须操心与生命周期相关的问题了。

与函数类似，匿名函数也可以是泛型的。例如：

```
template<class S>
void rotate_and_draw(vector<S>& v, int r)
{
    for_each(v,[](auto& s){ s->rotate(r); s->draw(); });
}
```

这里，就像变量声明一般，**auto** 表示可以接受任意类型作为初始化类型（匿名函数的参数可以用来初始化调用时的正式参数）。含有 **auto** 参数的匿名函数也是模板，也叫泛型匿名函数。如果需要，也可以利用概念（8.2 节）给参数增加一个约束条件。例如，可以定义 **Pointer_to_class** 概念，它需要 ***** 和 **->** 操作：

```
for_each(v,[](Pointer_to_class auto& s){ s->rotate(r); s->draw(); });
```

对任意能够 **draw()** 及 **rotate()** 的对象，均可以调用这种泛型的 **rotate_and_draw()** 函数。例如：

```
void user()
{
    vector<unique_ptr<Shape>> v1;
    vector<Shape*> v2;
    // ...
    rotate_and_draw(v1,45);
    rotate_and_draw(v2,90);
}
```

如果需要更严格的检查，可以定义 **Pointer_to_Shape** 概念，来明确指示用于 **shape** 的类型需要哪些属性。这也允许我们使用并不从 **Shape** 类派生的类型。

7.3.3.2　匿名函数与初始化

使用匿名函数，可以将任意语句变成表达式。最常见的场合是在传参数的时候进行计算，但这种能力也可以用于其他场合。考虑一个复杂的初始化：

```
enum class Init_mode { zero, seq, cpy, patrn };    // 替换初始化方案
void user(Init_mode m, int n, vector<int>& arg, Iterator p, Iterator q)
{
    vector<int> v;

    // 混乱的初始化代码

    switch (m) {
    case zero:
        v = vector<int>(n);                         // 将 n 个元素初始化为 0
        break;
    case cpy:
        v = arg;
        break;
    };

    // ...

    if (m == seq)
        v.assign(p,q);                              // 从序列 [p:q) 中拷贝

    // ...
}
```

这是一个风格化的例子，不幸的是，它并非特例。我们需要从一系列选项中选择出用于初始化数据结构（这里的 **v**）的，然后对于不同选项需要进行不同的运算。这种代码经常会被写得一团糟，哪怕只保证基本的效率也会出现一堆 bug：

- 变量可能在它获得值之前就被使用。
- 初始化代码可能与其他代码混合起来，使其难以被理解。
- 初始化代码与其他代码混合时，让人很容易忘记某个特定分支。
- 这不是初始化操作，而是一个赋值操作（1.9.2 节）。

还可以使用匿名函数进行初始化：

```cpp
void user(Init_mode m, int n, vector<int>& arg, Iterator p, Iterator q)
{
    vector<int> v = [&] {
        switch (m) {
        case zero: return vector<int>(n);       // n 个元素被初始化为 0
        case seq: return vector<int>{p,q};      // 从序列 [p:q) 中拷贝
        case cpy: return arg;
        }
    }();

    // ...
}
```

此处我依然"忘记"了一个 **case** 分支，但现在很容易找到问题所在。在很多情况下，编译器可以指出问题并给出警告。

7.3.3.3 作用域终结函数

析构函数提供了一种通用的方案，用于在作用域结束时隐式清除所有使用过的对象（RAII；6.3 节），但如果需要进行的清理涉及多个对象，或者涉及不含析构函数的对象（比如来自 C 语言代码），又该怎么办呢？可以定义一个 **finally()** 函数，它在作用域结束时执行：

```cpp
void old_style(int n)
{
    void* p = malloc(n*sizeof(int));        // C 风格
    auto act = finally([&]{free(p);});      // 作用域结束时调用该匿名函数
    // ...
} // 在作用域结束时，p 会被隐式释放
```

这个临时解决方案比总是需要在函数的所有出口分支手动调用 **free(p)** 要好得多。

实现 **finally()** 函数的方法很简单：

```
template <class F>

[[nodiscard]] auto finally(F f)
{

    return Final_action{f};
}
```

这里使用了**[[nodiscard]]**属性修饰，确保用户不会忘记保存所生成的返回值 **Final_action**，因为正常完成功能必须保存它。

用来提供析构函数的类 **Final_action** 可以写成下面的样子：

```
template <class F>
struct Final_action {
    explicit Final_action(F f) :act(f) {}
    ~Final_action() { act(); }
    F act;
};
```

在 *C++ Core Guidelines* 支持库（GSL）中提供了一份 **finally()**的实现，同时包含了给标准库的提案，描述了更精巧的 **scope_exit** 机制。

7.4　模板机制

要想定义好的模板，我们需要一些支撑性的语言设施。

- 依赖类型的值：参数模板（7.4.1 节）。
- 类型与模板的别名：别名模板（7.4.2 节）。
- 编译时选择机制：**if constexpr**（7.4.3 节）。
- 编译时查询值与表达式属性的机制：**requires** 表达式（8.2.3 节）。

除此之外，**constexpr** 函数（1.6 节）及 **static_asserts**（4.5.2 节）也经常出现在模板设计和使用中。

这些基础机制是搭建通用基础抽象的主要工具。

7.4.1　模板变量

当我们使用一个类型时，经常需要定义对应类型的常量与值。使用模板类的时候也同样如此：定义 **C<T>**模板时还需要定义 **C<T>**类型的常量与变量及其他依赖 **T** 的类型。下面所示的就

是一个流体动力学的模拟示例[Garcia, 2015]:

```
template <class T>
    constexpr T viscosity = 0.4;

template <class T>
    constexpr space_vector<T> external_acceleration = { T{}, T{-9.8}, T{} };

auto vis2 = 2*viscosity<double>;
auto acc = external_acceleration<float>;
```

这里，**space_vector** 是一个三维向量。

奇怪的是，大多数模板变量都是常量，虽然同时也会有很多变量。但在这里，"模板变量"这个术语的使用并不会影响对不变性的概念定义。

一般而言，我们可以使用任意的、类型符合的表达式作为初始化设定项。考虑下列例子:

```
template<typename T, typename T2>
constexpr bool Assignable = is_assignable<T&,T2>::value;   // is_assignable 是类
                                                           // 型特性（16.4.1 节）
constexpr bool Assignable = is_assignable<T&,T2>::value;
template<typename T>
void testing()
{
    static_assert(Assignable<T&,double>, "can't assign a double to a T");
    static_assert(Assignable<T&,string>, "can't assign a string to a T");
}
```

经过一些重大的突变，这个想法成为概念（8.2 节）定义的核心。

标准库使用模板变量来提供数学常数，比如 **pi** 及 **log2e**（17.9 节）。

7.4.2　别名

毫不奇怪的是，给类型或者模板定义一个别名常常很有用。例如，标准库头文件**<cstddef>**就包含了对别名 **size_t** 的定义，也许会是下面这样:

```
using size_t = unsigned int;
```

名为 **size_t** 的实际类型属于实现定义，在其他的实现中，**size_t** 可以是 **unsigned long** 类型的。拥有这个别名，就允许程序员写出可移植的代码。

有参数的（模板）类型经常针对特定参数提供特定的别名。例如:

```
template<typename T>
class Vector {
public:
    using value_type = T;
    // ...
};
```

实际上，所有的标准库容器类都提供了 **value_type** 作为其元素类型的别名（第 12 章）。这允许我们写出可用于所有符合该约定容器类的代码。例如：

```
template<typename C>
using Value_type = C::value_type;          // C 的元素的类型

template<typename Container>
void algo(Container& c)
{
    Vector<Value_type<Container>> vec;   // 将结果保存在此
    // ...
}
```

这里定义的 **Value_type** 是简化版本的标准库 **range_value_t**（16.4.4 节）。别名机制可以通过绑定模板的部分参数或者全部参数来定义新的模板。例如：

```
template<typename Key, typename Value>
class Map {
    // ...
};

template<typename Value>
using String_map = Map<string,Value>;

String_map<int> m;                          // m 是 Map<string,int> 类型的
```

7.4.3　编译时 if

假定有某种操作可以用两个不同的函数实现，一个函数名为 **slow_and_safe(T)**，另一个函数名为 **simple_and_fast(T)**。这种问题通常出现在基础层代码中，通用性与性能至关重要。如果引入了类层次，那么，基类可以提供 **slow_and_safe** 的通用操作，派生类可以用 **simple_and_fast** 的实现覆盖。

另一种思路是，我们可以用编译时 **if**：

```
template<typename T>
```

```
    void update(T& target)
    {
        // ...
        if constexpr(is_trivially_copyable_v<T>)
            simple_and_fast(target);      // 对于 PDO 类型
        else
            slow_and_safe(target);        // 对于复杂类型
        // ...
    }
```

其中，**is_trivially_copyable_v<T>** 是一个类型谓词（16.4.1 节），表明类型是否可以较小的代价被拷贝。

编译器仅仅编译所选择的 **if constexpr** 分支。这个方案提供最佳性能及最佳的局部性。

与编译器宏不同，**if constexpr** 并不是文本处理机制，所以并不能用来打破语法、类型，以及作用域的正常规则。例如，下列试图条件编译 **try** 块的前半部分的天真行为会失败：

```
    template<typename T>
    void bad(T arg)
    {
        if constexpr(!is_trivially_copyable_v<T>)
            try {                          // if会扩展到此行之后

        g(arg);
        if constexpr(!is_trivially_copyable_v<T>)
            } catch(...) { /* ... */ }   // 语法错误
    }
```

如果允许类似文本处理的语法特性，有可能严重影响代码的可读性，并且给现代的程序分析技术带来麻烦（比如抽象语法树的生成）。

很多类似预编译的黑科技其实并不必要，因为有不会令作用域规则失效的、更清晰的解决方案存在。例如：

```
    template<typename T>
    void good(T arg)
    {
        if constexpr (is_trivially_copyable_v<T>)
            g(arg);
        else
            try {
                g(arg);
            }
            catch (...) { /* ... */ }
    }
```

7.5 建议

[1] 用模板来表达那些可以用于多种参数类型的算法；7.1 节；[CG:T.2]。

[2] 用模板实现容器；7.2 节；[CG:T.3]。

[3] 用模板提升代码的抽象层次；7.2 节；[CG: T.1]。

[4] 模板是类型安全的，但是对于无约束的模板，检查发生得太晚了；7.2 节。

[5] 让构造函数或函数模板推断出类模板实参类型；7.2.3 节。

[6] 把函数对象作为算法的参数；7.3.2 节；[CG:T.40]。

[7] 如果简单的函数对象只在某处使用一次，不妨使用匿名函数；7.3.2 节。

[8] 不能把虚函数成员定义成模板成员函数；7.3.1 节。

[9] 使用 `finally()` 为不带析构函数且需要"清理操作"的类型提供 RAII；7.3.3.3 节。

[10] 利用模板别名来简化符号并隐藏实现细节；7.4.2 节。

[11] 使用 `if constexpr` 条件编译提供替代实现，不会存在运行时开销；7.4.3 节。

第 8 章
概念和泛型编程

编程：
你必须从有趣的算法开始。
——Alex Stepanov[1]

- 引言
- 概念

    概念的运用；基于概念的重载；有效代码；定义概念；概念与 **auto**；类型与概念
- 泛型编程

    概念的使用；使用模板实现抽象
- 可变参数模板

    折叠表达式；完美转发参数
- 模板编译模型
- 建议

8.1 引言

应该把模板用在哪儿呢？换句话说，模板会让哪些程序设计技术更有效呢？模板提供了以下功能：

- 在不丢失信息的情况下将类型（以及值和模板）作为参数传递的能力。这意味着可以表达的内容具有很大的灵活性以及具有内联的绝佳机会，当前的实现充分利用了这一点。

---

1 Alex Stepanov 是 C++标准模板库 STL 的创建者。——译者注

- 有机会在实例化时将来自不同上下文的信息捏合在一起，这意味着有进行针对性优化的可能。
- 把值作为模板参数传递的能力，也就是在编译时计算的能力。

总而言之，模板为编译时计算和类型控制提供了强有力的机制，使得我们可以编写出更加简洁高效的代码。记住，类可以包含代码（7.3.2 节）和值（7.2.2 节）。

模板的第一个也是最常见的应用是支持泛型编程（generic programming），泛型编程主要关注通用算法的设计、实现和使用。在这里，"通用"的含义是该算法可以支持很多种数据类型，只要这些类型符合算法对参数的要求即可。模板是 C++ 支持泛型编程最重要的工具，提供了（编译时）参数级多态性。

8.2　概念

考虑 7.3.1 节中提到的 **sum()** 函数：

```
template<typename Seq, typename Value>
Value sum(Seq s, Value v)
{
    for (const auto& x : s)
        v+=x;
    return v;
}
```

这个 **sum()** 函数需要保证

- 它的第一个模板参数是某种元素序列。
- 并且它的第二个模板参数是某种形式的数字。

确切地说，**sum()** 模板函数可以用下面的一组参数实例化：

- 一个序列，**Seq**，它支持 **begin()** 和 **end()**，从而可以允许范围 **for** 语句正常工作（1.7 节、14.1 节）。
- 一个算术类型，**Value**，支持**+=**，因此元素可以被累加。

我们把这种需求叫作概念（concept）。

满足作为序列（也称为范围）这一简化要求（以及更多）的类型示例包括标准库 **vector**、**list** 和 **map**。满足作为算术类型这一简化要求的类型示例包括 **int**、**double**，以及 **Matrix**（所有合理定义的矩阵都支持算术运算）。从以下两个维度上来看，**sum()** 都属于通用算法：数据结构的类型（序列存储方式）维度，以及数据元素的类型维度。

8.2.1　概念的运用

大多数模板参数必须符合特定需求才能被正常编译和运行。这是说，其实绝大多数模板都应当是受限模板（7.2.1 节）。类型名称指示符 **typename** 是限定程度最低的，它仅仅要求该参数是一个类型。但我们通常可以比这做得更好。重新考虑 **sum()** 函数：

```
template<Sequence Seq, Number Num>
Num sum(Seq s, Num v)
{
    for (const auto& x : s)
        v+=x;
        return v;
}
```

这样看起来会清晰得多。只要我们定义了 **Sequence** 及 **Number** 这两个概念的实际含义，编译器就可以从 **sum()** 的接口中直接识别出无效的实例化调用，不需要等到编译或者运行其实现代码时才能报告错误。这使得错误报告的提示更友好。

然而，**sum()** 函数的接口的技术规格不太完整：应该允许将整个 **Sequence** 的元素累加到 **Number**。可以这么写：

```
template<Sequence Seq, Number Num>
    requires Arithmetic<range_value_t<Seq>,Num>
Num sum(Seq s, Num n);
```

序列的 **range_value_t**（16.4.4 节）是序列中的元素类型；它来自标准库中 **range**（14.1 节）的类型名称。**Arithmetic<X,Y>** 则是一个概念，它表明，**X** 与 **Y** 可以进行算术运算。这可以避免试图计算 **vector<string>** 或 **vector<int>** 的 **sum()** 这样的操作。同时又可以正常支持 **vector<int>** 与 **vector<complex<double>>** 这样的参数。通常，当使用两个不同类型的参数进行算术操作时，两个类型之间都会有明确的联系，显式地写明它们之间的联系是一个好习惯。

在这个例子中，我们只需要+=操作符，但为了简单灵活，没必要限制得那么死。如果哪天想要用+和=两个操作符来替代+=操作符，我们就会庆幸自己使用了更通用的概念（**Arithmetic**），而不是单纯限制为"拥有+=操作符"。

在第一个使用概念的 **sum()** 中使用了不完整规格指定，这有时也会有用。除非规格非常完整，否则某些模板错误只有到实例化的时候才能显现。然而，虽然不完整规格指定对于渐进式开发也会很有用，但是因为在这类开发中我们没法在一开始就确定全部的需求。如果有一个成熟的概念库，那么初始状态的规格指定可能已经接近完美。

显然，requires Arithmetic<range_value_t<Seq>,Num>被称作 requirements 子句。其中记法 template<Sequence Seq>就是比 requires Sequence<Seq>更简单的写法。如果写得更复杂一些，可以写成以下的等价形式：

```
template<typename Seq, typename Num>
    requires Sequence<Seq> && Number<Num> && Arithmetic<range_value_t<Seq>,Num>
Num sum(Seq s, Num n);
```

同时，写成如下简写形式也具有等价的效果：

```
template<Sequence Seq, Arithmetic<range_value_t<Seq>> Num>
Num sum(Seq s, Num n);
```

对于还不能支持 concept 的代码，可以把代码用注释的形式写出来：

```
template<typename Seq, typename Num>
    // requires Arithmetic<range_value_t<Sequence>,Number>
Num sum(Seq s, Num n);
```

无论选择哪种记法，为模板设计有意义的约束条件与参数（8.2.4 节）都很重要。

8.2.2 基于概念的重载

一旦我们正确地指定了模板的接口，就可以根据它们的属性进行重载，如同函数一样。标准库 advance()函数向前移动迭代器（13.3 节），它的简化版本可以写成如下形式：

```
template<forward_iterator Iter>
void advance(Iter p, int n)        // 将 p 向前移动 n 个元素
{
    while (n--)
        ++p;                       // 前向迭代器拥有 ++ 操作符，但没有 + 或者 += 操作符
}

template<random_access_iterator Iter>
void advance(Iter p, int n)        // 将 p 向前移动 n 个元素
{
    p+=n;                          // 随机访问迭代器拥有 += 操作符
}
```

编译器会选择满足最严格参数需求的版本。在上述例子中，list 只提供了前向迭代器，而 vector 提供了随机访问迭代器，因此：

```
void user(vector<int>::iterator vip, list<string>::iterator lsp)
{
    advance(vip,10);              // 使用快速版本的 advance()
    advance(lsp,10);              // 使用慢速版本的 advance()
}
```

如同其他的重载，这是编译时机制，没有任何运行时开销；如果编译器无法找到最佳选择，会报告二义性错误。基于概念的重载比一般重载（1.3 节）的效率更高。考虑具有一个参数并且提供多个版本的模板函数：

- 如果参数不能匹配特定概念，那么那个版本不会被选择。
- 如果参数可以匹配概念并且存在唯一匹配，那么选择那个版本。
- 如果参数可以同时匹配两个版本的概念，但其中一个概念比另外一个更严格（其中一个概念是另外一个概念的完整子集），那么选择更严格的那一个。
- 如果参数匹配两个概念，并且无法判断两个概念谁更严格，那么会报二义性错误。

选择某个特定版本的模板，必须满足这些条件：

- 匹配所有参数，并且
- 至少有一个参数与其他版本的匹配度均等，并且
- 至少有一个参数是最佳匹配。

8.2.3 有效代码

某些表达式最终是否有效，是由一组模板参数是否满足模板对其要求而决定的。

我们可以使用 **requires** 表达式检查一组表达式是否有效。例如，如果不使用标准库概念 **random_access_iterator** 来试图编写 **advance()** 函数，会是这样：

```
template<forward_iterator Iter>
requires requires(Iter p, int i) { p[i]; p+i; } // Iter 拥有下标操作及整数加法操作
void advance(Iter p, int n)                      // 将 p 向前移动 n 个元素
{
    p+=n;
}
```

这里的 **requires requires** 不是拼写错误。第一个 **requires** 开始一个 **requirements** 子句，而第二个 **requires** 开始一个 **requires** 表达式：

```
requires(Iter p, int i) { p[i]; p+i; }
```

这里的 **requires** 表达式是一个谓词，如果代码为有效代码则为 **true**，否则返回 **false**。

我认为 **requires** 表达式可以被叫作泛型编程中的汇编代码。与常规汇编代码一样，**requires** 子句非常灵活，并且不隐含任何编码规则。从某种程度上说，它是泛型编程中的底层代码，如同说汇编代码是普通编程的底层代码一样。因此，与汇编代码类似，**requires** 子句不该出现在常规代码中。它们应当隐藏在抽象的具体实现中。如果你在你的代码中看到了 **requires requires** 子句，很可能这样的代码过于底层，最终可能产生潜在问题。

在 **advance()** 函数中使用 **requires requires** 是刻意的、不优雅的黑客行为。注意，我"忘记"了指定+=操作符及返回值类型。因此，某些形式的 **advance()** 的用法能通过概念检查却并不能编译，这是预料之中的！正确的 **advance()** 的随机访问版本函数更简单，可读性也更好：

```
template<random_access_iterator Iter>
void advance(Iter p, int n)      // 将 p 向前移动 n 个元素
{
    p+=n;                        // 随机访问迭代器拥有 += 操作符
}
```

请尽量使用有良好定义语义的命名概念（8.2.4 节），而 **requires** 表达式仅仅用于定义这些概念。

8.2.4　定义概念

标准库（14.5 节）中有很多有用的概念，比如 **forward_iterator**。对于类与函数来说，直接使用优秀的库定义的概念比写一份新的要容易，但是，定义简单的概念也毫不困难。标准库中的名称通常使用小写字母。在这里，我们自己定义的概念的名称都会以大写字母开头，比如 **Sequence** 及 **Vector**。

概念是一个编译时谓词，指示了一个或多个类型如何被使用。考虑一个最简单的例子：

```
template<typename T>
concept Equality_comparable =
    requires (T a, T b) {
        { a == b } -> Boolean;      // 使用==比较 T 类型变量
        { a != b } -> Boolean;      // 使用!=比较 T 类型变量
    };
```

Equality_comparable 是我们用来保证类型可以被比较相等与不等的概念。简单来说，这个类型的两个值必须满足==操作符及!=操作符，并且这两个操作符的返回值必须为布尔量。例如：

```
static_assert(Equality_comparable<int>); // 成功
struct S { int a; };
static_assert(Equality_comparable<S>);   // 失败，因为结构不会自动拥有==和!=操作符
```

概念 **Equality_comparable** 的定义与它的英文描述一样，代表其相等性可比较，**concept** 的值一定是 **bool** 类型的。

此处**{...}**的返回值在**->**操作符后面指定，它必须是一个概念。但标准库中没有描述 **boolean** 的概念，因此我定义了一个（14.5 节）。**Boolean** 意味着类型也同时能作为条件。

要想让 **Equality_comparable** 概念支持不同类型元素的比较，也同样很简单：

```
template<typename T, typename T2 =T>
concept Equality_comparable =
    requires (T a, T2 b) {
        { a == b } -> Boolean;            // 使用==比较 T 与 T2
        { a != b } -> Boolean;            // 使用!=比较 T 与 T2
        { b == a } -> Boolean;            // 使用==比较 T2 与 T
        { b != a } -> Boolean;            // 使用!=比较 T2 与 T
};
```

其中，**typename T2=T** 表示，如果没有指定第二个模板参数，那么 **T2** 就与 **T** 相同；**T** 被称为默认模板参数。

可以用下列方法来测试 **Equality_comparable**：

```
static_assert(Equality_comparable<int,double>);  // 成功
static_assert(Equality_comparable<int>);         // 成功（T2 默认为 int）
static_assert(Equality_comparable<int,string>);  // 失败
```

这个 **Equality_comparable** 与标准库的 **equality_comparable**（14.5 节）几乎一致了。

现在，我们可以定义一个概念，它要求数字之间可以进行算术运算。首先，我们定义数字为 **Number**：

```
template<typename T, typename U = T>
concept Number =
    requires(T x, U y) {            // 支持算术操作以及 0
        x+y; x-y; x*y; x/y;
        x+=y; x-=y; x*=y; x/=y;
        x=x;                        // 拷贝
        x=0;
    };
```

这里对返回值的类型没有任何假定，但对于简单使用来说已经足够。给定一个类型参数时，**Number<X>** 检查 **X** 是否具备 **Number** 所描述的属性。给定两个类型参数时，**Number<X,Y>** 检查两个类型是否可以共用用于特定操作。通过它，我们可以定义 **Arithmetic** 概念（8.2.1 节）：

```
template<typename T, typename U = T>
concept Arithmetic = Number<T,U> && Number<U,T>;
```

要想看更复杂的例子，可以考虑定义序列的概念：

```
template<typename S>
concept Sequence = requires (S a) {
    typename range_value_t<S>;              // S 必须拥有值类型
    typename iterator_t<S>;                 // S 必须拥有迭代器类型

    { a.begin() } -> same_as<iterator_t<S>>;// S 必须有 begin()函数，它会返回一个迭
                                            // 代器
    { a.end() } -> same_as<iterator_t<S>>;

    requires input_iterator<iterator_t<S>>;  // S 的迭代器必须是 input_iterator 类型的
    requires same_as<range_value_t<S>, iter_value_t<S>>;
};
```

要让 **S** 成为一个 **Sequence**，就必须提供值类型（13.1 节）和迭代器类型。在这里，我使用了标准库的关联类型 **range_value_t<S>** 及 **iterator_t<S>**（16.4.4 节）来表达它。同时这个概念还需要确保 **begin()** 和 **end()** 两个函数都返回 **S** 的迭代器，毕竟这也是标准库容器的惯例（12.3 节）。最后，**S** 的迭代器类型必须至少是 **input_iterator** 的，而且迭代器的类型必须与值的类型对应。

最难定义的概念就是用来表示语言基础元素的底层概念，因此最好直接使用一个已经建立好概念集的库。可用的推荐选项参见 14.5 节。其中有一个标准库概念可以大幅度降低定义 **Sequence** 的复杂度：

```
template<typename S>
concept Sequence = input_range<S>;          // 足够通用，书写简单
```

假如限定 **S** 的值类型必须被定义为 **S::value_type**，那我们就可以使用一个更简单的 **Value_type**：

```
template<class S>
using Value_type = typename S::value_type;
```

这是清晰表达简单记法以及隐藏复杂性的有用技术。定义标准 **value_type_t** 的方法原则上是类似的，但它略微复杂一些，因为需要处理不含有 **value_type** 成员的特殊序列（比如内

置数组类型）。

8.2.4.1　定义时检查

模板中的概念是用来检查模板实例化时的参数的，并不用于在定义模板时进行检查。例如：

```
template<equality_comparable T>
bool cmp(T a, T b)
{
    return a<b;
}
```

这里的 **equality_compareable** 概念保证了==操作符可用，但不保证<操作符可用：

```
bool b0 = cmp(cout,cerr);          // 错误: ostream 不支持 == 操作符
bool b1 = cmp(2,3);                // 可行: 返回真
bool b2 = cmp(2+3i,3+4i);          // 错误: complex<double> 不支持 < 操作符
```

在概念检查时，**ostream** 不能通过检查，但可以接受 **int** 和 **complex<double>**，因为后两者都支持==操作符。然而 **int** 支持<操作符，所以 **cmp(2,3)** 可编译通过；cmp(2+3i,3+4i)会被拒绝，因为 **cmp()** 的主体以 **complex<double>** 实例化时将发现 **complex<double>** 不支持 < 操作符。

将最终检查从模板定义推迟到模板实例化时，有两个好处：

- 在开发过程中可以使用不完整的概念。这允许我们在开发概念、类型及算法的过程中积累经验，然后渐进式地完善检查。
- 可以将调试信息、跟踪信息、遥测信息等代码插入模板，而不会影响它的接口。改变接口可能导致大规模的重新编译。

这两点对于开发与管理大型代码来说都非常重要。获得这个重要好处的代价，仅仅是一部分错误可能会在比较晚的时候（8.5 节）才能被报告出来，比如上述使用<操作符但概念只限制了==操作符的情形。

8.2.5　概念与 auto

关键字 **auto** 表示一个对象与其初始化描述符（1.4.2 节）的类型相同：

```
auto x = 1;                        // x是int类型的
auto z = complex<double>{1,2};     // z是complex<double>类型的
```

然而，初始化描述符并不仅仅出现在简单的变量定义中：

```
auto g() { return 99; }            // g()函数的返回值是int类型的
```

```
int f(auto x) { /* ... */ }          // 接受任意类型的参数

int x = f(1);                        // 此处 f() 接受 int 类型的参数
int z = f(complex<double>{1,2});     // 此处 f() 接受 complex<double> 类型的参数
```

关键字 **auto** 表示了值的最小约束概念：它需要的仅仅是某个类型的值。在参数中使用 **auto** 会将一个函数变成模板函数。

使用概念替换 **auto**，可以增强类似的初始化需求约束。例如：

```
auto twice(Arithmetic auto x) { return x+x; }    // 仅用于算术类型
auto thrice(auto x) { return x+x+x; }            // 任何支持 + 操作符的类型

auto x1 = twice(7);      // 可行: x1==14
string s "Hello ";
auto x2 = twice(s);      // 错误: 字符串不是算术类型的
auto x3 = thrice(s);     // 可行: x3=="Hello Hello Hello"
```

除了用于约束函数参数，概念还可以约束用以初始化的变量：

```
auto ch1 = open_channel("foo");               // open_channel()返回什么都行
Arithmetic auto ch2 = open_channel("foo");    // 报错: Channel 不是算术类型的
Channel auto ch3 = open_channel("foo");       // 可行: 如果 Channel 是个有效的概念的话
                                              // 那么 open_channel()返回一个 Channel
```

在使用泛型函数时，上述代码可以有效地遏制对 **auto** 的滥用，并且给实际类型约束需求提供很好的文档。

为了可读性及调试的方便，类型错误报告的位置应当尽可能地接近错误的源头。给返回值施加约束条件能够对此有所帮助：

```
Number auto some_function(int x)
{
    // ...
    return fct(x);          // 除非 fct(x) 返回 Number，否则报错
    // ...
}
```

其实，也可以通过增加一个局部变量来实现这件事：

```
auto some_function(int x)
{
    // ...
    Number auto y = fct(x);   // 除非 fct(x) 返回 Number，否则报错
    return y;
```

```
    // ...
}
```

然而，这样有点啰唆，而且不是所有类型都可以被拷贝。

8.2.6　类型与概念

类型

- 指定可被应用于一个对象的操作集，无论是隐式地指定还是显式地指定。
- 依赖于函数声明及语言规则。
- 指定了对象在内存中的布局。

单参数概念

- 指定可被应用于一个对象的操作集，无论是隐式地指定还是显式地指定。
- 依赖于反映函数声明及语言规则的使用模式。
- 与对象在内存中的布局没有任何关系。
- 允许一系列可使用类型的集合。

因此，使用概念来约束代码比直接使用类型进行约束会更灵活。不但如此，概念可以定义几个参数之间的联系。我有一个理想：在将来，绝大多数函数可以被定义为模板函数，其参数则用概念来约束。不幸的是，目前的语言支持还不够完善，没法完全实现：我们只能把概念当成一个形容词，而无法将其当成名词。例如：

```
void sort(Sortable auto&);        // "auto" 是必需的
void sort(Sortable&);             // 错误: 概念名后面必须有一个 "auto"
```

8.3　泛型编程

C++直接支持的泛型编程形式围绕着这样的思想：从具体、高效的算法中抽象出来，从而获得可以与不同数据表示相结合的泛型算法，以生成各种有用的软件[Stepanov,2009]。表示基本操作和数据结构的抽象被称为概念。

8.3.1　概念的使用

基本的、好用的、有用的概念更多的是被发现而非发明出来的。典型的例子包括整数、浮点数（即便在传统 C 语言[Kernighan,1978]中也是如此定义的）、序列及更通用的数学概念，比如环与向量空间。它们都表示了某个应用领域中的基础概念，这就是它们被叫作"概念"的原因。识别概念，并且将概念形式化到可以有效用于泛型编程的程度，是一个挑战。

为了演示基本的使用，考虑一个叫作 regular（14.5 节）的概念。这个类型有点像 int 或 vector。一个规则类型的对象具备如下性质：

- 拥有默认构造函数。
- 可以被拷贝（拥有通常意义上的 copy 语义，可生成两个独立的相等的对象），拥有拷贝构造方法及拷贝赋值操作符。
- 可以被比较，使用==及!=操作符。
- 不会因为过于聪明的编程技巧而遇到技术问题。

标准库中的 string 就是 regular 类型的一个例子。同时，int、string 类型还符合概念 totally_ordered（14.5 节）。这个意思是说，两个字符串在符合语义的情况下可以使用<、<=、>、>=及<=>操作符。

概念并不仅仅是一个语法记法，它是描述语义的基本要素。例如，我们不应该定义+操作符用来做除法，因为那无法匹配任何合理的数字的需求。然而目前并没有任何语言支持用来表达语义，所以只能依赖专业的知识及大众共识来确保概念的语义正确。不要定义语义无效的概念，比如，Addable 及 Subtractable。应当依赖应用程序相关领域的知识，来定义符合基本概念的 concept。

8.3.2　使用模板实现抽象

好的抽象往往从具体的例子中生长出来。因此，不建议在没有准备好所有需求与技术之前就试图进行抽象，那样会丧失优雅，从而导致代码膨胀。建议先从实际的具体例子开始真正地去使用，然后在使用过程中考虑将一些不涉及根本的细节抽象出来。考虑下面这样的情况：

```
double sum(const vector<int>& v)
{
    double res = 0;
    for (auto x : v)
        res += x;
    return res;
}
```

显然，上述代码是用来计算序列中元素的和的诸多方法中的一种。

是什么让这个代码不够通用呢？

- 为什么只能使用 int 类型的元素？
- 为什么只能使用 vector？

- 为什么和必须为 **double** 数据类型？
- 为什么从 **0** 开始？
- 为什么必须是加法？

前 4 个问题的答案可以通过把具体类型变成模板参数来解决，这样可以获得标准库 accumulate 算法的简化版本：

```
template<forward_iterator Iter, Arithmetic<iter_value_t<Iter>> Val>
Val accumulate(Iter first, Iter last, Val res)
{
    for (auto p = first; p!=last; ++p)
        res += *p;
    return res;
}
```

这里我们做了如下改进：

- 遍历数据结构的行为被抽象为一对迭代器，而序列（8.2.4 节、13.1 节）也用这对迭代器表示。
- 累加器的数据类型被做成了参数。
- 累加器的数据类型必须可以进行算术运算。
- 累加器的数据类型必须与迭代器的值类型相匹配（迭代器的值类型等于序列的元素类型）。
- 初始值变成了可输入的，累加器的类型与初始值的类型一致。

简单的测试或者精确的测量将表明，为多种数据类型生成的泛型调用代码，与直播为手写（非泛型）版本生成的代码一致。考虑如下情形：

```
void use(const vector<int>& vec, const list<double>& lst)
{
    auto sum = accumulate(begin(vec),end(vec),0.0);
    auto sum2 = accumulate(begin(lst),end(lst),sum);
    // ...
}
```

从一段或者几段实体代码生成一段泛型代码的同时保持原有性能，这种行为叫作提升（lifting）。从而，最佳的开发模板的方法通常是：

- 首先，写一个实体代码版本。
- 调试，测试，然后测量它们。
- 最后，将实体类型转化为类模板参数。

当然，重复 **begin()** 与 **end()** 会显得啰唆，因此可以将接口再简化一点：

```
template<forward_range R, Arithmetic<value_type_t<R>> Val>
Val accumulate(const R& r, Val res = 0)
{
    for (auto x : r)
        res += x;
    return res;
}
```

在这里，**range** 是标准库的概念，表示一个拥有 **begin()** 及 **end()** 函数的序列（13.1 节）。要实现完整的抽象，也可以把**+=**操作符抽象出来，可以参考 17.3 节。

无论是一对迭代器的版本还是范围版本的 **accumulate()** 都有用：一对迭代器的版本更通用，而范围版本使用起来更简单。

8.4　可变参数模板

定义模板时可以令其接受任意数量、任意类型的实参，这样的模板被称为可变参数模板（variadic template）。假如我们需要实现一个简单的函数，输出任意可以被**<<**操作符输出的数据：

```
void user()
{
    print("first: ", 1, 2.2, "hello\n"s);        // 输出 first: 1 2.2 hello
                                                 // 输出 second: 0.2 c yuck! 0 1 2
    print("\nsecond: ", 0.2, 'c', "yuck!"s, 0, 1, 2, '\n');

}
```

传统的方法是，要实现一个可变参模板，需要将第一个参数剥离出来，然后用递归调用的办法处理所有剩下的参数：

```
template<typename T>
concept Printable = requires(T t) { std::cout << t; }        // 只有一个操作

void print()
{
    // 处理无参数的情况: 什么都不做
}

template<Printable T, Printable... Tail>
```

```
    void print(T head, Tail... tail)
    {
        cout << head << ' ';          // 首先对 head 进行操作
        print(tail...);               // 然后操作 tail
    }
```

这里，加了省略号的 **Printable...** 表示 **Tail** 包含多个类型的序列。而 **Tail...** 则表示 **tail** 本身是这个序列的值。参数声明后面加了省略号 **...**，这叫作参数包。这里的 **tail** 是由函数参数组成的参数包，其元素类型对应的是 **Tail** 模板参数包中指定的类型。使用这样的机制，**print()** 可以接受任意数量、任意类型的参数。

每次调用 **print()** 都把参数分成头元素及其他（尾）元素。对头元素调用了打印命令，然后对其他（尾）元素调用 **print()**。最终，**tail** 变为空，所以我们一定需要一个无参数的版本来处理空参数的情况。如果不需要处理无参数的情形，则可以通过编译时 **if** 来消除这种情况：

```
    template<Printable T, Printable... Tail>
    void print(T head, Tail... tail)
    {
        cout << head << ' ';
        if constexpr(sizeof...(tail)> 0)
            print(tail...);
    }
```

在这里，使用编译时 **if**（7.4.3 节）而不是运行时 **if**，可以避免生成对空参数 **print()** 函数的调用。这也就无须定义空参数版本的 **print()**。

可变参数模板的强大之处在于，它们可以接受任意参数。而缺点则包括：

- 递归实现可能需要一些技巧，容易出错。
- 很可能需要一个精心设计的模板程序，才能方便地对接口的类型进行有效检查。
- 类型检查代码是临时的，而不是被标准定义的。
- 递归实现在编译时的开销可能非常昂贵，也会占用大量的编译器内存。

因为可变参数模板具有很强的灵活性，所以它们在标准库中被广泛使用，甚至偶尔被过度使用。

8.4.1　折叠表达式

为了简化可变参数模板的实现，C++提供了有限形式的用于遍历参数包的迭代器。例如：

```
    template<Number... T>
    int sum(T... v)
    {
```

```
    return (v + ... + 0);          // 将 v 中所有元素与 0 累加
}
```

这个 sum() 函数可以接受任意数量、任意类型的参数：

```
int x = sum(1, 2, 3, 4, 5);       // x 变成 15
int y = sum('a', 2.4, x);         // y 变成 114 (2.4 被取整，'a' 的值是 97)
```

sum() 函数的函数体使用了折叠表达式：

```
return (v + ... + 0);              // 将 v 中所有元素与 0 累加
```

这里，(v+...+0) 表示把 v 中的所有元素加起来，从 0 开始。首先做加法的元素是最右边的那个（也就是索引值最大的那一个）：(v[0]+(v[1]+(v[2]+(v[3]+(v[4]+0)))))。从最右边开始与 0 累加，这种形式叫作右折叠。显然，还有左折叠：

```
template<Number... T>
int sum2(T... v)
{
    return (0 + ... + v);          // 将 v 中所有元素与 0 累加
}
```

在这种情况下，第一个进行运算的是最左边的这个元素（索引值最小的元素）：从 0 开始累加最左边的元素，(((((0+v[0])+v[1])+v[2])+v[3])+v[4])。

折叠是非常有用的抽象，显然，它与标准库中的 accumulate() 函数相关，这个函数在不同的编程语言及社区中叫不同的名字。在 C++ 中，折叠表达式目前仅限用于简化可变参数模板的实现。折叠表达式并不是只能进行算术操作。考虑下面这个例子：

```
template<Printable ...T>
void print(T&&... args)
{
    (std::cout << ... << args) << '\n';    // 打印输出所有参数
}
// (((((std::cout << "Hello!"s) << ' ') << "World ") << 2017) << '\n');
print("Hello!"s,' ',"World ",2017);
```

为什么会出现 2017？那是因为 fold() 的特性是在 C++ 2017 标准（19.2.3 节）中被添加的。

8.4.2 完美转发参数

使用可变参数模板时，保证参数在通过接口传递的过程中完全不变，有时非常有用。考虑下列网络输入信道，移动数值的方法是通过参数给出的。不同的传输机制会有不同的构造函数参数：

```
template<concepts::InputTransport Transport>
class InputChannel {
public:
    // ...
    InputChannel(Transport::Args&&... transportArgs)
            : _transport(std::forward<TransportArgs>(transportArgs)...)
    {}
    // ...
    Transport _transport;
};
```

标准库函数 **forward()**（16.6 节）可用于对参数进行完美转发，从 **InputChannel** 的构造函数到 **Transport** 的构造函数。

这里需要注意的一点是，**InputChannel** 可以构造 **Transport** 类型的对象，而无须知道 **Transport** 构造函数的参数类型。**InputChannel** 的实现者只需要知道 **Transport** 对象的公共接口。

完美转发在基础库中非常常见。在这些库中，通用性和低运行时开销是必需的，并且常常需要非常通用的接口。

8.5 模板编译模型

在使用模板时，编译器按照概念定义的约束检查模板参数。此处发现的错误将被立即报告。在这个时间点无法检查的错误，会被推迟到代码生成时，也就是模板被实例化时才报告，比如无约束的模板参数便是如此。

在实例化时报告类型检查错误的缺点在于，这个错误报告的时间点有点儿晚（8.2.4.1 节）。而太晚检查出的错误通常难以具备好的错误信息。因为此时编译器难以获得程序员的准确意图，所以无法给出正确的错误信息，只能从程序的多个地方拼凑与猜测出问题的所在。

为模板提供的实例化时类型检查，用来检查模板定义中参数的使用情况。这种机制提供了被称为鸭子类型（如果有种东西走路像鸭子，叫声像鸭子，那它就是鸭子）的编译时特性。它的含义也可以用比较技术性的词汇重新描述：当我们执行某种操作时，操作的效果和含义完全依赖于其操作对象的值。这一点与我们熟悉的"对象拥有某种数据类型"的视角完全不同，在那里是对象的类型决定操作的效果和含义。在 C++ 中，值"存在"于对象内，这是 C++ 对象（如变量）的工作机制。某个值只有符合对象的需求，才能被放在对象中。对于模板来说，编译时实际使用的是值，而非对象。此处有一个例外，**constexpr** 函数（1.6 节）中的局部变量在编译器中被当作对象使用。

　　要使用非受限模板，不能只看它的声明，还要看它的定义是否完整地呈现了当前编译的作用域。如果使用头文件及 **#include** 机制，那么这就意味着模板函数必须直接定义在头文件内，而不能写到 **.cpp** 文件中。例如，标准库的 **<vector>** 头文件就包含了 **vector** 的完整定义。

　　这一点在我们开始使用模块（3.2.2 节）之后才得以改进。使用模块时，模板函数可以和普通函数一样被组织在普通源代码中。而模块在被呈现时首先部分编译给 **import** 使用。你可以将模块的这种呈现形式视为一个易于遍历的图形，其中包含所有可用的范围和类型信息，并由符号表支持，这个符号表允许快速访问模块中的每个实体。

8.6　建议

[1]　模板为编译时编程提供了通用机制；8.1 节。

[2]　设计模板时，需要谨慎考虑为模板参数设定的概念（需求）；8.3.2 节。

[3]　设计模板时，首先使用具体的版本实现、调试和测量；8.3.2 节。

[4]　把概念作为设计工具；8.2.1 节。

[5]　为所有模板实参指定概念；8.2 节；[CG: T.10]。

[6]　尽可能地使用已命名的概念（例如，标准库概念）；8.2.4 节，14.5 节；[CG:T.11]。

[7]　如果只在某处需要一个简单的函数对象，不妨使用匿名函数（lambda）；7.3.2 节。

[8]　用模板来表示容器和范围；8.3.2 节；[CG:T.3]。

[9]　避免使用不含有效语义的"概念"；8.2 节；[CG:T.20]。

[10] 一个概念需要一套完整的操作；8.2 节；[CG:T.21]。

[11] 使用已命名的概念；8.2.3 节。

[12] 避免 **requires requires** 这样的用法；8.2.3 节。

[13] **auto** 是约束最少的概念；8.2.5 节。

[14] 当函数参数的类型和数量都无法确定时，使用可变参数模板；8.4 节。

[15] 模板提供了编译时的"鸭子类型"；8.5 节。

[16] 使用头文件时，需要用 **#include** 包含模板的完整定义（而不仅仅是声明）；8.5 节。

[17] 使用模板时要确保它的定义（不仅是声明）位于作用域内；8.5 节。

第 9 章
标准库

> 当无知稍纵即逝时，又何必浪费时间学习呢？
>
> ——霍布斯（漫画人物）

- 引言
- 标准库组件
- 标准库的组织
  命名空间；**ranges** 命名空间；模块；头文件
- 建议

9.1 引言

没有任何一个重要的程序是仅仅用"裸语言"写成的。人们通常先开发出一系列库，将它们作为进一步编程工作的基础。如果只用"裸语言"编写程序，大多数情况下写起来非常乏味。而如果使用好的程序库，几乎所有编程工作都会变得简单许多。

接着第 1～8 章，第 9～18 将对重要的标准库工具和方法给出一个概要性的介绍。我将简要介绍有用的标准库类型，如 **string**、**ostream**、**variant**、**vector**、**map**、**path**、**unique_ptr**、**thread**、**regex**、**system_clock**、**time_zone** 和 **complex**，并介绍它们最常见的使用方法。

和前面一样，我强烈建议你不要因为对某些细节理解不够充分而心烦或气馁。本章的目的是让你对最有用的标准库工具有一个基本的了解。

在 ISO C++标准中，标准库规范几乎占了三分之二的篇幅。你应深入了解并尽量使用标准库来解决问题，而不是使用自制的替代品来编写程序。因为，在标准库的设计中已经凝结了很多经过检验的思想，还有很多思想体现在其实现中，未来，还会有更多的人及资源被投入其维护和扩展中。

本书介绍的标准库工具和方法，在任何一个完整的 C++实现中都是必备的部分。当然，除了标准库组件外，大多数 C++实现还提供了"图形用户接口"系统（GUI）、Web 接口、数据库接口等。类似地，大多数应用程序开发环境还会提供"基础库"，以提供企业级或工业级的标准开发和运行环境。除此之外，还有成千上万个库支持专门的应用程序领域。但在本书中，我不会介绍标准库之外的库、系统和环境。本书的目的是为你提供 C++标准[C++, 2020]定义的自包含描述，并保证示例的可移植性。当然，我们鼓励程序员去探索那些在大多数系统上可用的工具和方法。

9.2　标准库组件

标准库提供的工具和方法可以分为如下几类：

- 运行时语言支持库（例如，对资源分配、异常和运行时类型信息的支持）。
- C 标准库（进行了非常小的修改，以便尽量减少与类型系统的冲突）。
- 字符串库，包括对国际字符集、本地化及子字符串只读视图的支持（10.2 节）。
- 正则表达式库，提供对正则表达式匹配的支持（10.4 节）。
- I/O 流库，这是一个可扩展的输入输出框架，用户可向其中添加自己设计的类型、流、缓冲策略、区域设定和字符集（第 11 章）。它还提供了对输出进行灵活格式化的设施（11.6.2 节）。
- 以可移植的方式处理文件系统的文件操作库（11.9 节）。
- 容器框架库（如 **vector** 和 **map**，第 12 章）和算法库（如 **find()**、**sort()** 和 **merge()**，第 13 章）。人们习惯上称这个框架为标准模板库（STL）[Stepanov, 1994]，用户可向其中添加自己定义的容器和算法。
- 范围库（14.1 节），包括视图（14.2 节）、发生器（14.3 节）及管道（14.4 节）。
- 概念库，包含基础类型及范围的概念（14.5 节）。
- 数值计算支持库，例如，标准数学函数，复数、向量的数学运算，数学常数，以及随机数发生器（5.2.1 节、第 16 章）。
- 并发程序支持库，包括 **thread** 和锁机制（第 18 章）。在此基础上，用户能够以库的形式添加新的并发模型。
- 同步协程库及异步协程库（18.6 节）。
- 并行库，包含部分数学算法及大多数 STL 算法的并行版本，比如 **sort()**（13.6 节）及 **reduce()**（17.3.1 节）。
- 支持模板元程序设计的工具库（如类型特性，16.4 节）、STL 风格的泛型程序设计（如 **pair**，15.3.3 节）和通用程序设计（如 **variant** 和 **optional**，15.4.1 节和 15.4.2 节）。

- 用于资源管理的"智能指针"库（如 **unique_ptr** 和 **shared_ptr**，15.2.1 节）。
- 特殊用途容器库，例如 **array**（15.3.1 节）、**bitset**（15.3.2 节）和 **tuple**（15.3.3 节）。
- 绝对时间与时段库，例如 **time_point** 及 **system_clock**（16.2.1 节）。
- 日历库，例如 **month** 和 **time_zone**（16.2.2 节、16.2.3 节）。
- 单位后缀库，例如 **ms** 代表毫秒及 **i** 代表虚数（6.6 节）。
- 元素序列操作库，比如视图（14.2 节）、**string_view**（10.3 节）和 **span**（15.2.2 节）。

判断是否应该将一个类纳入标准库的主要标准包括：

- 它几乎对所有 C++程序员（包括初学者和专家）都有用。
- 它能以通用的形式提供给程序员，与简单版本相比，这种通用形式没有严重的额外开销。
- 易学易用（相对于编程任务的内在复杂性而言）。

本质上，C++ 标准库提供了最常用的基本数据结构及在其上的基础算法。

9.3　标准库的组织

标准库的所有设施都被放在名为 **std** 的命名空间中，用户可以通过模块或者头文件来访问。

9.3.1　命名空间

每个标准库工具和方法都是通过若干标准库头文件提供的，例如：

```
#include<string>
#include<list>
```

包含这两个头文件后，在程序中就可以使用 **string** 和 **list** 了。

标准库被定义在一个名为 **std** 的命名空间中（3.3 节）。要使用标准库工具和方法，可以使用 **std::**前缀：

```
std::string sheep {"Four legs Good; two legs Baaad!"};
std::list<std::string> slogans {"War is Peace", "Freedom is Slavery", "Ignorance
    is Strength"};
```

为简洁起见，书中的例子很少显式使用 **std::**前缀，也不会显式给出#**include** 语句和 **import** 语句必须包含的头文件和模块。要正确编译和运行本书中的程序片段，必须补上 #**include** 语句必须包含的恰当的头文件，并通过 **std::**前缀等方式令标准库名字可用。例如：

```
#include<string>        // 使标准库的 string 功能可用
using namespace std;    // 使 std 命名空间内的名称可以在不加 std:: 前缀的情况下可用

string s {"C++ is a general-purpose programming language"};
                                        // 可行: string 就是 std::string
```

一般来说，将命名空间中的所有名字都导入全局命名空间并不是好的编程习惯。但在本书中，我们只使用标准库 **std**，因此可以明确知道它提供了什么。

标准库提供了 **std** 之下的几个子命名空间，可以以如下方式显式访问。

- **std::chrono**: chrono 时间库，其中包括 **std::literals::chrono_literals**（16.2 节）。
- **std::literals::chrono_literals**: 后缀 **y** 表示年，**d** 表示日，**h** 表示小时，**min** 表示分钟，**ms** 表示毫秒，**ns** 表示纳秒，**s** 表示秒，**us** 表示微秒（16.2 节）。
- **std::literals::complex_literals**: 后缀 **i** 表示双精度虚数，**if** 表示单精度虚数，**il** 表示 **long double** 类型的虚数（6.6 节）。
- **std::literals::string_literals**: 后缀 **s** 表示字符串类（6.6 节、10.2 节）。
- **std::literals::string_view_literals**: 后缀 **sv** 表示字符串视图（10.3 节）。
- **std::numbers** 提供数学常数（17.9 节）。
- **std::pmr** 表示多态内存资源（12.7 节）。

要使用子命名空间中的后缀，必须将它引入当前的命名空间。例如：

```
// 没有引入 complex_literals
auto z1 = 2+3i;          // 错误: 没有后缀 i

using namespace literals::complex_literals; // 引入 complex literals 声明的后缀
auto z2 = 2+3i;          // 可行: z2 是 complex<double> 类型的
```

对于子命名空间中应该包含的内容，目前还没有形成连贯的统一的理论指导。但是，为了避免有歧义的风险，后缀不能显式限定，只能将一组后缀引入作用域。所以，一个库如果要与（可能定义了自用后缀的）其他库一同使用，通常需要将后缀定义到子命名空间。

9.3.2　ranges 命名空间

标准库提供的算法，比如 **sort()** 和 **copy()**，有两个版本：

- 传统序列版本接受两个迭代器作为参数：例如 **sort(begin(v), v.end())**。
- 范围版本接受一个单独的范围：例如 **sort(v)**。

在理想情况下，这两个版本（参数不同）应当可以直接重载而不需要任何特殊的动作。然而，实际上不行。例如：

```
using namespace std;
using namespace ranges;

void f(vector<int>& v)
{
    sort(v.begin(),v.end());        // 错误：有歧义
    sort(v);                        // 错误：有歧义
}
```

为了避免使用非限定模板时造成的歧义，标准规定了范围版本必须在作用域内显示声明：

```
using namespace std;

void g(vector<int>& v)
{
    sort(v.begin(),v.end());    // 可行
    sort(v);                    // 错误：没有匹配的函数（在 std 命名空间内）
    ranges::sort(v);            // 可行
    using ranges::sort;         // sort(v)现在可行了
    sort(v);                    // 可行
}
```

9.3.3 模块

到目前为止，还没有任何标准库模块。C++23 很可能会弥补这个遗漏（由于委员会缺乏时间造成）。目前，我使用可能成为标准的 **module std**，它提供命名空间 **std** 中的所有功能。参见附录 A。

9.3.4 头文件

下表是一些挑选出来的标准库头文件，其中的声明都放在了命名空间 **std** 中。

挑选出来的标准库头文件		
\<algorithm\>	copy(), find(), sort()	第13章
\<array\>	array	15.3.1节
\<chrono\>	duration, time_point, month, time_zone	16.2节
\<cmath\>	sqrt(), pow()	17.2节
\<complex\>	complex, sqrt(), pow()	17.4节
\<concepts\>	floating_point, copyable, predicate, invocable	14.5节
\<filesystem\>	path	11.9节
\<format\>	format()	11.6.2节
\<fstream\>	fstream, ifstream, ofstream	11.7.2节
\<functional\>	function, greater_equal, hash, range_value_t	第16章
\<future\>	future, promise	18.5节
\<ios\>	hex, dec, scientific, fixed, defaultfloat	11.6.2节
\<iostream\>	istream, ostream, cin, cout	第11章
\<map\>	map, multimap	12.6节
\<memory\>	unique_ptr, shared_ptr, allocator	15.2.1节
\<random\>	default_random_engine, normal_distribution	17.5节
\<ranges\>	sized_range, subrange, take(), split(), iterator_t	14.1节
\<regex\>	regex, smatch	10.4节
\<string\>	string, basic_string	10.2节
\<string_view\>	string_view	10.3节
\<set\>	set, multiset	12.8节
\<sstream\>	istringstream, ostringstream	11.7.3节
\<stdexcept\>	length_error, out_of_range, runtime_error	4.2节
\<tuple\>	tuple, get\<\>(), tuple_size\<\>	15.3.4节
\<thread\>	thread	18.2节
\<unordered_map\>	unordered_map, unordered_multimap	12.6节
\<utility\>	move(), swap(), pair	第16章
\<variant\>	variant	15.4.1节
\<vector\>	vector	12.2节

此列表远未囊括所有标准库头文件。

C++ 标准库中还提供了来自 C 标准库的头文件, 如 **\<stdlib.h\>**。这类头文件都有一个对应的版本, 名字加上了前缀 **c** 并去掉了后缀 **.h**, 如**\<cstdlib\>**。这些对应版本中的声明都被放在命名空间 **std** 中。

这些头文件反映了标准库的开发历程。因而, 它们并不像我们期待的那般有逻辑、易于记忆。这也是为什么我们需要一个 **std** 模块 (9.3.3 节) 的原因。

9.4　建议

[1]　不要重新发明轮子，应该使用库；9.1 节；[CG: SL.1.]。

[2]　当有选择时，优先选择标准库而不是其他库；9.1 节；[CG: SL.2]。

[3]　不要认为标准库在任何情况下都是理想之选；9.1 节。

[4]　不使用模块时，记得用**#include** 包含相应的头文件；9.3.1 节。

[5]　记住，标准库工具和方法都被定义在命名空间 **std** 中；9.3.1 节；[CG: SL.3]。

[6]　在使用 **ranges** 时，记得显式限定算法名称；9.3.2 节。

[7]　（如果可用）尽量使用 **import** 模块代替**#include** 头文件；9.3.3 节。

第 10 章
字符串和正则表达式

优先选择标准而非另类。

——斯特伦克&怀特

10.1 引言

在大多数程序中，文本处理都是重要的组成部分。C++ 标准库提供了 **string** 类型，使得程序员不必再使用 C 风格的文本处理方式——通过指针来处理字符数组。C++标准库还提供了 **string_view** 类型，允许程序以容器方式访问字符序列，无论它们被存储在哪里（例如，在 **std::string** 或 **char[]**中）。此外，还提供了正则表达式匹配功能以查找文本中的模式。标准库中的正则表达式与大多数编程语言提供的正则表达式类似。**string** 和 **regex** 都支持多种字符类型（如 Unicode）。

10.2 字符串

标准库提供了 **string** 类型，具有比简单字符串字面量（1.2.1 节）更完整的字符串处理能力：**string** 是用于管理不同字符类型字符序列的 **regular** 类型（8.2 节、14.5 节）。**string** 类型提供了很多有用的字符串处理操作，如连接操作。下面是一个例子：

```
string compose(const string& name, const string& domain)
{
    return name + '@' + domain;
}
auto addr = compose("dmr","bell-labs.com");
```

在本例中，**addr** 被初始化为字符序列 **dmr@bell-labs.com**。函数 **compose** 中的字符串"加法"表示连接操作。可以将 **string**、字符串字面量、C 风格字符串或者一个字符连接到一个 **string** 上。标准库 **string** 定义了一个移动构造函数，因此，即使是以传值方式而不是传引用方式返回一个很长的 **string** 也会很高效（6.2.2 节）。

在很多应用中，连接操作最常见的用法是在一个 **string** 的末尾追加一些内容。这可以直接通过+=操作来实现。例如：

```
void m2(string& s1, string& s2)
{
    s1 = s1 + '\n';        // 尾部增加新行
    s2 += '\n';            // 尾部增加新行
}
```

这两种向 **string** 末尾添加内容的方法在语义上是等价的，但我更倾向于使用后者，因为它更明确、更简洁地表达了要做什么，而且可能也更高效。

string 对象是可修改的。除了=和+=，**string** 还支持下标操作（使用**[]**）和提取子串操作。例如：

```
string name = "Niels Stroustrup";

void m3()
{
    string s = name.substr(6,10);      // s = "Stroustrup"
    name.replace(0,5,"nicholas");      // name 变成 "nicholas Stroustrup"
    name[0] = toupper(name[0]);        // name 变成 "Nicholas Stroustrup"
}
```

substr()操作返回 **string**，保存其参数指定的子字符串的拷贝。第一个参数是指向 **string** 中某个位置的下标，第二个参数指出所需子串的长度。由于下标从 **0** 开始，因此上面程序中 **s** 得到的值是 **Stroustrup**。

replace() 操作替换子串内容。在本例中，要替换的是从 **0** 开始、长度为 **5** 的子串，即

Niels，它被替换为 nicholas 。最后，将首字母变为大写。因此，name 的最终值为 Nicholas Stroustrup。注意，替换的内容和被替换的子串不必一样长。

在这些字符串操作中，特别有用的有赋值操作（使用=），下标操作（像 vector 一样使用 [] 或者 at()，12.2.2 节），比较操作（使用==以及!=），以及词典排序（使用<、<=、>、和>=），迭代（像 vector 一样使用迭代器，begin()和 end()；13.2 节），输入（11.3 节），流操作（11.7.3 节）。

自然地，string 可以相互比较，与 C 风格字符串（1.7.1 节）比较，也可以与字符串字面量比较，例如：

```
string incantation;

void respond(const string& answer)
{
    if (answer == incantation) {
        // ……执行一些操作……
    }
    else if (answer == "yes") {
        // ……
    }
    // ……
}
```

如果你需要一个 C 风格字符串（一个以 0 结尾的 char 数组），string 提供了对其包含的 C 风格字符串进行只读访问的接口（c_str()和 data()），例如：

```
void print(const string& s)
{
    // s.c_str()返回一个指向 s 所拥有的字符的指针
    printf("For people who like printf: %s\n",s.c_str());
    cout << "For people who like streams: " << s << '\n';
}
```

根据定义，字符串字面量的类型是 const char *。要想获得 std::string 类型的字面量可以加上 s 后缀。例如：

```
auto cat = "Cat"s; // std::string 类型
auto dog = "Dog"; // 一个 C 风格字符串：const char*类型
```

要想使用 s 后缀，需要使用命名空间 std::literals::string_literals（6.6 节）。

10.2.1　string 的实现

实现字符串类是一个常见的 C++编程练习，这个练习对提高编程能力是很有帮助的。但对通用用途而言，即使精心构思，我们第一次尝试编写的类在易用性和性能上也很难与标准库 **string** 相比。在当前的 **string** 实现版本中，通常会使用短字符串优化（SSO）技术，即短字符串会直接被保存在 **string** 对象内部，而长字符串则被保存在自由存储中。考虑下面的例子：

```
string s1 {"Annemarie"};              // 短字符串
string s2 {"Annemarie Stroustrup"}; // 长字符串
```

内存布局可能像下面这样：

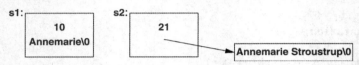

当 **string** 的值从短字符串变为长字符串（或者反之）的时候，它的表示方式会对应改变。那么短字符串究竟包含多少个字符呢？这由具体实现决定，不过我猜"大约 14 个字符"。

string 的实际性能严重依赖于运行时环境。特别地，在多线程实现中，内存分配的开销相对更大。同时，当我们使用了大量长度不一的字符串后，可能导致内存碎片问题。这也是短字符串优化被普遍采用的主要原因。

为了处理多字符集，标准库定义了一个通用的字符串模板 **basic_string**，**string** 实际上是此模板用字符类型 **char** 实例化的一个别名：

```
template<typename Char>
class basic_string {
// ……Char 类型组成的字符串……
};
using string = basic_string<char>;
```

用户可以定义任意字符类型的字符串。例如，假定我们有一个日文字符类型 **Jchar**，则可将其定义为：

```
using Jstring = basic_string<Jchar>;
```

现在，我们就可以在 **Jstring**——日文字符串上执行常见的字符串操作了。

10.3　字符串视图

字符序列的最常见用途是将其传递给函数用以读取。这可以通过 **string** 类型用传值的方式来实现，也可以传 **string** 的引用，或者 C 风格字符串。在很多系统中，还存在着其他的替代选项，比如未出现在标准库中的（自定义）字符串类型。在所有这些情况下，传递子串（字符串的一部分）会存在额外的复杂度。要解决这个问题，标准库提供了 **string_view**，字符串视图本质上就是一个(指针, 长度)对，标明了一个字符串序列，如下图所示。

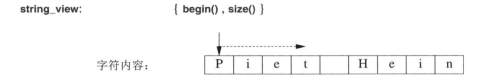

string_view 类型允许访问基于字符的连续序列。而字符可以以很多不同方式被存储，包括标准库 **string** 以及 C 风格字符串。**string_view** 就像一个不拥有其指向的内容的指针或引用。从这个方面来说，它有点像 STL 迭代器对（13.3 节）。

考虑一个简单的函数，它连接两个字符串：

```
string cat(string_view sv1, string_view sv2)
{
    string res {sv1};       // 从 sv1 初始化
    return res += sv2;      // 加到 sv2 末尾然后返回
}
```

可以这样调用 **cat()**函数：

```
string king = "Harold";
auto s1 = cat(king,"William");      // string 加上 const char* 获得 HaroldWilliam
auto s2 = cat(king,king);           // string 加上 string 获得 HaroldHarold
auto s3 = cat("Edward","Stephen"sv); // const char * 加上 string_view 获得 EdwardStephen
auto s4 = cat("Canute"sv,king);     // CanuteHarold
auto s5 = cat({&king[0],2},"Henry"sv); // HaHenry
auto s6 = cat({&king[0],2},{&king[2],4}); // Harold
```

相比接受 **const string&**参数（10.2 节）的 **compose()**函数，这个 **cat()**函数有三个优点：

- 它可以被用于以多种不同方式管理的字符序列。
- 可以轻松地传递子串。
- 传递 C 风格字符串无须创建 **string** 对象。

注意，此处使用了 **sv**（字符串视图）后缀。要使用它，需要首先将其引入命名空间：

```
using namespace std::literals::string_view_literals; // 6.6 节
```

为什么要使用后缀？因为当我们传递**"Edward"**为参数时，需要从 **const char ***构造

string_view，这需要计算字符的数量。对于 **"Stephen"sv** 字符串的长度，在编译时计算。

string_view 类型同时还可以作为一个范围定义，因此可以用它来遍历字符。例如：

```
void print_lower(string_view sv1)
{
    for (char ch : sv1)
        cout << tolower(ch);
}
```

string_view 类型的显著限制就在于它是只读的。例如，如果函数需要将参数内容修改为小写，就不能使用 **string_view** 来传递字符串。这种情况下，你可能需要考虑使用 **span**（15.2.2 节）。

将 string_view 当成一种指针，要想使用它，它必须指向某样东西：

```
string_view bad()
{
    string s = "Once upon a time";
    return {&s[5],4}; // 糟糕：返回了局部数据的指针
}
```

在上面的例子中，在使用 **string_view** 内的字符之前，返回的 **string** 就会被销毁。

如果 string_view 出现越界访问，那这种行为未定义。如果需要保证范围检查，可以使用 **at()** 函数，它对于越界访问会抛出 **out_of_range** 异常，或者也可以使用 **gsl::string_span**（15.2.2 节）。

10.4   正则表达式

正则表达式是一种很强大的文本处理工具，它提供了一种简单、精练的方法描述文本中的模式（如，形如 **TX 77845** 的美国邮政编码，或形如 **2009-06-07** 的 ISO 风格的日期），还提供了在文本中高效查找模式的方法。在 **<regex>** 中，标准库定义了 **std::regex** 类及其支持的函数，提供对正则表达式的支持。下面是一个模式的定义，你可以从中领略 **regex** 库的风格：

```
regex pat {R"(\w{2}\s*\d{5}(-\d{4})?)"};    // 美国邮政编码模式：XXddddd-dddd
                                             // 以及其他变种
```

在其他语言中使用过正则表达式的人会觉得**\w{2}\s*\d{5}(-\d{4})?**很熟悉。它指定了一个以两个字母开始的模式**\w{2}**，后面是任意个空白符**\s***，再接下来是五个数字**\d{5}**，然后是可选的一个破折号和四个数字**-\d{4}**。如果你还不熟悉正则表达式，现在可能是一个学习它的好时机（[Stroustrup,2009]，[Maddock,2009]，[Fried1,1997]）。

为了表达模式，我使用了一个原始字符串字面量（raw string literal），它以 R"(开始，以)" 结束。原始字符串字面量的好处是可以直接包含反斜线和引号而无须转义，因此非常适合表示正则表达式——因为正则表达式中常常包含大量反斜线。如果使用常规字符串，模式定义需要写成下面这样：

```
regex pat {"\\w{2}\\s*\\d{5}(-\\d{4})?"};    // 美国邮政编码模式
```

在 **<regex>** 中，标准库为正则表达式提供了如下支持。

- **regex_match()**：将正则表达式与一个（已知长度的）字符串进行匹配（10.4.2 节）。
- **regex_search()**：在一个（任意长的）数据流中搜索与正则表达式匹配的字符串（10.4.1 节）。
- **regex_replace()**：在一个（任意长的）数据流中搜索与正则表达式匹配的字符串并将其替换。
- **regex_iterator**：遍历匹配结果和子匹配（10.4.3 节）。
- **regex_token_iterator**：遍历未匹配部分。

10.4.1 搜索

使用模式的最简单方式是在流中搜索它：

```
int lineno = 0;
for (string line; getline(cin,line); ) {    // 将一行内容读到缓冲区
    ++lineno;
    smatch matches;                         // 匹配的字符串都保存于此
    if (regex_search(line,matches,pat))     // 在一行内搜索指定模式
        cout << lineno << ": " << matches[0] << '\n';
}
```

regex_search(line, matches, pat) 在 **line** 中搜索任何与正则表达式 **pat** 匹配的子串，如果找到匹配的子串，就将其保存在 **matches** 中。如果未找到任何匹配，**regex_search(line, matches, pat)** 返回 **false**。变量 **matches** 的类型是 **smatch**。开头的 "**s**" 表示 "子" 或 "字符串" 的意思，**smatch** 类型实质上是 **string** 类型的 **vector**，每个 **string** 保存的是一个子匹配。首元素 **matches[0]** 对应整个匹配。**regex_search()** 返回的是一组（子）匹配，通常表示为一个 **smatch** 对象。

```
void use()
{
    ifstream in("file.txt");    // 输入文件
    if (!in) {                   // 检查文件是否被成功打开
        cerr << "no file\n";
```

```
        return;
    }

regex pat {R"(\w{2}\s*\d{5}(-\d{4})?)"};                  // 美国邮政编码模式

int lineno = 0;
for (string line; getline(in,line); ) {
    ++lineno;
    smatch matches;                                      // 匹配的字符串都保存于此
    if (regex_search(line, matches, pat)) {
        cout << lineno << ": " << matches[0] << '\n'; // 完整匹配
        if (1<matches.size() && matches[1].matched)     // 如果有子模式匹配
            cout << "\t: " << matches[1] << '\n';       // 子匹配
    }
}
}
```

此函数读取一个文件，在其中查找美国邮政编码，如，**TX77845** 和 **DC 20500-0001**。**smatch** 类型是保存 **regex** 匹配结果的容器。在本例中，**matches[0]**对应整个模式，而 **matches[1]**对应可选的四个数字的子模式 **(-\d{4})?**。

换行符 **\n** 可以作为模式的一部分，因此我们可以对多行模式进行搜索。显然，如果需要那样做，我们不能一次只读一行字符。

正则表达式的语法和语义的设计目标是使之能被编译成可高效运行的自动机 [Cox,2007]，这个编译过程是由 **regex** 类型在运行时完成的。

10.4.2 正则表达式的符号表示

regex 库可以识别几种不同的正则表达式的符号表示。本书中使用默认的符号表示是 ECMA 标准的一个变体，ECMA 标准被用于 ECMAScript 中（更为人们所熟知的名称是 JavaScript）。正则表达式的语法基于下表所示的一些具有特殊意义的字符。

正则表达式的特殊字符			
.	任意单个字符（"通配符"）	\	下一个字符有特殊含义
[	字符集开始	*	零或多次重复（后缀操作符）
]	字符集结束	+	一或多次重复（后缀操作符）
{	指定重复次数开始	?	可选零或一次（后缀操作符）
}	指定重复次数结束	|	二选一（或）
(	分组开始	^	行开始；非
)	分组结束	$	行结束

例如，我们可以指定一个模式是以零个或多个 A 开头，后接一个或多个 B，最后是一个可选的 C：

^A*B+C?$

则下面这些字符串与此模式匹配：

AAAAAAAAAAAAABBBBBBBBBC
BC
B

而下面这些字符串与此模式不匹配：

AAAAA　　　　　　　// 没有 B
　　AAAABC　　　　　// 多了前导空格
AABBCC　　　　　　// 多于一个 C

模式的一个组成部分如果用括号括起来，则它构成一个子模式（可从 smatch 中单独抽取出来）。例如：

\d+-\d+　　　　　　// 没有子模式
\d+(-\d+)　　　　　// 一个子模式
(\d+)(-\d+)　　　　// 两个子模式

通过添加下表所示的后缀，可以指定一个模式是可选的还是重复多次的（如无后缀，则只出现一次）：

重复	
{n}	严格重复n次
{n,}	重复n次或更多次
{n,m}	至少重复n次，最多m次
*	零次或多次，即，{0,}
+	一次或多次，即，{1,}
?	可选零次或一次，即，{0,1}

例如这个正则表达式：

A{3}B{2,4}C*

则下面这些字符串能匹配：

AAABBC
AAABBB

下面这些字符串不能匹配：

AABBC   // A 太少
AAABC   // B 太少
AAABBBBBCCC   // B 太多

如果在任何重复符号（**?**、*****、**+**、**{ }**）之后放一个后缀**?**，那会使模式匹配器变得"懒惰"或者说"不贪心"。即当查找一个模式时，匹配器会查找最短匹配而非最长匹配。而默认情况下，模式匹配器总是查找最长匹配，这就是所谓的最长匹配法则。考虑下面的字符串：

ababab

模式后缀 **(ab)+** 匹配整个字符串 **ababab**，而 **(ab)+?** 只匹配第一个 ab。

下表列出了最常用的字符集。

字符集	
alnum	任意字母数字字符
alpha	任意字母字符
blank	任意空白符，但不能是行分隔符
cntrl	任意控制字符
d	任意十进制数字
digit	任意十进制数字
graph	任意图形字符
lower	任意小写字符
print	任意可打印字符
punct	任意标点
s	任意空白符
space	任意空白符
upper	任意大写字符
w	任意单词字符（字母、数字、下画线）
xdigit	任意十六进制数字字符

在正则表达式中，字符集名字必须用**[: :]**包围起来。例如，**[:digit:]**匹配一个十进制数字。而且，如果是定义一个字符集，外边还必须再包围一对方括号 **[]**。

下表中的一些字符集还支持简写表示。

简写的字符集		
\d	一个十进制数字	**[[:digit:]]**
\s	一个空白符（空格或制表符等）	**[[:space:]]**
\w	一个字母（**a~z**）、数字（**0~9**）或下画线（**_**）	**[_[:alnum:]]**
\D	非十进制数字	**[^[:digit:]]**
\S	非空白符	**[^[:space:]]**
\W	非字母、数字与下画线	**[^_[:alnum:]]**

此外，支持正则表达式的语言通常还提供如下表所示的简写字符集。

非标准（但常见的）的简写字符集		
\l	一个小写字符	[[:lower:]]
\u	一个大写字符	[[:upper:]]
\L	非小写字符	[^[:lower:]]
\U	非大写字符	[^[:upper:]]

为了保证可移植性，应使用完整的字符集名字而不是简写的。

考虑这样的例子：编写一个模式，描述 C++ 标识符——以下画线或字母开头，后接一个由字母、数字或下画线组成的序列（可以是空序列）。为了展示其中的微妙之处，下面给出了一些错误的模式：

```
[:alpha:][:alnum:]*          // 错误：表示字符集应该在外边再加一对中括号
[[:alpha:]][[:alnum:]]*       // 错误：没有接受下画线，'_'不是字母
([[:alpha:]]|_)[[:alnum:]]*   // 错误：下画线不属于字母或数字

([[:alpha:]]|_)([[:alnum:]]|_)*// 正确，但太笨拙
[[:alpha:]_][[:alnum:]_]*     // 正确：在字符集中包含了下画线
[_[:alpha:]][_[:alnum:]]*     // 变换了顺序，同样正确
[_[:alpha:]]\w*               // \w 等价于[_[:alnum:]]
```

最后，下面的函数用最简单的 **regex_match()** 版本（10.4.1 节）来检查一个字符串是否是一个标识符：

```
bool is_identifier(const string& s)
{
    regex pat {"[_[:alpha:]]\\w*"}; // 下画线或字母后接零个或多个下画线、字母、数字
    return regex_match(s,pat);
}
```

注意，要在一个普通字符串字面量中包含一个反斜线，必须使用两个反斜线。使用原始字符串字面量（10.4 节）则可解决这种特殊字符问题，例如：

```
bool is_identifier(const string& s)
{
    regex pat {R"([_[:alpha:]]\w*)"};
    return regex_match(s,pat);
}
```

下面是一些模式的例子：

```
Ax*              // 匹配 A、Ax、Axxxx
Ax+              // 匹配 Ax、Axxxx，不匹配 A
\d-?\d           // 匹配 1-2、12，不匹配 1--2
\w{2}-\d{4,5}    // 匹配 Ab-1234、XX-54321、22-5432，数字也属于\w
(\d*:)?(\d+)     // 匹配 12:3、1:23、123、:123，不匹配 123:
(bs|BS)          // 匹配 bs、BS 不匹配 bS
[aeiouy]         // 匹配 a、o、u 等英语元音字母、不匹配 x
[^aeiouy]        // 匹配 x、k 等非元音字母，不匹配 e
[a^eiouy]        // 匹配 a、^、o、u 英语元音字母，或^
```

在一个正则表达式中，被括号限定的部分形成一个 **group**（子模式），用 **sub_match** 来表示。如果你需要用括号但又不想定义一个子模式，则应使用**(?:**，而不是单纯的**(**。例如：

(\s|:|,)*(\d*)   // 可选的空白符、冒号和/或逗号，后接一个可选的数字

假设我们对数字之前的字符不感兴趣（可能是分隔符），则可写成：

(?:\s|:|,)*(\d*)   // 可选的空白符、冒号和/或逗号，后接一个可选的数字

这样，正则表达式引擎就不必保存第一个字符：**(?:** 使得只有数字的部分才是子模式。下表是一些正则表达式分组的例子。

正则表达式分组的例子	
\d*\s\w+	无分组（子模式）
(\d*)\s(\w+)	两个分组
(\d*)(\s(\w+))+	两个分组（分组没有嵌套）
(\s*\w*)+	一个分组，但有一个或多个子模式； 只有最后一个子模式被保存为一个 **sub_match**
<(.*?)>(.*?)</\1>	三个分组；**\1** 表示"与分组1一样"

最后一个模式对于 XML 文件的解析很有用。它可以查找标签起始和结束的标记。注意，对标签起始和结束间的子模式，这里使用了非贪心匹配（懒惰匹配）**.*?** 。假如使用普通的匹配策略 **.*** ，下面这个输入就会产生问题：

Always look on the bright side of life.

如果对第一个子模式采用贪心匹配策略，则会将第一个 **<** 与最后一个 **>** 配对。这是正确的行为，但结果也许不是程序员所期望的。

有关正则表达式更为详尽的介绍，请参阅 [Fried1,1997]。

10.4.3 迭代器

可以定义一个 **regex_iterator** 来遍历流（字符序列），在其中查找给定模式。例如，可以使用 **sregex_iterator**（**regex_iterator<string>**类型）来输出一个 **string** 中所有由空白符分隔的单词：

```
void test()
{
    string input = "aa as; asd ++e^asdf asdfg";
    regex pat {R"(\s+(\w+))"};
    for (sregex_iterator p(input.begin(),input.end(),pat); p!=sregex_iterator{}; ++p)
        cout << (*p)[1] << '\n';
}
```

它会输出：

```
as
asd
asdfg
```

我们漏掉了第一个单词 **aa**，因为它没有先导空格。如果将模式简化为 **R"((\w+))"**，则会得到：

```
aa
as
asd
e
asdf
asdfg
```

regex_iterator 是一种双向迭代器，因此我们不能直接遍历 **istream**（因为它只提供了输入功能）。也不能通过 **regex_iterator** 写数据，默认的 **regex_iterator(regex_iterator{})** 是表示序列结束的唯一方式。

10.5 建议

[1] 使用 **std::string** 来保存字符序列；10.2 节；[CG: SL.str.1]。

[2] 优先选择 **string** 操作而不是 C 风格的字符串函数；10.1 节。

[3] 使用 **string** 声明变量和成员，而不要将它作为基类；10.2 节。

[4] 返回 **string** 应采用传值方式（依赖移动语义和拷贝消除）；10.2 节；10.2.1 节；[CG: F.15]。

[5] 直接或间接使用 **substr()** 读子字符串，使用 **replace()** 写子字符串；10.2 节。

[6] **string** 在需要的时候会自动扩展或收缩；10.2 节。

[7] 当需要范围检测时，应使用 **at()** 而不是迭代器或 **[]**；10.2 节，10.3 节。

[8] 当需要优化性能时，应使用迭代器或**[]**，而不是 **at()**；10.2 节，10.3 节。

[9] 使用范围 **for** 语句来安全地降低越界检查需求；10.2 节，10.3 节。

[10] 将输入放进 **string** 不会溢出；10.2 节，11.3 节。

[11] 只有迫不得已时，才使用 **c_str()** 或 **data()** 获得 **string** 的 C 风格字符串表示；10.2 节。

[12] 使用 **stringstream** 或通用的值提取函数（如 **to<X>**）将字符串转换为数值；11.7.3 节。

[13] 可用 **basic_string** 构造任意类型字符组成的字符串；10.2.1 节。

[14] 字符串加上 **s** 后缀用来表示标准库 **string**；10.3 节；[CG: SL.str.12]。

[15] 需要读取以各种形式存储的字符序列时，用 **string_view** 作为函数的参数；10.3 节；[CG: SL.str.2]。

[16] 需要写入以各种形式存储的字符序列时，用 **string_span<char>** 作为函数的参数；10.3 节；[CG: SL.str.2] [CG: SL.str.11]。

[17] 可以把 **string_view** 看作附加了大小的指针，它没有自己的字符；10.3 节。

[18] 字符串字面量加上 **sv** 后缀用来表示标准库 **string_view**；10.3 节。

[19] 将 **regex** 用于正则表达式的大部分常规用途；10.4 节。

[20] 除非是最简单的模式，否则应使用原始字符串字面量来表示；10.4 节。

[21] 使用 **regex_match()** 匹配整个输入；10.4 节，10.4.2 节。

[22] 使用 **regex_search()** 在输入流中搜索模式；10.4.1 节。

[23] 可以调整正则表达式的符号表示，从而适应不同的标准；10.4.2 节。

[24] 默认的正则表达式的符号表示是 ECMAScript 中所采用的表示法；10.4.2 节。

[25] 使用正则表达式要注意节制，它很容易变成一种难读的语言；10.4.2 节。

[26] 注意，数字 **i** 的**\i** 符号允许你用之前的子模式来描述子模式；10.4.2 节。

[27] 用 **?** 让模式匹配采用"懒惰"策略；10.4.2 节。

[28] 用 **regex_iterator** 来遍历流并查找给定模式；10.4.3 节。

第 11 章
输入和输出

所见即所得。
——布莱恩·克尼汉[1]

- 引言
- 输出
- 输入
- I/O 状态
- 用户自定义类型的 I/O
- 输出格式化
    - 流式格式化；**printf()**风格的格式化
- 流
    - 标准流；文件流；字符串流；内存流；同步流
- C 风格的 I/O
- 文件系统
    - 路径；文件和目录
- 建议

11.1 引言

I/O 流库提供了文本和数值的输入输出功能，这种格式化和非格式化的输入都带有缓冲。

---

[1] 布莱恩·克尼汉（Brain W. Kernighan）是 C 语言的作者之一。——译者注

它提供了类型安全，同时也可以扩展为像支持内置类型一样支持用户自定义类型。

文件系统库提供了操作文件和目录的基本工具。

ostream 类型将有类型的对象转换为字符（字节）流：

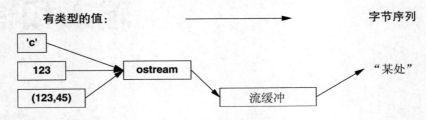

istream 类型将字符（字节）流转换为有类型的对象：

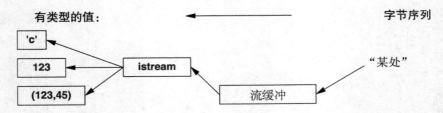

istream 和 **ostream** 上的操作将在 11.2 节和 11.3 节介绍。这些操作都是类型安全且类型敏感的，都能扩展用以处理用户自定义类型（11.5 节）。

其他形式的用户交互（比如图形化 I/O）是通过相应的库来进行处理的。这些库并不是 ISO 标准库的一部分，因此本书并未涉及。

标准库流可用于二进制 I/O、用于不同字符类型、用于不同区域设置，也可使用高级缓冲策略，但这些主题已经超出了本书的讨论范围。

流可以用来往标准库 **string** 中输入和输出数据（11.3 节），或者往 **string** 缓冲区（11.7.3 节）写入格式化数据，或者往内存区域写入（11.7.4 节），也可以用于文件 I/O（11.9 节）。

输入输出流都拥有析构函数，可用于释放所拥有的资源（比如缓冲区以及文件句柄）。它们是*资源获取即初始化*（RAII，6.3 节）的示例。

11.2 输出

在 **<ostream>** 中，I/O 流库为所有内置类型都定义了输出操作。而且，为用户自定义类型定义输出操作也很简单（11.5 节）。**<<**（放到）是输出操作符，作用于 **ostream** 类型的对象。

cout 是标准输出流，**cerr** 是报告错误的标准流。默认情况下，写到 **cout** 的值被转换为一个字符序列。例如，为了输出十进制数 **10**，可编写如下函数：

```
cout << 10;
```

此代码将字符 **1** 放到标准输出流中，接着又放入字符 **0**。

另一种等价的写法是：

```
int x {10};
cout << x;
```

不同类型值的输出可以用一种很直观的方式组合在一起：

```
void h(int i)
{
    cout << "the value of i is ";
    cout << i;
    cout << '\n';
}
```

调用 **h(10)** 会输出：

```
the value of i is 10
```

如果像上面这样输出多个相关的项，你肯定很快就厌倦了不断重复输出流的名字。幸运的是，输出表达式的结果是输出流的引用，因此可用来继续进行输出，例如：

```
void h2(int i)
{
    cout << "the value of i is " << i << '\n';
}
```

h2() 的输出结果与 **h()** 完全一样。

字符常量就是被单引号包围的一个字符。注意，输出一个字符的结果就是其字符形式，而不是其数值。例如：

```
int b = 'b'; // 注意：char 隐式转化为 int
char c = 'c';
cout << 'a' << b << c;
```

字符 **'b'** 的整数值是 **98**（C++实现中使用的 ASCII 编码值），因此这个函数的输出结果为 **a98c**。

11.3 输入

在 **<istream>** 中，标准库提供了 **istream** 来实现输入。与 **ostream** 类似，**istream** 处理内置类型的字符串表示形式，并能很容易地扩展到对用户自定义类型的支持。

操作符 **>>**（获取）实现输入功能；**cin** 是标准输入流。**>>** 右侧的操作对象决定了输入什么类型的值，以及输入的值被保存在哪里。例如：

```
int i;
cin >> i;                // 将整数读入 i 中

double d;
cin >> d;                // 将双精度浮点数读入 d 中
```

这段代码从标准输入读取一个数，如 **1234**，保存在整型变量 **i** 中。然后读取一个浮点数，如 **12.34e5**，保存在双精度浮点型变量 **d** 中。

类似输出操作，输入操作也可以链接起来，所以也可以写成下面这样：

```
int i;
double d;
cin >> i >> d;           // 读入 i 和 d 中
```

这两段代码执行的时候都是在读到非数字字符时终止整型数的读取。默认情况下，**>>** 会跳过起始的空白符，因此一个恰当的完整输入序列可能是这样的：

```
1234
12.34e5
```

我们常常要读取字符序列，最简单的方法是读入 **string** 类型。例如：

```
cout << "Please enter your name\n";
string str;
cin >> str;
cout << "Hello, " << str << "!\n";
```

如果你输入 **Eric**，程序将回应：

```
Hello, Eric!
```

默认情况下，空白符（如空格或换行）会终止输入。因此，如果你输入 **Eric Bloodaxe** 冒充不幸的约克王，程序的回应仍会是：

```
Hello, Eric!
```

可以用函数 **getline()** 来读取一整行（包括结束的换行符），例如：

```
cout << "Please enter your name\n";
string str;
getline(cin,str);
cout << "Hello, " << str << "!\n";
```

运行这个程序，再输入 **Eric Bloodaxe** 就会得到想要的输出：

Hello, Eric Bloodaxe!

行尾的换行符被丢掉了，因此接下来从 **cin** 的输入会从下一行开始。

使用格式化 I/O 操作通常不那么容易出错，且更有效率，并且比逐个操作字符的代码量更少。特别地，**istream** 会处理好内存管理及范围检查。我们可以从字符串流（11.7.3 节）及内存流（11.7.4 节）写入或读出格式化的内容。

标准库字符串有一个很好的性质——可以自动扩充空间来容纳你存入的内容。这样，你就无须预先计算所需的最大空间。因此，即使你输入几兆字节的分号，上述程序也能正确执行，回应给你一页页的分号。

11.4 I/O 状态

每个 **iostream** 都有状态，我们可以通过检查此状态来判断流操作是否成功。流状态最常见的应用是读取值序列：

```
vector<int> read_ints(istream& is)
{
    vector<int> res;
    for (int i; is>>i; )
        res.push_back(i);
    return res;
}
```

这段代码从 **is** 读取整型值，直至遇到非整型值的内容（通常是输入结束）。这段代码的关键是，**is>>i** 操作返回一个指向 **is** 的引用，而检测一个 **iostream** 对象（如 **is**）的结果为 **true** 的话，表示流已经准备好进行下一个操作。

一般来说，I/O 状态包含了读写所需的所有信息，例如，格式化信息（11.6.2 节）、错误状态（如输入是否已结束），以及使用了何种缓冲等。特别是，用户可以人为设置状态来表示发生了错误（11.5 节）或者在错误不严重的情况下人为清除状态。例如，想象我们要读取一个

整数序列 **read_ints()**，它接受特定的结束符字符串：

```
vector<int> read_ints(istream& is, const string& terminator)
{
    vector<int> res;
    for (int i; is >> i; )
        res.push_back(i);
    if (is.eof())               // 很好，文件结束
        return res;
    if (is.fail()) {            // 没能读到 int，它是不是结束符？
        is.clear();             // 把状态重置为 good()
        string s;
        if (is>>s && s==terminator)
            return res;
        is.setstate(ios_base::failbit); // 将 is 的状态设置为 fail()
    }
    return res;
}
auto v = read_ints(cin,"stop");
```

11.5 用户自定义类型的 I/O

除了支持内置类型和标准库 **string** 的 I/O，**iostream** 库还允许程序员为自己的类型定义 I/O 操作。例如，考虑一个简单的类型 Entry，我们用它来表示电话簿中的一项：

```
struct Entry {
    string name;
    int number;
};
```

我们可以定义一个简单的输出操作符，以类似初始化代码的形式**{"name",number}**来打印一个 **Entry**：

```
ostream& operator<<(ostream& os, const Entry& e)
{
    return os << "{\"" << e.name << "\", " << e.number << "}";
}
```

一个用户自定义的输出操作符接受它的输出流（通过引用）作为第一个参数，输出完毕后，返回此流的引用。

对应的输入操作符要复杂得多，因为它必须检查格式是否正确并处理错误：

```
istream& operator>>(istream& is, Entry& e)
    // 读取 { "name" , number } 对。注意，使用 { " " 和 } 来格式化
{
    char c, c2;
    if (is>>c && c=='{' && is>>c2 && c2=='"') {   // 以 { 开头，紧接着 "
        string name;                               // string 的默认值是空串: ""
        while (is.get(c) && c!='"')                // 在"之前的内容是 name 的一部分
            name+=c;

        if (is>>c && c==',') {
            int number = 0;
            if (is>>number>>c && c=='}') {          // 读入数字及 } 符号
                e = {name,number};                  // 赋值给一项
                return is;
            }
        }
    }

    is.setstate(ios_base::failbit);                 // 注册流中的失败
    return is;
}
```

　　输入操作返回它所操作的 **istream** 对象的引用，它可用来检测操作是否成功。例如，当用作条件时，**is>>c** 表示"我们从 **is** 读取数据存入 **c** 的操作是否成功了？"

　　is>>c 默认跳过空白符，而 **get(c)** 则不会，因此，上面的 **Entry** 的输入操作符忽略（跳过）名字字符串外围的空白符，但不会忽略其内部的空白符。例如：

```
{ "John Marwood Cleese", 123456 }
{"Michael Edward Palin", 987654}
```

我们可以用下面的代码从输入流读取这样的值对，存入 **Entry** 对象中：

```
for (Entry ee; cin>>ee; )      // 从 cin 读入 ee
    cout << ee << '\n';        // 将 ee 输出 cout
```

则输出为：

```
{"John Marwood Cleese", 123456}
{"Michael Edward Palin", 987654}
```

请参考 10.4 节，其中介绍了在字符流中识别模式的更系统的方法（正则表达式）。

11.6　输出格式化

　　iostream 库和 **format** 库提供了很多操作来控制输入输出的格式。其中 **iostream** 与 C++语

言的历史一样悠久，它聚焦于格式化算术数字组成的流。而 **format** 库（11.6.2 节）则比较新，它在 C++20 中提供，主要聚焦于用 **printf()**风格（11.8 节）的规格来格式化各种数值的组合。

输出格式化也同样提供对 **unicode** 的支持，但那不在本书的讨论范围。

11.6.1　流式格式化

最简单的格式化控制方式就是使用格式控制符（manipulator），它们被定义在**<ios>**、**<istream>**、**<ostream>**和**<iomanip>**（接受参数的格式控制符）中。例如，我们能以十进制（默认格式）、八进制或十六进制格式输出整数：

```
// 输出 1234 4d2 2322 1234
cout << 1234 << ' ' << hex << 1234 << ' ' << oct << 1234 << dec << 1234 <<
'\n';
```

还可以显式设置浮点数的输出格式：

```
constexpr double d = 123.456;
cout << d << "; "              // d使用默认格式
     << scientific << d << "; " // d使用 1.123e2 风格格式
     << hexfloat << d << "; "   // d使用十六进制记法
     << fixed << d << "; "      // d使用 123.456 风格格式
     << defaultfloat << d << '\n'; // d使用默认格式
```

这段代码会输出：

```
123.456; 1.234560e+002; 0x1.edd2f2p+6; 123.456000; 123.456
```

精度是在显示浮点数时用来确定数字位数的一个整数：

- 通用格式（**defaultfloat**）会根据可用空间的大小选择能最好地显示给定值的格式。精度指出最多显示多少位数字。
- 科学记数法（**scientific**）在小数点前显示一位数字，并显示一个指数。精度指出在小数点后最多显示多少位数字。
- 定点格式（**fixed**）显示整数部分、小数点和小数部分。精度指出在小数点后最多显示多少位数字。

浮点值在显示时会进行四舍五入而不是简单截断，而 **precision()**不会影响整数输出。例如：

```
cout.precision(8);
cout << "precision(8): " << 1234.56789 << ' ' << 1234.56789 << ' ' << 123456 << '\n';
```

```
cout.precision(4);
cout << "precision(4): " << 1234.56789 << ' ' << 1234.56789 << ' ' << 123456 << '\n';
cout << 1234.56789 << '\n';
```

输出结果为：

```
precision(8): 1234.5679 1234.5679 123456
precision(4): 1235 1235 123456
1235
```

这些浮点格式控制符都是"黏性的"；即在后续的浮点值输出中会一直有效（直至新格式控制符改变其格式）。这也意味着，它主要是为了流式格式化一系列的值而设计的。

我们还可以指定要放置数字的字段的大小，及其在该字段中的对齐方式。

除了基本数字，**<<** 也可以用于处理时间与日期：**duration**、**time_point**、**year_month_date**、**weekday**、**month** 以及 **zoned_time**（16.2 节）。例如：

```
cout << "birthday: " << November/28/2021 << '\n';
cout << << "zt: " << zoned_time{current_zone(), system_clock::now()} << '\n';
```

这会输出：

```
birthday: 2021-11-28
zt: 2021-12-05 11:03:13.5945638 EST
```

标准库也同样定义了用于其他类型的 **<<** 操作符，比如用于 **complex** 数字、**bitset**（15.3.2 节）、错误代码、指针等类型。流式 I/O 可以被扩展，所以我们可以为自定义类型定义自己的 **<<** 操作符（11.5 节）。

11.6.2　printf()风格的格式化

很多人坚信，**printf()** 是 C 语言中最受欢迎的函数，也是 C 语言成功的重要因素。例如：

```
printf("an int %g and a string '%s'\n",123,"Hello!");
```

类似这样"格式化字符串后面紧跟一系列参数"的风格，从 BCPL 时代就被 C 语言采纳，而且被非常多的语言追随。自然，**printf()** 也一直都是 C++标准库的一部分，但它缺少类型安全，也缺少扩展性，不能方便地处理用户自定义类型。

在 **<format>** 中，标准库提供了类型安全但不可扩展的 **printf()** 风格的格式化机制。这个机制的核心函数是 **format()** 函数，其返回 **string** 类型：

```
string s = format("Hello, {}\n", val);
```

格式化字符串中的"普通字符"会被原样放到输出 **string** 中。格式化字符串中用 **{** 和 **}** 分割的部分指定了后续的参数以何种方式插入 **string**。最简单的格式化字符串是空串，**{}**，它会把参数列表中的下一个参数直接以默认**<<**操作符的方式输出。所以，如果 **val** 的值为**"World"**，我们得到了一句标志性的话语**"Hello, World\n"**。如果 **val** 是 **127**，输出则为**"Hello, 127\n"**。

format()的最常见用法是直接输出它的结果：

```
cout << format("Hello, {}\n", val);
```

要想搞清楚它的用法，我们重写一下 11.6.1 节中的例子：

```
cout << format("{} {:x} {:o} {:d} {:b}\n", 1234,1234,1234,1234,1234);
```

这样输出的结果与 11.6.1 节中的相同，唯一的例外是，我增加了 **b** 用来表达二进制，**ostream** 并不直接支持它：

```
1234 4d2 2322 1234 10011010010
```

格式设置指令前面有一个冒号。整数格式的替代项是 **x**，表示十六进制，**o** 表示八进制，**d** 表示十进制，**b** 表示二进制。

在默认情况下，**format()**按照顺序处理参数，我们也可以任意指定顺序，例如：

```
cout << format("{3:} {1:x} {2:o} {0:b}\n", 000, 111, 222, 333);
```

这会输出 **333 6f 336 0**。冒号前面的数字是想要传递格式化参数的顺序。为了维持最佳的 C++风格，数字从零开始。顺序指定机制也允许我们多次使用同一个参数：

```
// 默认，十六进制，八进制，十进制，二进制
cout << format("{0:} {0:x} {0:o} {0:d} {0:b}\n", 1234);
```

乱序放置参数的能力非常重要，处理不同的自然语言消息的程序员们会很感激它。

浮点数的格式化与 **ostream** 一致：**e** 表示科学记数法，**a** 表示十六进制浮点数，**f** 表示定点，**g** 表示默认。例如：

```
// 默认，科学记数法，十六进制浮点数，定点，默认
cout << format("{0:}; {0:e}; {0:a}; {0:f}; {0:g}\n",123.456);
```

输出的结果与 **ostream** 基本相同，除了十六进制浮点数开头没有 **0x** 前缀：

```
123.456; 1.234560e+002; 1.edd2f2p+6; 123.456000; 123.456
```

点号开头表示精度指示：

```
cout << format("precision(8): {:.8} {} {}\n", 1234.56789, 1234.56789, 123456);
cout << format("precision(4): {:.4} {} {}\n", 1234.56789, 1234.56789, 123456);
cout << format("{}\n", 1234.56789);
```

与流式输出不同，**format** 指示符并不具有黏性，所以上述代码输出为：

```
precision(8): 1234.5679 1234.56789 123456
precision(4): 1235 1234.56789 123456
1234.56789
```

与流格式化方式一样，我们还可以指定要放置数字的字段的大小及其在该字段中的对齐方式。

类似地，**format()** 也可以处理时间与日期（16.2.2 节）。例如：

```
cout << format("birthday: {}\n",November/28/2021);
cout << format("zt: {}", zoned_time{current_zone(), system_clock::now()});
```

像通常一样，默认的值的格式化与流式输出的格式化等价。但 **format()** 提供了一种迷你语言，包含大约 **60** 种格式化描述符，允许非常详细地控制数字与日期。例如：

```
auto ymd = 2021y/March/30 ;
cout << format("ymd: {3:%A},{1:} {2:%B},{0:}\n", ymd.year(), ymd.month(),
    ymd.day(), weekday(ymd));
```

这会产生：

```
ymd: Tuesday, March 30, 2021
```

所有时间与日期的格式化字符串都以 **%** 开头。

大量格式化描述符带来的灵活性固然重要，但也带来了很多犯错的可能。某些描述符存在可选或者与本地语言相关的语义。如果在运行时发生了格式化错误，会抛出 **format_error** 异常。例如：

```
string ss = format("{:%F}", 2);      // 错误：参数不匹配；可能在编译时捕获
string sss = format("{%F}", 2);      // 错误：无效的格式；可能在编译时捕获
```

到目前为止，我们举的例子具备常量格式，因此可以在编译时检查。作为补充，函数 **vformat()** 接受变量作为格式，这更加灵活，也更容易在运行时报错：

```
string fmt = "{}";
```

```
cout << vformat(fmt, make_format_args(2)); // 可行
fmt = "{:%F}";
cout << vformat(fmt, make_format_args(2)); // 错误：格式与参数不匹配；在运行时捕获
```

最后，格式化程序也可以直接将结果写入由迭代器定义的缓冲。例如：

```
string buf;
format_to(back_inserter(buf), "迭代器：{} {}\n", "Hi! ", 2022);
cout << buf; // 迭代器：Hi! 2022
```

如果直接使用流的缓冲区或将缓冲区用于其他输出设备，可能会更加满足性能需要。

11.7 流

标准库直接支持下面这些流。

- 标准流：附加到系统标准输入输出流的流（11.7.1 节）。
- 文件流：附加到文件的流（11.7.2 节）。
- 字符串流：附加到字符串的流（11.7.3 节）。
- 内存流：附加到指定内存空间的流（11.7.4 节）。
- 同步流：在多线程使用时避免数据竞争的流（11.7.5 节）。

除此之外，还可以定义自己的流，比如附加到通信信道的流。

流不可以被拷贝（复制），所以只能使用引用传递。

标准库流都是模板，参数为其字符类型。这里我使用的版本选择了 **char** 作为字符类型。例如，**ostream** 属于 **basic_ostream<char>**类型的实例。对每个这样的流，标准库也同时提供了 **wchar_t** 的宽字符版本。例如，**wostream** 就是 **basic_ostream<wchar_t>**类型的实例。宽字符流也可以被用于 **unicode** 字符。

11.7.1 标准流

标准流如下所示。

- **cout** 用于"普通输出"。
- **cerr** 用于无缓冲的"错误输出"。
- **clog** 用于有缓冲的"日志输出"。
- **cin** 用于标准输入。

11.7.2 文件流

在<fstream>中，标准库提供了从文件读取数据及向文件写入数据的流：

- **ifstream** 用于从文件读取数据。
- **ofstream** 用于向文件写入数据。
- **fstream** 用于读写文件。

例如：

```
ofstream ofs {"target"}; // 字母 "o" 表示 "output" 输出
if (!ofs)
    error("couldn't open 'target' for writing");
```

通常通过检查流的状态来检测文件流是否被正确打开：

```
ifstream ifs {"source"}; // 字母 "i" 表示输入
if (!ifs)
    error("couldn't open 'source' for reading");
```

假定检测成功，**ofs** 就可以像普通 **ostream** 那样被使用（就像 **cout**），**ifs** 就可以像普通 **istream** 那样被使用（就像 **cin**）。

我们可以在文件中进行定位，还可以对文件打开方式进行更细致的控制，但这些内容超出了本书的讨论范围。

有关文件名的组成和文件系统的操作，请参见 11.9 节。

11.7.3 字符串流

在<sstream>中，标准库提供了从 **string** 读取数据及向 **string** 写入数据的流：

- **istringstream** 用于从 **string** 读取数据。
- **ostringstream** 用于向 **string** 写入数据。
- **stringstream** 用于读写 **string**。

例如：

```
void test()
{
    ostringstream oss;

    oss << "{temperature," << scientific << 123.4567890 << "}";
    cout << oss.view() << '\n';
}
```

ostringstream 中的内容可以通过调用 **str()**函数（返回 **string** 类型的拷贝）或者 **view()** 函数（返回 **string_view**）来获取。**ostringstream** 的一个最常见用途是先通过它对输出内容进行格式化，然后再将得到的字符串输出到 GUI。与此类似，我们可以将从 GUI 接收到的字符串放入 **istringstream** 中，然后通过它进行格式化输入（11.3 节）。

stringstream 既可用于读，也可用于写。例如，我们可以定义一个操作，在两种都有字符串表示的类型间进行转换：

```
template<typename Target =string, typename Source =string>
Target to(Source arg)                    // 将 Source 转化为 Target
{
    stringstream buf;
    Target result;

    if (!(buf << arg)               // 将 arg 写入到流
        || !(buf >> result)         // 从流读入 result
        || !(buf >> std::ws).eof()) // 流中还有其他东西吗？
        throw runtime_error{"to<>() failed"};

    return result;
}
```

只有当函数模板实参无法被推断出来，或是没有默认值时，才需要显式指定它，因此可以编写下面的代码：

```
auto x1 = to<string,double>(1.2);   // 完全显式的（但也是啰唆的）
auto x2 = to<string>(1.2);          // Source 被推断为 double
auto x3 = to<>(1.2);    // Target 默认为 string 类型的；Source 被推断为 double 类型的
auto x4 = to(1.2); // <>是冗余的；Target 默认为 string 类型的；Source 被推断为 double 类型的
```

如果所有函数模板实参都使用默认值，则 **<>** 可以省略。

我认为这是一个很好的例子，展示了通过组合语言特性和标准库的工具及方法来实现代码的通用性和易用性。

11.7.4　内存流

从早期的 C++开始，就有由用户设计的内存流，这样可以直接通过流来读写内存。这类流的最古老实例，比如 **strstream**，数十年前就已经被废弃了，而它们的替代品 **spanstream**、**ispanstream**，以及 **ospanstream**，在 C++23 之前还没有成为官方标准。虽然如此，但它们已经被广泛使用，你可以试试你的 C++实现是否支持它们，或者自行搜索 GitHub 以寻找第三方实现。

ospanstream 的行为与 **ostringstream**（11.7.3 节）差不多，初始化的方法也基本一致，除

了 **ospanstream** 可接受 **span** 而不是 **string** 作为参数。例如：

```
void user(int arg)
{
    array<char,128> buf;
    ospanstream ss(buf);
    ss << "write " << arg << " to memory\n";
    // ...
}
```

如果尝试将目标缓冲写溢出，那么目标的状态将会变为 **failure**（11.4 节）。

类似地，**ispanstream** 与 **istringstream** 也很类似。

11.7.5　同步流

在多线程系统中，I/O 可能变得不可靠，除非：

- 只有一个 **thread** 在使用流。
- 访问流的操作进行了同步，以确保同一时刻只有一个 **thread** 获得访问权。

osyncstream 类型保证了一系列的输出操作都可以完成，而且结果符合预期，即便有其他 **thread** 试图写入。举例说明：

```
void unsafe(int x, string& s)
{
    cout << x;
    cout << s;
}
```

不同的 **thread** 可能引发数据竞争（18.2 节），最终导致奇怪的输出。**osyncstream** 类型可以用来避免这种情况：

```
void safer(int x, string& s)
{
    osyncstream oss(cout);
    oss << x;
    oss << s;
}
```

其他 **thread** 同时使用 **osyncstream** 时，不会互相影响。但如果其他 **thread** 直接使用 **cout**，则会造成影响，因而，要么所有线程都统一使用 **ostringstream**，要么确保只有单一 **thread** 产生输出到输出流。

多线程同步需要一些技巧，因此请特别注意（第 18 章）。只要可能，就应当避免数据在 **thread** 之间共享。

11.8　C 风格的 I/O

C++标准库还支持 C 标准库的 I/O，这包含 **printf()** 及 **scanf()**。很多对于这个库的调用从类型安全的角度来看并不安全，所以我不建议使用它。典型的问题是，它很难同时保证安全性与输入便利性，而且它并不支持用户自定义类型。

如果你不使用 C 风格的 I/O 并且在意 I/O 性能，可调用

ios_base::sync_with_stdio(false);　　　　**//** 避免显著开销

不使用这个调用的话，标准的 **iostream**（例如，**cin** 与 **cout**）会被 C 风格的 I/O 的兼容性严重影响性能。

如果你喜欢 **printf()**风格的格式化输出，可以使用 **format**（11.6.2 节）；它类型安全、易用，而且灵活迅速。

11.9　文件系统

大多数系统都有文件系统的概念，提供对存储为文件的永久信息的访问。不幸的是，文件系统的属性和操作它们的方式差异很大。为了解决这个问题，文件系统库**<filesystem>**为大多数文件系统的大多数工具提供了统一的接口。使用**<filesystem>**，我们能以可移植的方式实现：

- 表达文件系统路径，并且在文件系统中导航。
- 检查文件类型及其附加的权限许可。

文件系统库可以处理 **unicode**，但具体的细节超出了本书要讨论的范畴。我推荐参考cppreference [Cppreference] 以及 Boost 文件系统的文档 [Boost] 来获取更详尽的信息。

11.9.1　路径

考虑一个例子：

```
path f = "dir/hypothetical.cpp";        // 给文件命名

assert(exists(f));                       // f必须存在

if (is_regular_file(f))                  // f是普通文件吗?
    cout << f << " is a file; its size is " << file_size(f) << '\n';
```

请注意，操作文件系统的程序通常与其他程序一起在计算机中运行。因而，在两个命令之间，文件系统的内容可以发生变化。例如，即使我们首先小心翼翼地断言 **f** 存在，但在下一行时，如果我们询问 **f** 是否是一个常规文件，这可能不再为真。

path 是一个非常复杂的类，有能力处理各种各样的字符集，并且能在不同类型的操作系统中进行不同的转换。特别地，它可以处理从 main() 函数输入的来自命令行的参数，例如：

```
int main(int argc, char* argv[])
{
    if (argc < 2) {
        cerr << "arguments expected\n";
        return 1;
    }

    path p {argv[1]};                      // 从命令行构造一个 path

    cout << p << " " << exists(p) << '\n'; // 注意，path 可以像字符串一般被打印输出
    // ...
}
```

path 直到使用时才被检查其有效性。而这个有效性检查，依赖于当时所运行的操作系统。

显然，path 可以用于打开文件：

```
void use(path p)
{
    ofstream f {p};
    if (!f) error("bad file name: ", p);
    f << "Hello, file!";
}
```

除 path 以外，<filesystem> 还提供了用于遍历目录及查询文件属性的类，如下表所示。

文件系统类型（部分）	
path	目录路径
filesystem_error	文件系统异常
directory_entry	目录项
directory_iterator	用于遍历目录
recursive_directory_iterator	用于遍历目录及其子目录

考虑一个简单但不现实的例子：

```
void print_directory(path p)        // 打印路径 p 中所有的文件名
try
{
    if (is_directory(p)) {
        cout << p << ":\n";
        for (const directory_entry& x : directory_iterator{p})
            cout << " " << x.path() << '\n';
    }
```

```
    }
    catch (const filesystem_error& ex) {
        cerr << ex.what() << '\n';
    }
```

字符串可以被隐式转化为 **path** 类型，所以可以像下面这样使用 **print_directory**：

```
void use()
{
    print_directory(".");           // 当前目录
    print_directory("..");          // 上级目录
    print_directory("/");           // UNIX 根目录
    print_directory("c:");          // Windows 中的 C 盘

    for (string s; cin>>s; )
        print_directory(s);
}
```

如果想同时遍历子目录，可以选择使用 **recursive_directory_iterator{p}**。如果想以字典顺序输出目录项，那可以把这些 **path** 拷贝进 **vector**，然后在打印之前排序。

path 类提供了很多有用的公共操作，如下表所示。

path操作（部分） p和p2是path类型的	
value_type	符合文件系统自然编码的字符类型：POSIX系统为char，Windows为wchar_t
string_type	std::basic_string<value_type>
const_iterator	const双向迭代器，其中迭代器的元素类型value_type为path
iterator	const_iterator的别名
p=p2	将p2赋值给p
p/=p2	p与p2使用文件名分隔符连接（默认使用/符号）
p+=p2	p与p2直接连接（不使用分隔符）
s=p.native()	获得有关p的原生字符格式的引用
s=p.string()	获得p转化为原生string
s=p.generic_string()	获得p转化为通用格式string
p2=p.filename()	获得p的文件名部分
p2=p.stem()	获得p的茎部分（文件名去掉扩展名以外的部分）
p2=p.extension()	获得p的扩展名
i=p.begin()	获得p的begin()迭代器
i= p.end()	获得p的end()迭代器
p==p2, p!=p2	对p与p2进行相等性与不等性比较
p<p2, p<=p2, p>p2, p>=p2	词典排序比较
is>>p, os<<p	p的流式输入输出
u8path(s)	从UTF-8编码的来源s中生成path

例如：

```
void test(path p)
{
    if (is_directory(p)) {
        cout << p << ":\n";
        for (const directory_entry& x : directory_iterator(p)) {
        const path& f = x; // 指向目录项的路径部分
        if (f.extension() == ".exe")
            cout << f.stem() << " is a Windows executable\n";
        else {
            string n = f.extension().string();
            if (n == ".cpp" || n == ".C" || n == ".cxx")
                cout << f.stem() << " is a C++ source file\n";
            }
        }
    }
}
```

我们把 **path** 当成一个字符串（也就是 **f.extension**），这样就可以从 **path** 中解析各种各样的类型（例如，**f.extension().string()**）。

命名约定、自然语言和字符串编码都非常复杂。标准库的文件系统抽象提供了巨大的简化及可移植性。

11.9.2　文件和目录

文件系统提供了许多操作，自然地，不同的操作系统提供不同的操作集。标准库提供了一些可以在各种系统上合理实现的操作。

文件系统操作（部分）	
p、p1和p2都是**path**类型的；**e**是**error_code**类型的；**b**是布尔类型的，表示成功或者失败	
exists(p)	p是否指向存在的文件系统对象
copy(p1,p2)	从p1向p2复制文件或者目录；通过抛出异常来报错
copy(p1,p2,e)	复制文件或者目录，通过错误代码来报错
b=copy_file(p1,p2)	将p1的文件内容复制到p2；通过抛出异常来报错
b=create_directory(p)	创建名为p的新目录；所有需要创建p的中间目录必须已经存在
b=create_directories(p)	创建名为p的新目录；并自动创建为了p存在而必须创建的中间目录
p=current_path()	p是当前工作目录
current_path(p)	将当前工作目录变为p
s=file_size(p)	s是p指向文件的字节数
b=remove(p)	如果p是文件或者空目录，删除之

许多操作具有需要额外参数的重载形态，例如，可以增加操作系统权限描述字参数。与这相关的处理超出了本书的讨论范围，你可以在需要的时候去查询相关内容。

与 **copy()** 类似，所有的操作都有两个版本：

- 基本版本在上述表格中列出，比如 **exists(p)**。操作失败时，这个函数会抛出 **filesystem_error** 异常。
- 额外附加了 **error_code** 参数的版本，例如 **exists(p, e)**。要想检查操作是否成功，需要手动检查 **e** 的值。

当预计操作在正常使用中经常失败时，我们使用错误代码，当错误被认为是异常时，我们使用抛出操作。

通常，使用查询函数是检查文件属性的最简单、最直接的方法。**<filesystem>** 库可以识别一些常见类别的文件，并把其他文件标注为"其他类型"。常见的文件类别如下表所示。

文件类型	
f是path类型或者file_status类型的	
is_block_file(f)	**f**是块设备吗
is_character_file(f)	**f**是字符设备吗
is_directory(f)	**f**是目录吗
is_empty(f)	**f**是空文件或者目录吗
is_fifo(f)	**f**是命名管道吗
is_other(f)	**f**是其他类型的文件吗
is_regular_file(f)	**f**是普通文件吗
is_socket(f)	**f**是命名跨进程通信socket吗
is_symlink(f)	**f**是符号连接吗
status_known(f)	**f**是未知状态吗

11.10　建议

[1]　**iostream** 是类型安全、类型敏感且易扩展的；11.1 节。

[2]　只有在必要时才使用字符级输入；11.3 节；[CG: SL.io.1]。

[3]　当读取输入数据时，总是要考虑格式不正确的输入；11.3 节；[CG: SL.io.2]。

[4]　避免 **endl**（如果你不知道 **endl** 是什么，你就没有错过任何东西）；[CG: SL.io.50]。

[5]　如果用户自定义的类型存在有意义的文本表示形式，我们可以为它重载 **<<** 和 **>>** 操作符；11.1 节，11.2 节，11.3 节。

[6] **cout** 用于标准输出，**cerr** 用于报告错误；11.1 节。

[7] 标准库提供了用于普通字符和宽字符的 **iostream**，你可以为任何字符类型定义 **iostream**；11.1 节。

[8] 标准库支持二进制 I/O；11.1 节。

[9] 标准库提供了用于标准输入输出流、文件流和 **string** 流的标准 **iostream**；11.2 节，11.3 节，11.7.2 节，11.7.3 节。

[10] 将**<<**操作链接起来可以简化输出语句；11.2 节。

[11] 将**>>**操作链接起来可以简化输入语句；11.3 节。

[12] 往 **string** 中输入不会导致溢出；11.3 节。

[13] 默认情况下，**>>**会跳过起始空白符；11.3 节。

[14] 使用流状态 **fail** 可处理可恢复的 I/O 错误；11.4 节。

[15] 可以为自己的类型定义**<<**和**>>**操作符；11.5 节。

[16] 无须修改 **istream** 或者 **ostream** 来添加新的**<<**和**>>**操作符；11.5 节。

[17] 使用格式控制符或者 **format()**控制格式化；11.6.1 节，11.6.2 节。

[18] **precision()**格式控制符对后续浮点输出操作一直有效；11.6.1 节。

[19] 浮点格式的格式控制符（如 **scientific**）对后续浮点输出操作一直有效；11.6.1 节。

[20] 当使用标准格式控制符时使用 **#include <ios>** 或者**<iostream>**；11.6 节。

[21] 流的格式化格式控制符是有"黏性的"，用于流中的多个值；11.6.1 节。

[22] 当使用接受参数的标准格式控制符时使用 **#include <iomanip>**；11.6 节。

[23] 可以以标准格式输出时间、日期等；11.6.1 节，11.6.2 节。

[24] 不要试图拷贝流，流只能移动不能拷贝；11.7 节。

[25] 在使用一个文件流之前，记得检查它是否被正确绑定到了文件上；11.7.2 节。

[26] 若在内存中进行格式化，使用 **stringstream** 或者内存流；11.7.3 节，11.7.4 节。

[27] 对任意两种类型，只要它们都有字符串表示形式，就可以为它们定义类型转换操作；11.7.3 节。

[28] C 风格的 I/O 不是类型安全的；11.8 节。

[29] 除非需要使用 **printf** 家族函数，否则请调用 **ios_base::sync_with_stdio(false)**；11.8 节；[CG: SL.io.10]。

[30] 倾向于使用**<filesystem>**，而不要直接使用特定平台的接口；11.9 节。

第 12 章
容器

它新颖、独一无二、简单，它必须成功！

——H. 尼尔森

- 引言
- **vector**
  元素；范围检查
- **list**
- **forward_list**
- **map**
- **unordered_map**
- 分配器
- 容器概述
- 建议

12.1 引言

大多数计算任务都会涉及创建值的集合，然后对这些集合进行操作。一个简单的例子是读取字符并存入 **string** 中，然后打印这个 **string**。如果一个类的主要目的是保存对象，那么我们通常称之为容器 container。对给定的任务提供合适的容器及其上有用的基本操作，是构建任何程序的重要步骤。

我们通过一个保存名字和电话号码的简单示例程序来介绍标准库容器。这个就是那种对不同背景的人都显得"简单而明显"的程序。在 11.5 节中，我们用 **Entry** 类来保存一个简单的电话簿条目。在本例中，我们特意忽略很多现实世界中的复杂因素，例如，现实中很多电话号码并不能用一个 32 位 **int** 来简单表示。

12.2 vector

最有用的标准库容器当属 **vector**（动态数组）。**vector** 就是一个给定类型元素的序列，元素在内存中是连续存储的。典型的 **vector** 实现（5.2.2 节、6.2 节）会包含一个句柄，保存指向首元素的指针，还会包含指向尾元素之后位置的指针以及指向所分配空间之后位置的指针（或者是等价的指针外加偏移量）（13.1 节）：

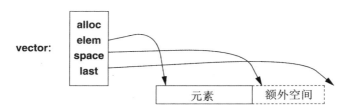

除了这些成员，**vector** 还会包含一个分配器（**alloc**），**vector** 通过分配器为自己的元素分配内存空间。默认的分配器使用 **new** 和 **delete** 分配和释放内存（12.7 节）。使用稍微先进一点儿的实现技术，就可以避免在 **vector** 对象中存储简单分配器的任何数据。

可以用一组值来初始化 **vector**，当然，值的类型必须与 **vector** 元素的类型吻合：

```
vector<Entry> phone_book = {
    {"David Hume",123456},
    {"Karl Popper",234567},
    {"Bertrand Arthur William Russell",345678}
};
```

可以通过下标操作符访问元素。假定我们对 **Entry** 定义了**<<**操作符，可以这样写：

```
void print_book(const vector<Entry>& book)
{
    for (int i = 0; i!=book.size(); ++i)
        cout << book[i] << '\n';
}
```

下标还是从 **0** 开始，因此 **book[0]** 保存的是 **David Hume** 的表项。**vector** 的成员函数 **size()** 返回元素的数目。

vector 的元素构成了一个范围，因此我们可以对其使用范围 **for** 语句（1.7 节）：

```
void print_book(const vector<Entry>& book)
{
    for (const auto& x : book)               // 关于 auto，可参见 1.4 节
        cout << x << '\n';
}
```

当我们定义一个 **vector** 时，可以给其设定初始尺寸（初始的元素数量）：

```
vector<int> v1 = {1, 2, 3, 4};              // 尺寸为 4
vector<string> v2;                           // 尺寸为 0
vector<Shape*> v3(23);                       // 尺寸为 23；元素初始值为 nullptr
vector<double> v4(32,9.9);                   // 尺寸为 32；元素初始值为 9.9
```

可以在一对圆括号中显式地给出 **vector** 的大小，如**(23)**。默认情况下，元素被初始化为其类型的默认值（例如，指针初始化为 **nullptr**，整数初始化为 **0**）。如果不想要默认值. 可以通过构造函数的第二个参数来指定一个值（例如，将 **v4** 的 **32** 个元素初始化为 **9.9**）。

我们定义 **vector** 时给定的初始尺寸，随着程序的执行可以改变。**vector** 最常用的一个操作就是 **push_back()**，它向 **vector** 末尾追加一个新元素，从而将 **vector** 的规模增大 **1**。例如，如果我们定义了 **Entry** 的**>>**操作符，就可以这样写：

```
void input()
{
    for (Entry e; cin>>e; )
        phone_book.push_back(e);
}
```

这段程序从标准输入读取 **Entry**，并保存到 **phone_book** 中，直至遇到输入结束标识（如文件尾）或是输入操作遇到格式错误。

标准库的 **vector** 经过了精心设计，即便不断调用 **push_back()**来扩展 **vector**，也不会影响效率。为了说明如何做到这一点，考虑精心设计的简单 **Vector** 类（参见第 5 章与第 7 章），它们使用了上页图中所示的存储方式：

```
template<typename T>
class Vector {
    allocator<T> alloc;      // T 类型元素的标准库分配器
    T* elem;                 // 指向首元素的指针
    T* space;                // 指向第一个未使用（且未初始化）位置的指针
    T* last;                 // 指向最后一个存储位置的指针
public:
    // ...
    int size() const { return space-elem; }      // 元素数量
```

```
    int capacity() const { return last-elem; }    // 元素的可用空间
    // ...
    void reserve(int newsz);                       // 将 capacity() 增长到新尺寸
    // ...
    void push_back(const T& t);                    // 将 t 拷贝到 Vector
    void push_back(T&& t);                         // 将 t 移动到 Vector
};
```

标准库 **vector** 有 **capacity()**、**reserve()** 和 **push_back()** 等几个成员。**vector** 的用户和它的其他成员都能使用 **reserve()** 来扩展空间以容纳更多元素。在此过程中，可能需要分配新的内存空间，并将现有元素拷贝到新空间中。当 **reserve()** 将元素移动到新的更大的区域后，所有指向原有元素的指针都会指向错误地址；它们必须标定为无效且不可被继续使用。

有了 **capacity()** 和 **reserve()**，实现 **push_back()** 就很简单了：

```
template<typename T>
void Vector<T>::push_back(const T& t)
{
    if (capacity()<=size())                   // 确保有空间能容纳 t
        reserve(size()==0?8:2*size());        // 将空间扩展一倍
    construct_at(space,t);                     // 将*space 初始化为 t（在指定位置构建）
    ++space;
}
```

这样，分配空间和迁移元素的频率就很低了。我原来习惯用 **reserve()** 来提高性能，但事实证明这是浪费精力：**vector** 所使用的启发式策略远好于我的估计。因此，我现在只有在使用元素指针时才用 **reserve()** 来避免迁移元素。

在赋值和初始化时，**vector** 可以被拷贝。例如：

```
vector<Entry> book2 = phone_book;
```

如 6.2 节所述，拷贝和移动 **vector** 是通过构造函数和赋值操作符实现的。**Vector** 在赋值过程中会拷贝其中的元素。因此，在 **book2** 初始化完成后，它和 **phone_book** 各自保存每个 **Entry** 的一份拷贝。当一个 **vector** 包含很多元素时，这样一个看起来无害的赋值或初始化操作可能非常耗时。当拷贝并非必要时，应该使用引用或指针（1.7 节）或是移动操作（6.2.2 节）。

标准库 **vector** 非常灵活且高效，应当将它作为默认容器。也就是说，除非有充分的理由使用其他容器，否则应使用 **vector**。如果你的理由是"效率"，请进行性能测试——我们在容器使用性能方面的直觉通常是很不可靠的。

12.2.1　元素

与所有标准库容器类似，**vector** 是某种类型 **T** 的元素的容器，即 **vector<T>** 。几乎任何类型都可以作为元素类型：内置数值类型（如，**char**、**int** 和 **double**）、用户自定义类型（如，**string**、**Entry**、**list<int>** 和 **Matrix<double, 2>**）及指针类型（如，**const char***、**Shape*** 和 **double***）。当你插入新元素时，它的值被拷贝到容器中。例如，当你将整型值 **7** 存入容器时，生成的元素确实就是值为 **7** 的整型对象，而不是指向某个包含 **7** 的对象的引用或指针。这样的策略促成了精巧、紧凑、访问快速的容器。对于在意内存大小和运行时性能的人，这非常关键。

如果你有一个类层次结构（5.5 节）依赖 **virtual** 函数获得多态性，那就不应在容器中直接保存对象，而应保存对象的指针（或智能指针，15.2.1 节）。例如：

```
vector<Shape> vs;            // 不正确，空间不足以容纳 Circle 或 Smiley 类型（5.5 节）
vector<Shape*> vps;          // 好一些，但请参见 5.5.3 节
vector<unique_ptr<Shape>> vups; // 可行
```

12.2.2　范围检查

标准库 **vector** 并不进行范围检查。例如：

```
void silly(vector<Entry>& book)
{
    int i = book[book.size()].number; // book.size()下标越界
    // ...
}
```

这个初始化操作有可能将某个随机值存入 **i** 中，而不是产生一个错误。这并不是我们所需要的，而这种越界错误又是常见的问题。因此，我通常使用 **vector** 的一个简单改进版本，它增加了范围检查：

```
template<typename T>
struct Vec : std::vector<T> {
    using vector<T>::vector;              // 使用 vector 的构造函数（但名字是 Vec）

    T& operator[](int i) { return vector<T>::at(i); }          // 范围检查
    const T& operator[](int i) const { return vector<T>::at(i); }
                                        // 常量版本的范围检查，参见 5.2.1 节

    auto begin() { return Checked_iter<vector<T>>{*this}; }    // 参见 13.1 节
    auto end() { return Checked_iter<vector<T>>{*this, vector<T>::end()}; }
};
```

Vec 继承了 vector 除下标操作符的所有内容，它重定义了下标操作符来进行范围检查。
vector 的 at()函数也可完成下标操作，但它会在参数越界时抛出一个类型为 out_of_range 的
异常（4.2 节）。

对 Vec 来说，越界访问会抛出一个用户可捕获的异常。例如：

```
void checked(Vec<Entry>& book)
{
    try {
        book[book.size()] = {"Joe",999999}; // 会抛出异常
        // ...
    }
    catch (out_of_range&) {
        cerr << "range error\n";
    }
}
```

这段程序会抛出一个异常，然后将其捕获（4.2 节）。如果用户不捕获异常，程序会以良
好定义的方式退出，而不是继续执行或是以未定义的方式失败。一种尽量减少未捕获异常带来
问题的方法是使用 try 块作为 main() 函数的函数体。例如：

```
int main()
try {
    // 你的代码
}
catch (out_of_range&) {
    cerr << "range error\n";
}
catch (...) {
    cerr << "unknown exception thrown\n";
}
```

这段代码提供了默认的异常处理程序，这样，当我们未能成功捕获某个异常时，就会进入默认
异常处理程序，在标准错误流 cerr（11.2 节）上打印一条错误信息。

为什么标准库不确保范围检查？因为很多性能关键型应用程序使用 vector，对所有下标
操作进行范围检查意味着要支出大约 10% 的性能开销。显然这个开销对于不同场景区别会很大，
比如当你使用的硬件、优化器，以及下标用法不同时开销都会不同。经验表明，这个级别的开
销会导致很多人倾向于使用相对不安全的内置数组。对范围检查附加的任何开销都可能导致人
们的潜在恐惧，从而拒绝使用标准库容器。现在，至少在调试阶段可以很容易地在 vector 上
实现范围检查，而且可以在无检查的默认版本之上构建出带检查的版本。

范围 **for** 语句可以通过隐式访问范围中的所有元素来零开销地避免所有的范围错误。只要参数是有效的，标准库算法就用同样的方式保证了在没有范围检查的情况下不出错。

还可以直接使用 **vector::at()** 替代下标访问，这样就不需要诸如 **Vec** 类这样的变通方案了。某些 C++ 实现提供了带范围检查功能的 **vector**（例如，作为一个编译选项），从而免去定义 **Vec**（或等价的类）的麻烦。

12.3　list

标准库提供了名为 **list** 的双向链表：

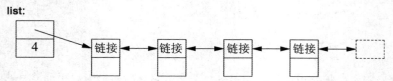

如果希望在一个序列中添加、删除元素而无须移动其他元素，则可以使用 **list** 。对电话簿应用而言，插入、删除操作可能很频繁，因此 **list** 适合保存简单电话簿。例如：

```
list<Entry> phone_book = {
    {"David Hume",123456},
    {"Karl Popper",234567},
    {"Bertrand Arthur William Russell",345678}
};
```

当我们使用链表时，通常并不是想要像使用动态数组那样使用它。也就是说，不用下标操作访问链表元素，而是想进行"在链表中搜索具有给定值的元素"这类操作。为了完成这样的操作，我们可以利用"**list** 是序列"这样一个事实，如第 13 章所述：

```
int get_number(const string& s)
{
    for (const auto& x : phone_book)
        if (x.name==s)
            return x.number;
    return 0;          // 使用 0 表示没找到指定 number
}
```

这段代码从链表头开始搜索 **s**，直至找到 **s** 或到达 **phone_book** 的末尾。

我们有时需要在 **list** 中定位一个元素。例如，我们可能想删除这个元素或是在这个元素之前插入一个新元素。为此，我们需要使用迭代器：**list** 迭代器指向 **list** 中的元素，可用来遍历 **list**（因此得名）。每个标准库容器都提供 **begin()** 和 **end()** 函数，分别返回一个指向首元素的迭代器和一个指向尾后位置的迭代器（13.1 节）。我们可以改写函数 **get_number()**，显式使用迭代器遍历 **list**（这个版本不够优雅）：

```
int get_number(const string& s)
{
    for (auto p = phone_book.begin(); p!=phone_book.end(); ++p)
        if (p->name==s)
            return p->number;
    return 0;              // 使用 0 表示没找到指定 number
}
```

范围 **for** 循环的版本更简练，也更不容易出错。实际上，迭代器版本就是编译器实现范围 **for** 循环的大致方式。给定一个迭代器 **p**，***p** 表示它所指向的元素，**++p** 令 **p** 指向下一个元素，而当 **p** 指向一个类且该类有一个成员 **m** 时，**p->m** 等价于 **(*p).m**。

向 **list** 中添加元素及从 **list** 中删除元素都很简单：

```
void f(const Entry& ee, list<Entry>::iterator p, list<Entry>::iterator q)
{
    phone_book.insert(p,ee);      // 将 ee 添加到 p 指向的元素之前
    phone_book.erase(q);          // 删除 q 指向的元素
}
```

对于 **list** 来说，**insert(p, elem)**将一个新元素插入 **p** 指向的元素之前，新元素的值是 **elem** 的一份拷贝。类似地，**erase(p)**从 **list** 中删除 **p** 指向的元素并销毁它。在这两个操作中，**p** 都可以是指向 **list** 尾后位置的迭代器。

上面这些 **list** 的例子都可以等价地写成使用 **vector** 的版本，而且令人惊讶的是（除非你了解机器的体系架构），**vector** 的性能经常会优于 **list**。当想要一个元素序列时，我们面临 **vector** 与 **list** 之间的选择。但除非你有充分的理由选择 **list**，否则就应该使用 **vector**。**vector** 无论是遍历（如，**find()**和 **count()**）性能还是排序和搜索（如，**sort()**和 **binary_search()**，13.5 节、15.3.3 节），性能都优于 **list**。

12.4　forward_list

标准库同时还提供单向链表，名叫 **forward_list**：

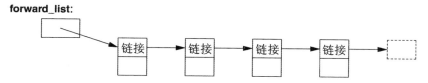

forward_list 与 list（双向链表）的区别仅仅是它只允许向前的迭代方向。这个设计的目的是节省空间，因为每个节点只需存储向前的指针链接，而且空 forward_list 的尺寸仅仅只有一个指针大小。forward_list 甚至不保存元素的个数。如果你需要知道元素的个数，得逐个遍历去数。如果你认为不能接受这个开销，那么你可能根本不应该使用 forward_list 类型。

12.5 map

编写程序在（名字，数值）对列表中查找给定名字是一项很烦人的工作。而且，除非列表很短，否则顺序搜索是非常低效的。标准库提供了名为 **map** 的平衡二分搜索树（通常是红黑树）：

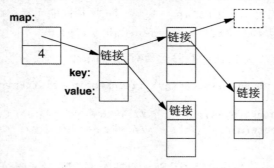

map 也被称为关联数组或字典。

标准库 **map** 是键值对的容器，经过特殊优化可提高搜索性能。我们可以像初始化 **vector** 和 **list** 那样初始化 **map**（12.2 节、12.3 节）：

```
map<string,int> phone_book {
    {"David Hume",123456},
    {"Karl Popper",234567},
    {"Bertrand Arthur William Russell",345678}
};
```

map 也支持下标操作，给定的下标值应该是 **map** 的第一个类型（称为关键字），得到的结果是与关键字关联的值（应该是 **map** 的第二个类型，称为值或映射类型）。例如：

```
int get_number(const string& s)
{
    return phone_book[s];
}
```

换句话说，对 **map** 进行下标操作本质上是进行一次搜索，称其为 **get_number()**。如果未找到 **key**，则向 **map** 插入一个新元素，它具有给定的 **key**，关联的值为 **value** 类型的默认值。

在本例中，整数类型的默认值是 **0**，恰好是我用来表示无效电话号码的值。

如果希望避免将无效号码添加到电话簿中，应该使用 **find()** 和 **insert()**（12.8 节）来代替**[ ]**。

12.6　unordered_map

搜索 **map** 的时间复杂度是 **O(log(**n**))**，n 是 **map** 中的元素数目。通常情况下，这样的性能非常好。例如，考虑包含 **100** 万个元素的 **map**，只需执行 **20** 次比较和间接寻址操作即可找到元素。在很多情况下，我们还可以做得更好，那就是使用哈希查找，而不是使用基于某种顺序比较函数的比较操作（如**<** ）。标准库哈希容器被称为"无序"容器，因为它们不需要顺序比较函数：

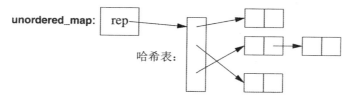

例如，可以使用 **<unordered_map>** 中定义的 **unordered_map** 来表示电话簿：

```
unordered_map<string,int> phone_book {
    {"David Hume",123456},
    {"Karl Popper",234567},
    {"Bertrand Arthur William Russell",345678}
};
```

类似 **map**，也可以对 **unordered_map** 使用下标操作：

```
int get_number(const string& s)
{
    return phone_book[s];
}
```

标准库为 **string** 及其他内置类型和标准库类型提供了默认的哈希函数。必要时，你可以定义自己的哈希函数。自定义哈希函数最常见的场景是当你需要用无序容器保存自定义类型的对象时。哈希函数通常以函数对象（7.3.2 节）的形式提供。例如：

```
struct Record {
    string name;
    int product_code;
    // ...
};
```

```
struct Rhash {                              // 为 Record 定义的哈希函数
    size_t operator()(const Record& r) const
    {
        return hash<string>()(r.name) ^ hash<int>()(r.product_code);
    }
};

unordered_set<Record,Rhash> my_set; // Record 集合用 Rhash 进行搜索
```

设计优秀的哈希函数是一门艺术，通常需要对所应用的数据具有深入的认识。相比之下，通过异或（^）组合现有的哈希函数常常更简单有效。当然，要注意确保所有的值都参与了哈希运算，从而可以帮助区分不同的元素。例如，除非你有多个名称共享相同产品编码（或者多个产品编码共享相同名称），否则将名称与产品编码组合在一起生成哈希并不能获得任何好处。

通过定义标准库 **hash** 的特殊形态，我们可以避免显式地传递 **hash** 的操作：

```
namespace std {                             // 为 Record 定义的哈希函数
    template<> struct hash<Record> {
        using argument_type = Record;
        using result_type = size_t;

        result_type operator()(const Record& r) const
        {
            return hash<string>()(r.name) ^ hash<int>()(r.product_code);
        }
    };
}
```

注意 **map** 与 **unordered_map** 之间的区别：

- **map** 类型需要顺序比较函数（默认为**<**操作符）来构建排序序列。
- **unordered_map** 类型需要相等性比较函数（默认为**==**操作符）；它不需要管理元素的顺序。

在给定了优秀的哈希函数的情况下，**unordered_map** 比 **map** 快很多，尤其是对于大型容器而言。但是，在最坏情况下的表现，配备了糟糕的哈希函数，**unordered_map** 可能远比 **map** 的性能要差。

12.7 分配器

默认情况下，标准库容器使用 **new** 来分配空间。**new** 与 **delete** 操作符提供了通用的自由存储（也叫动态存储或者堆），帮助保存任意尺寸的对象，以及维系用户控制的生命周期。这隐含了在特殊情况下可以消除时间与空间开销。因而，对于特定情形，标准库容器提供了安装

自定义分配器的机会。这可以用来解决非常广泛的性能相关问题（例如内存池分配器）、安全相关问题（分配器导致内存擦除）、多线程分配问题，以及非统一内存架构（内存不同区域适合分配不同类型的情形）问题。显然，这里并不是合适的用于讨论这类重要的、特定于某些高级技术场合的地方。然而，我给出一个来源于真实场景问题的例子，在这个例子中，内存池分配器是更好的解决方案。

假定有一个重要的、长时间运行的系统，其使用事件队列（18.4 节）并且使用 **vector** 作为事件存储容器，元素以 **shared_ptr** 保存。在这种情况下，事件的最后一个用户会隐式地释放该事件：

```
struct Event {
    vector<int> data = vector<int>(512);
};
list<shared_ptr<Event>> q;

void producer()
{
    for (int n = 0; n!=LOTS; ++n) {
        lock_guard lk {m};          // m是互斥信号量；参见18.3节
        q.push_back(make_shared<Event>());
        cv.notify_one();            // cv是条件变量；参见18.4节
    }
}
```

从逻辑上说，这样应该工作得很好。具备清晰的逻辑，代码也健壮、可维护。不幸的是，这会导致大量的内存碎片。当 16 个生产者与 4 个消费者处理了 10 万个事件后，6GB 以上的内存被碎片吞噬。

解决碎片问题的传统方案是使用内存池分配器重写代码。内存池分配器用来管理固定尺寸空间分配，并且一次性分配大量的对象，而不是每次申请单独分配。幸运的是，C++直接支持这个功能。内存池分配器定义在 **std** 命名空间的 **pmr**（多态内存资源）子空间中：

```
pmr::synchronized_pool_resource pool;          // 创建内存池

struct Event {
    vector<int> data = vector<int>{512,&pool};  // 让 Event 类使用内存池
};

list<shared_ptr<Event>> q {&pool};             // 让 q 对象使用内存池

void producer()
{
    for (int n = 0; n!=LOTS; ++n) {
        scoped_lock lk {m};                    // m是mutex 类的对象（18.3节）
```

```
        q.push_back(allocate_shared<Event,pmr::polymorphic_allocator<Event>>
            {&pool});
        cv.notify_one();
    }
}
```

经过了上述修改，当 16 个生产者与 4 个消费者处理了 10 万个事件后，只消耗了不到 3MB 的内存空间。这大约是 2000 倍的改进！自然，实际使用的内存量并没有改变，改变的只是因碎片而浪费的部分。在消除了碎片之后，内存占用在很长时间内都保持稳定，因此系统可以连续运行数月。

类似的技术在 C++ 早期的时候就已经被广泛应用并获得很好的收益，但那个时候需要对每个特殊的容器重写代码。现在，标准库容器可以选择性地接受分配器参数。容器的默认分配器使用 **new** 和 **delete**。其他的多态内存资源包含：

- **unsynchronized_polymorphic_resource**，与 **polymorphic_resource** 有点儿像，但只能在单线程内使用。

- **monotonic_polymorphic_resource**，快速分配器，仅仅当分配器自身被释放时才释放内存资源，只能用于单线程。

多态资源必须从 **memory_resource** 派生，并且定义成员函数 **allocate()**、**deallocate()** 和 **is_equal()**。具体的思路与代码留待构建资源的用户去调整。

12.8　容器概述

标准库提供了一些最通用也最有用的容器类型（见下表），使得程序员能够根据应用需求选择最适合的容器。

标准库容器概述	
vector<T>	可变尺寸动态数组（12.2节）
list<T>	双向链表（12.3节）
forward_list<T>	单向链表
deque<T>	双端队列
map<K,V>	关联数组（12.5节）
multimap<K,V>	关键字可重复的map
unordered_map<K,V>	使用哈希查找算法的map（12.6节）
unordered_multimap<K,V>	使用哈希查找算法的多值map
set<T>	集合（只有关键字没有值的map）
multiset<T>	值可以出现多次的集合
unordered_set<T>	使用哈希查找算法的集合
unordered_multiset<T>	使用哈希查找算法的多值集合

无序容器针对关键字（通常是字符串）搜索进行了优化，这是通过使用哈希表来实现的。

容器都被定义在命名空间 **std** 中，通过**<vector>**、**<list>**、**<map>**等头文件提供（9.3.4节）。此外，标准库还提供了容器适配器 **queue<T>**、**stack<T>**、**priority_queue<T>**。如果需要使用这些特性，请查阅相关资料。标准库还提供了一些更特殊化的类似容器的类型，如定长数组 **array<T, N>**（15.3.1 节）和 **bitset<N>**（15.3.2 节）。

从表达角度来看，标准库的各种容器和它们的基本操作被设计成相似的。而且，对于不同的容器来说，操作的含义也是相同的（见下表）。基本操作可用于每一种适用的容器，且可高效实现。

标准库容器操作（部分）	
value_type	元素类型
p=c.begin()	p指向c的第一个元素；同时，cbegin()用于const类型的迭代器
p=c.end()	p指向c的尾元素的后一个位置；同时，cend()用于const类型的迭代器
k=c.size()	k是c中元素的个数
c.empty()	c是否是空的
k=c.capacity()	k表示c在不触发新的分配情况下可存储的元素个数
c.reserve(k)	将capacity提升到k；若k<=c.capacity()，c.capacity什么都不做
c.resize(k)	将元素个数调整为k；新增的元素具备value_type{}的默认值
c[k]	c的第k个元素；从0开始数；不进行范围检查
c.at(k)	c的第k个元素；如果范围越界，抛出out_of_range异常
c.push_back(x)	把x增加到c的结尾；将c的尺寸加1
c.emplace_back(a)	在c的结尾创建value_type{a}；将c的尺寸加1
q=c.insert(p,x)	将x插到c中的p元素之前
q=c.erase(p)	将c中的p元素删除
c=c2	赋值：将c2中的所有元素复制到c
b=(c==c2)	检查c与c2中所有元素的相等性；如果相等，b==true
x=(c<=>c2)	检查c与c2中所有元素的字典序；如果c小于c2，则x<0；相等则x==0；大于则0<x
	!=、<、<=、>、>=都自动从<=>操作符生成

形式和语义上的一致性使得程序员可以设计出与标准库容器在使用方式上非常相似的新的容器类型，范围检查向量 **Vector**（4.2 节、第 5 章）就是一个例子。容器接口的一致性使得我们可以设计与类型无关的算法。但是，凡事都有两面性，有优点就会有缺点。例如，下标操作和遍历 **vector** 的操作很高效也很简单。但另一方面，当在 **vector** 中插入或删除元素时，就需要移动元素，效率不佳。而 **list** 则恰好具有相反的特性。请注意，当序列较短、元素大小较小时，**vector** 通常比 **list** 更为高效（即便是 **insert()**和 **erase()**操作也是如此）。我推荐将标准库 **vector** 作为存储元素序列的默认类型：除非有充分的理由，否则不要选择其他容器。

标准库还提供了单向链表 **forward_list**，这是一种为空序列特别优化过的容器（12.3 节），它只占用一个字的空间，而空 **vector** 占用三个字的空间。这种序列的元素数目为 **0** 或特别少，在实际中特别有用。

emplace 操作（比如 **emplace_back()**）获取元素构造函数的参数，并在容器中新分配的空间中直接构建对象，而不是将对象拷贝到容器中。例如，对于 **vector<pair<int,string>>** 类型，我们可以这样写：

```
v.push_back(pair{1,"copy or move"});    // 构建 pair 对象并将它移动到 v
v.emplace_back(1,"build in place");     // 在 v 处直接构建 pair 对象
```

注意，对于上述简单操作，优化器可以将两种写法优化为同等性能。

12.9　建议

[1] STL 标准库容器定义一个序列；12.2 节。

[2] STL 标准库容器是资源句柄；12.2 节、13.3 节、12.5 节、12.6 节。

[3] 将 **vector** 作为默认容器；12.2 节、12.8 节；[CG: SL.con.2]。

[4] 对于容器简单的遍历，可以使用范围 **for** 循环或一对 **begin/end** 迭代器；12.2 节、12.3 节。

[5] 使用 **reserve()** 可避免指向元素的指针或迭代器失效；12.2 节。

[6] 在未经测试的情况下，不要假定使用 **reserve()** 会带来性能收益；12.2 节。

[7] 在容器上使用 **push_back()** 和 **resize()** 操作，而不要在数组上使用 **realloc()** 操作；12.2 节。

[8] 不要在调整 **vector** 大小时使用迭代器；12.2 节；[CG: ES.65]。

[9] 不要假定 **[]** 有范围检查功能；12.2 节。

[10] 如果你需要确保进行范围检查，应使用 **at()** 函数；12.2 节；[CG: SL.con.3]。

[11] 使用范围 **for** 语句和标准库算法来无成本地避免范围越界；12.2.2 节。

[12] 元素是被拷贝到容器中的；12.2.1 节。

[13] 如要保持元素的多态行为，可在容器中保存指针（内置或用户自定义的）；12.2.1 节。

[14] 在 **vector** 上执行插入操作，如 **insert()** 和 **push_back()**，可能比预期的更高效；12.3 节。

[15] 对通常为空的序列使用 **forward_list**；12.8 节。

[16] 事关性能时，不要相信你的直觉，应进行性能测试；12.2 节。

[17] **map** 通常用红黑树实现；12.2 节。

[18] **unordered_map** 是哈希表；12.6 节。

[19] 传递容器参数时，应传递引用，返回容器时，应返回值；12.2 节。

[20] 初始化一个容器时，采用**()**初始化方式指定容器大小，使用**{}**初始化方式给出元素列表；5.2.3 节、12.2 节。

[21] 优先选择紧凑的、连续存储的数据结构；12.3 节。

[22] 遍历 **list** 的代价相对较高；12.3 节。

[23] 如果需要在大量数据中进行快速搜索操作，应选择无序容器；12.6 节。

[24] 如果需要按顺序遍历容器中的元素，选择有序容器（如 **map** 和 **set**）；12.5 节。

[25] 若元素类型没有自然的顺序（如没有合理的**<**操作符），选择无序容器（如 **unordered_map**）；12.5 节。

[26] 当需要在容器尺寸变化时，确保指向元素的指针稳定不变，可使用关联容器（如 **map** 和 **list**）；12.8 节。

[27] 通过实验来检查你设计的哈希函数是否令人满意；12.6 节。

[28] 将多个标准哈希函数用异或操作符（**^**）组合设计成的哈希函数通常有较好的效果；12.6 节。

[29] 了解标准库容器，优先选择这些容器而不是自己实现的数据结构；12.8 节。

[30] 如果你的应用程序遇到了与内存相关的性能问题，尽量减少使用自由存储和/或考虑使用专门的分配器；12.7 节。

第 13 章
算法

> 若无必要，勿增实体。
>
> ——威廉·奥卡姆

- 引言
- 使用迭代器
- 迭代器类型
  - 流迭代器
- 使用谓词
- 标准库算法概览
- 并行算法
- 建议

13.1 引言

数据结构比如链表或者动态数组，它的数据本身无法直接产生用处。为了使用这些数据结构，需要能对其进行基本访问的操作，如添加和删除元素的操作（就像为 **list** 和 **vector** 提供的那些操作）。而且，我们很少仅仅将对象保存在容器中，而是要对它们进行排序、打印、抽取子集、删除元素、搜索对象等更复杂的操作。因此，标准库除了提供最常用的容器类型之外，还为这些容器提供了最常用的算法。例如，我们可以简单而高效地对 **Entry** 类型的 **vector** 进行排序，并将 **vector** 每个唯一元素的拷贝放到 **list** 中：

```
void f(vector<Entry>& vec, list<Entry>& lst)
{
    sort(vec.begin(), vec.end());                          // 用 < 确定元素顺序
    unique_copy(vec.begin(), vec.end(), lst.begin());      // 不拷贝相邻的重复元素
}
```

这段代码能正确执行有一个前提：**Entry** 必须定义了小于操作符（**<**）和相等操作符（**==**）。例如：

```
bool operator<(const Entry& x, const Entry& y)     // 小于操作符
{
    return x.name<y.name                           // 按名字对 Entry 排序
}
```

标准库算法都被描述为元素序列（半开半闭区间）上的操作。序列（sequence）由一对迭代器表示，它们分别指向首元素和尾后位置：

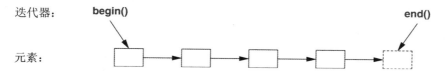

在本例中，**sort()** 对 **vec.begin()** 和 **vec.end()** 这对迭代器定义的序列进行排序，而这个序列中的元素恰好就是 **vector** 中所有的元素。为了写（输出）数据，你只需指明要写的第一个元素。如果写了多个元素，则写入内容会覆盖起始元素之后的那些元素。因此，为了避免错误，**lst** 必须至少具有与 **vec** 中唯一值数量相同的元素。

不幸的是，标准库没有提供抽象来支持对容器进行范围检查的写入。然而，我们可以这样定义：

```
template<typename C>
class Checked_iter {
public:
    using value_type = typename C::value_type;
    using difference_type = int;

    Checked_iter() { throw Missing_container{}; }  // forward_iterator 需要默认构造函数
    Checked_iter(C& cc) : pc{ &cc } {}
    Checked_iter(C& cc, typename C::iterator pp) : pc{ &cc }, p{ pp } {}

    Checked_iter& operator++() { check_end(); ++p; return *this; }
    Checked_iter operator++(int) { check_end(); auto t{ *this }; ++p; return
t; } value_type& operator*() const { check_end(); return *p; }

    bool operator==(const Checked_iter& a) const { return p==a.p; }
    bool operator!=(const Checked_iter& a) const { return p!=a.p; }
private:
    void check_end() const { if (p == pc->end()) throw Overflow{}; }
    C* pc {};   // 默认初始化为空指针（nullptr）
```

```
        typename C::iterator p = pc->begin(); };
};
```

显然，这不是标准库质量的代码，但它表明了这样的思想：

```
vector v1 {1, 2, 3};          // 三个元素
vector v2(2);                 // 两个元素

copy(v1,v2.begin());          // 会溢出
copy(v1,Checked_iter{v2});    // 会抛出异常
```

如果在读取和排序的例子中，我们想要在新 **list** 中放置不重复的元素，可以这样编写：

```
list<Entry> f(vector<Entry>& vec)
{
    list<Entry> res;
    sort(vec.begin(), vec.end());
    unique_copy(vec.begin(), vec.end(), back_inserter(res)); // 附加到 res
    return res;
}
```

调用 **back_inserter(res)** 为 **res** 创建了一个迭代器，这种迭代器能将元素追加到容器末尾，在追加过程中可扩展容器空间来容纳新元素。这就使我们不必预先分配固定数量的空间然后进行填充。这样，标准库容器加上 **back_inserter()** 就提供了一个很好的方案，帮我们消除了使用 **realloc()** 这个容易出错的 C 风格的显式内存管理。标准库 **list** 具有移动构造函数（6.2.2 节），这使得以传值方式返回 **res** 也很高效（即使 **list** 中有数千个元素）。

如果你觉得 **sort(vec.begin(), vec.end())** 这种使用迭代器对的代码太冗长，可以定义范围版本的算法，代码就能简化为 **sort(vec)**（13.5 节）。这两个版本是等价的，类似地，范围 **for** 循环大致相当于直接使用迭代器的 C 风格循环：

```
for (auto& x : v) cout<<x;                          // 写出 v 的所有元素
for (auto p = v.begin(); p!=v.end(); ++p) cout<<*p;  // 写出 v 的所有元素
```

除了更简单和更不容易出错外，范围 **for** 循环版本通常也更高效。

13.2 使用迭代器

拿到一个容器后，便可获得一些重要元素的迭代器，**begin()** 和 **end()** 就是最好的例子。此外，很多算法也都返回迭代器。例如，标准库算法 **find** 在一个序列中查找一个值并返回指

向所找到元素的迭代器:

```
bool has_c(const string& s, char c) // s是否包含字符c
{
    auto p = find(s.begin(),s.end(),c);
    if (p!=s.end())
        return true;
    else
    return false;
}
```

类似很多标准库搜索算法, **find** 返回 **end()**, 表示"未找到"。**has_c()**还有一个更简洁的版本:

```
bool has_c(const string& s, char c)              // s是否包含字符c
{
    return find(s, c)!=s.end();
}
```

一个更有意思的练习是, 在字符串中, 查找一个字符出现的所有位置。可以返回 **vector<char*>**类型, 其中保存"出现位置"的集合。返回 **vector** 是很高效的, 因为 **vector** 提供了移动语义(6.2.1 节)。假定我们希望在找到的位置上做修改, 就应传递一个非 **const** 字符串:

```
vector<string::iterator> find_all(string& s, char c) // 在s中查找所有出现c的地方
{
    vector<char*> res;
    for (auto p = s.begin(); p!=s.end(); ++p)
        if (*p==c)
            res.push_back(&*p);
    return res;
}
```

这段代码用一个常规的循环遍历字符串, 每个循环步使用 **++** 操作符将迭代器 **p** 向前移动一个元素, 并使用解引用操作符 ***** 查看元素值。可以这样来测试 **find_all()**:

```
void test()
{
    string m {"Mary had a little lamb"};
    for (auto p : find_all(m,'a'))
        if (*p!='a')
            cerr << "a bug!\n";
}
```

`find_all()`的调用图示如下：

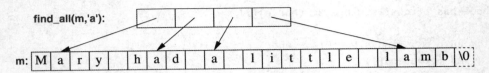

迭代器和标准库算法在所有标准库容器上的工作方式都是相同的（前提是它们适用于这种容器）。因此，我们可以写一个模板函数 `find_all()`：

```
template<typename C, typename V>
vector<typename C::iterator> find_all(C& c, V v)    // 从 c 中找到所有出现 v 的地方
{
    vector<typename C::iterator> res;
    for (auto p = c.begin(); p!=c.end(); ++p)
        if (*p==v)
            res.push_back(p);
    return res;
}
```

这里的 **typename** 是必要的，它通知编译器：**C** 的 **iterator** 是类型，而非某种类型的值，比如整数 **7**。

或者，我们也可以返回基于普通指针的动态数组，而这些指针指向元素：

```
template<typename C, typename V>
auto find_all(C& c, V v)                  // 从 c 中找到所有出现 v 的地方
{
    vector<range_value_t<C>*> res;
    for (auto& x : c)
        if (x==v)
            res.push_back(&x);
    return res;
}
```

与此同时，我还用范围 **for** 循环简化了代码，用标准库 **range_value_t**（16.4.4 节）命名了元素类型。**range_value_t** 的简化版本可以如此定义：

```
template<typename T>
using range_value_type_t = T::value_type;
```

使用任何一个版本的 **find_all()**，都可以写出如下代码：

```
void test()
{
```

```
string m {"Mary had a little lamb"};

for (auto p : find_all(m,'a')) // p是 string::iterator 类型的
    if (*p!='a')
        cerr << "string bug!\n";

list<int> ld {1, 2, 3, 1, -11, 2};
for (auto p : find_all(ld,1)) // p是 list<int>::iterator 类型的
    if (*p!=1)
        cerr << "list bug!\n";

vector<string> vs {"red", "blue", "green", "green", "orange", "green"};
for (auto p : find_all(vs,"red")) // p是 vector<string>::iterator 类型的
    if (*p!="red")
        cerr << "vector bug!\n";

for (auto p : find_all(vs,"green"))
    *p = "vert";
}
```

　　迭代器的重要作用是分离算法和容器（数据结构）。算法通过迭代器来处理数据，但它对存储元素的容器一无所知。反之亦然，容器对处理其元素的算法也一无所知，它所做的全部事情就是，按需求提供迭代器（如 **begin()** 和 **end()**）。这种数据存储和算法分离的模型催生出非常通用和灵活的软件。

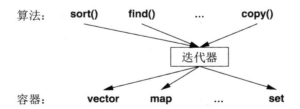

13.3　迭代器类型

　　迭代器本质上是什么？当然，任何一种特定的迭代器都是某种类型的对象。不过，迭代器的类型非常多，因为每个迭代器都是与某个特定容器类型相关联的，所以它需要保存一些必要信息，以便对容器完成某些任务。因此，有多少种容器就有多少种迭代器，有多少种特殊要求就有多少种迭代器。例如，**vector** 的迭代器可以是一个普通指针，因为指针是引用 **vector** 中元素的非常合理的方式：

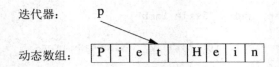

或者，**vector** 迭代器也可以实现为指向 **vector**（存储空间起始地址）的指针再加上一个索引：

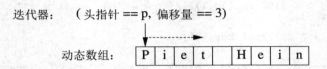

使用上述方式可实现迭代器允许范围检查。

list 迭代器必然是某种比单纯的指针更复杂的东西，因为 **list** 元素通常不知道它的下一个元素在哪里。因此，**list** 迭代器可能是指向链接（链表节点）的指针：

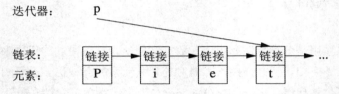

所有迭代器类型的语义及其操作的命名都很相似。例如，对任何迭代器使用 **++** 操作符都会得到指向下一个元素的迭代器。类似地，使用* 操作符会得到迭代器所指向的元素。实际上，任何符合这些简单规则的对象都是迭代器——迭代器是一个泛型，也是一个 **concept**（8.2 节），不同类型的迭代器都以标准库 **concept** 的形式提供，例如，**forward_iterator** 及 **random_ access_iterator**（14.5 节）。而且，用户很少需要知道特定迭代器的类型，每个容器都"知道"自己对应的迭代器的类型，并以规范的名字 **iterator** 和 **const_iterator** 供用户使用。例如，**list<Entry>::iterator** 是 **list<Entry>**的迭代器类型，我们很少需要担心"这个类型是如何被定义的"。

在某些情况下，迭代器不是成员类型，因此标准库提供了 **iterator_t<X>** 函数用来统一接口，它对于任何定义了迭代器的类型 **X** 都可用。

13.3.1　流迭代器

迭代器是处理容器中元素序列的一个很有用的通用概念。但是，元素序列不仅仅出现在容器中。例如，一个输入流产生一个值序列，我们还可以将一个值序列写入一个输出流。因此，将迭代器的概念应用到输入与输出是很有用的。

为了创建 **ostream_iterator**，我们需要指出使用哪个流，以及输出的对象类型。例如：

```
ostream_iterator<string> oo {cout};                    // 将字符串写到 cout
```

这样，向 ***oo** 赋值就会将值写到 **cout**。例如：

```
int main()
{
    *oo = "Hello, ";           // 意思是 cout<<"Hello, "
    ++oo;
    *oo = "world!\n";          // 意思是 cout<<"world!\n"
}
```

我们得到了一种向标准输出写入信息的新方法。其中，**++oo** 模仿 "通过一个指针向数组中写入值"。这样，我们可以对流也使用标准库算法，例如：

```
vector<string> v{ "Hello", ", ", "World!\n" };
copy(v, oo);
```

与此类似，**istream_iterator** 允许我们将输入流当作只读容器来处理。再一次地，我们需要指明从哪个流读取数据以及数据类型是什么：

```
istream_iterator<string> ii {cin};
```

与其他迭代器类似，需要用一对输入迭代器表示序列。因此，我们必须提供表示输入结束的 **istream_iterator**。默认的 **istream_iterator** 就可起到这个作用：

```
istream_iterator<string> eos {};
```

通常，不直接使用 **istream_iterator** 和 **ostream_iterator**，而是将它们作为参数传递给算法。例如，我们可以编写一个简单的程序，它从文件读取数据，排序读入的单词，去除重复单词，最后将结果写入另一个文件：

```
int main()
{
    string from, to;
    cin >> from >> to;                          // 获取源文件和目标文件名

    ifstream is {from};                         // 对应文件 "from" 的输入流
    istream_iterator<string> ii {is};           // 输入流的迭代器
    istream_iterator<string> eos {};            // 用于标识输入结束的信标

    ofstream os {to};                           // 对应文件 "to" 的输出流
    ostream_iterator<string> oo {os,"\n"};      // 输出流的迭代器
```

```
    vector<string> b {ii,eos};              // b 是 vector 类型，用输入初始化
    sort(b);                                // 排序缓冲区内的单词

    unique_copy(b,oo);                      // 拷贝至输出并去掉重复元素

    return !is.eof() || !os;                // 返回错误状态（1.2.1 节、11.4 节）
}
```

这里我使用了范围版本的 **sort()** 和 **unique_copy()**，其实也可以直接使用迭代器版本，比如 **sort(b.begin(),b.end())**，这样的写法在旧代码中很常见。

请注意，如果需要同时使用标准库算法的迭代器版本及范围版本，需要显式地指定调用的版本，或者使用 **using** 声明（9.3.2 节）：

```
copy(v, oo);                        // 潜在的二义性
ranges::copy(v, oo);                // 可行
using ranges::copy(v, oo);          // copy(v, oo) 从此可行
copy(v, oo);                        // 可行
```

ifstream 类型就是可以绑定到文件的 **istream** 类型（11.7.2 节），**ofstream** 类型就是可以绑定到文件的 **ostream** 类型。**ostream_iterator** 构造函数的第二个参数指出了输出的间隔符。

实际上，这个程序本不必这么长。这个版本读取字符串并存入 **vector** 中，然后执行 **sort()** 对它们排序，最终将不重复的单词写到输出。更简捷的方案是，根本不保存重复单词。可以将 **string** 保存在 **set** 中，**set** 保存不重复元素，而且能维持元素的顺序（12.5 节）。这样，我们就可以将使用 **vector** 的两行代码改为使用 **set** 的一行代码，而且也不必再使用 **unique_copy()**，使用更简单的 **copy()** 就可以了：

```
set<string> b {ii,eos};             // 从输入收集字符串
copy(b,oo);                         // 将缓冲区中的单词拷贝到输出
```

ii、**eos** 和 **oo** 都只用了一次，因此我们可以继续精简程序：

```
int main()
{
    string from, to;
    cin >> from >> to;              // 获取源文件和目标文件名
    ifstream is {from};             // 对应文件 "from" 的输入流
    ofstream os {to};               // 对应文件 "to" 的输出流

    set<string> b {istream_iterator<string>{is},istream_iterator<string>{}};
                                    // 读取输入
```

```
copy(b,ostream_iterator<string>{os,"\n"}); // 拷贝到输出

return !is.eof() || !os;    // 返回错误状态（1.2.1 节、11.4 节）
}
```

至于最终的简化版本是否提高了可读性，那就完全是个人偏好和经验的问题了。

13.4 使用谓词

在前面的例子中，算法都对序列中每个元素简单地进行"内置"的统一处理。但我们常常需要将针对每个元素的处理也作为算法的参数。例如，**find** 算法（13.2 节、13.5 节）提供了一种方便地查找给定值的方法。对于查找满足特定要求的元素这一问题，有一种更为通用的变量作为算法的参数，称为谓词（predicate）。例如，我们可能需要在 **map** 中搜索第一个大于 42 的值。我们在访问 **map** 的元素时，访问的其实是（关键字，值）对的序列。因此，我们可以从 **map<string,int>** 的元素序列中搜索 **int** 部分大于 **42** 的 **pair<const string, int>**：

```
void f(map<string,int>& m)
{
    auto p = find_if(m,Greater_than{42});
    // ...
}
```

此处，**Greater_than** 是函数对象（7.3.2 节），它保存了要比较的值（42），这个值用于与 **map** 项目中的 **pair<string,int>** 类型元素进行比较：

```
struct Greater_than {
    int val;
    Greater_than(int v) : val{v} { }
    bool operator()(const pair<string,int>& r) const { return r.second>val; }
};
```

也可以使用匿名函数（7.3.2 节）作为谓词，这与函数对象等价：

```
auto p = find_if(m, [](const auto& r) { return r.second>42; });
```

谓词不能改变它所施用的元素。

13.5 标准库算法概览

算法更一般性的定义是"一个有限规则集合，给出了操作序列，用来求解一组特定问题

（且）具有五个重要特性：有限性、确定性、输入、输出、有效性"[Knuth,1968,1.1 节]。在 C++ 标准库的语境中，算法就是对元素序列进行操作的函数模板。

标准库提供了很多算法，它们都被定义在命名空间 **std** 中，通过头文件**<algorithm>**和 **<numeric>**提供。这些标准库算法都以序列作为输入。一个从 **b** 到 **e** 的半开半闭序列表示为[**b:e**)。下表是一些算法的简介。

挑选出的一些标准库算法 **<algorithm>**	
f=for_each(b,e,f)	对[**b:e**)中的每个元素x执行**f(x)**函数
p=find(b,e,x)	查找[**b:e**)中满足***p==x**的第一个p
p=find_if(b,e,f)	查找[**b:e**)中满足**f(*p)**为真的第一个p
n=count(b,e,x)	n是[**b:e**)中满足***q==x**的元素的数目
n=count_if(b,e,f)	n是[**b:e**)中满足**f(*q)**为真的元素的数目
replace(b,e,v,v2)	将[**b:e**)中满足***q==v**的元素***q**替换为v2
replace_if(b,e,f,v2)	将[**b:e**)中满足**f(*q)**为真的元素***q**替换为v2
p=copy(b,e,out)	将[**b:e**)拷贝到[**out:p**)
p=copy_if(b,e,out,f)	将[**b:e**)中满足**f(*q)**为真的元素***q**拷贝到[**out:p**)
p=move(b,e,out)	将[**b:e**)移动到[**out:p**)
p=unique_copy(b,e,out)	将[**b:e**)拷贝到[**out:p**)，不拷贝连续的重复元素
sort(b,e)	排序[**b:e**)中的元素，用**<**作为排序标准
sort(b,e,f)	排序[**b:e**)中的元素，用谓词**f**作为排序标准
(p1,p2)=equal_range(b,e,v)	[**p1:p2**)是已排序序列[**b:e**)的子序列，其中元素的值都等于**v**；本质上等价于二分搜索**v**
p=merge(b,e,b2,e2,out)	将序列[**b:e**)和[**b2:e2**)归并，结果保存到[**out:p**)
p=merge(b,e,b2,e2,out,f)	将序列[**b:e**)和[**b2:e2**)归并，结果保存到[**out:p**)，使用**f**作为比较函数

对于每个将[**b:e**)作为范围的算法，都可以换用**<range>**提供的范围版本。注意，如果你需要同时使用标准库算法的迭代器版本及范围版本，就必须显式地指定使用的版本或者用 **using** 声明（9.3.2 节）。

这些算法及其他很多算法（例如，17.3 节）都可以用于容器、**string** 和内置数组。

某些算法，比如 **replace()** 和 **sort()**，它们会修改元素的值，但没有算法会在容器中添加或删除元素。原因在于，序列中并不包含底层容器的信息。如果你需要添加或删除元素，那么就需要使用了解容器信息的特性（比如 **back_inserter**，13.1 节），或是直接访问容器本身（如 **push_back()**或 **erase()**，12.2 节）。

匿名函数经常用来作为传递给算法的参数，用于指定需要进行的操作。例如：

```cpp
vector<int> v = {0,1,2,3,4,5};
for_each(v,[](int& x){ x=x*x; }); // v=={0,1,4,9,16,25}
for_each(v.begin(),v.begin()+3,[](int& x){ x=sqrt(x); }); // v=={0,1,2,9,16,25}
```

标准库算法在设计、规范和实现上通常比自己设计的使用循环的版本更好，因此应该了解标准库算法，尽可能使用它们编写程序，而不是从头另起炉灶。

13.6　并行算法

如果需要对许多不同数据元素执行相同的任务，我们可以让每个操作并行执行，只要不同的数据项相互独立即可。

- 并行执行：任务在多个线程中完成（往往在不同的处理器核心中运行）。
- 数组化执行（又称向量化执行）：任务在单线程中使用数组处理器（又称向量处理器）执行，又称 SIMD（单指令多数据）。

标准库提供对上述两种形式的支持，同时我们可以明确指定需要哪种形式的执行方式；在头文件 **<execution>** 中有命名空间 **execution**，可以看到如下参数。

- **seq**：顺序执行。
- **par**：并行执行（如果可能）。
- **unseq**：非顺序（数组化）执行（如果可能）。
- **par_unseq**：并行执行和/或数组化执行（如果可能）。

比如 **std::sort()** 可以写成如下形式：

```
sort(v.begin(),v.end());              // 顺序执行
sort(seq,v.begin(),v.end());          // 顺序执行（同默认值）
sort(par,v.begin(),v.end());          // 并行执行
sort(par_unseq,v.begin(),v.end());    // 并行执行和/或数组化执行
```

是否值得并行化和/或数组化取决于算法、序列中的元素数量、硬件及在其上运行的程序对该硬件的利用率。因此，执行策略指标仅仅是提示而非强制。编译器或者运行时调度器负责决定使用何种程度的并发。这不是小事，它基于一个重要规则：反对未经测量之前进行任何关于效率的决定。

不幸的是，范围版本的并行算法还没有进入标准，当然，如果需要，很容易定义：

```
void sort(auto pol, random_access_range auto& r)
{
    sort(pol,r.begin(),r.end());
}
```

大多数标准库算法，包括 13.5 节中的表格列出的算法（除 **equal_range** 之外），可以申请并

行化或者数组化执行，比如对 **sort()** 可以用 **par** 及 **par_unseq**。为什么 **equal_range()** 不行？因为到目前为止，还没有人为此提出有价值的并行算法。

很多并行算法都主要用于数字类数据，参见 17.3.1 节。

请求并行执行时，请确保避免数据竞争（18.2 节）及死锁（18.3 节）。

13.7 建议

[1] STL 标准库算法对一个或多个序列进行操作；13.1 节。

[2] 输入序列是半开半闭区间，由一对迭代器所定义；13.1 节。

[3] 你可以定义自己的迭代器来满足特殊需求；13.1 节。

[4] 许多算法可以应用于 I/O 流；13.3.1 节。

[5] 当进行搜索时，算法通常返回输入序列的末尾位置来表示"未找到"；13.2 节。

[6] 对于参数序列，算法并不直接在其中添加或删除元素；13.2 节，13.5 节。

[7] 编写循环代码时，思考它是否可以表达为一个通用算法；13.2 节。

[8] 使用 **using** 类型别名来清理杂乱的符号；13.2 节。

[9] 使用谓词和其他函数对象可以使标准库算法有更宽泛的语义；13.4 节、13.5 节。

[10] 谓词不能修改其参数；13.4 节。

[11] 了解标准库算法，尽量使用它们而不要用自己设计的循环版本编写程序；13.5 节。

第 14 章
范围

只要结论没有被实践验证，
最有力的论点也证明不了什么。

——罗吉尔·培根

- 引言
- 视图
- 生成器
- 管道
- 概念概述
    - 类型概念；迭代器概念；范围概念
- 建议

14.1 引言

标准库提供了使用概念的约束算法（第 8 章）和无约束算法（为了兼容性）。受约束（带概念）的算法版本在 **<ranges>** 中被命名为 **ranges**。我更喜欢使用带概念的版本。**range** 是 C++98 序列的通用形态，这种序列曾经由 **{begin(), end()}** 对来定义，它指定了构成元素序列的条件。**range** 有如下定义方式：

- 一对 **{begin,end}** 迭代器。
- 一对 **{begin,n}**，其中 **begin** 是迭代器，**n** 是元素的个数。
- 一对 **{begin,pred}**，其中 **begin** 是迭代器，**pred** 是谓词；如果迭代器 **p** 的 **pred(p)** 为真，则到达了范围的末端。这允许我们拥有无限的范围和"动态"生成的范围（14.3 节）。

range 这个概念允许用 **sort(v)** 替代从 1994 年的 STL 就开始不得不使用的 **sort(v.begin(), v.end())** 形态。类似的改造也可以作用于自定义算法：

```
template<forward_range R>
    requires sortable<iterator_t<R>>
void my_sort(R& r)                          // 现代的、具备概念约束条件版本的 my_sort
{
    return my_sort(r.begin(),r.end());   // 使用 1994 风格的排序
}
```

范围可以让我们更直接地表达算法的 99% 的常用用法。除了符号上的优势，范围还提供了一些优化的机会，并消除了一类"愚蠢的错误"，如 **sort(v1.begin(),v2.end())** 和 **sort(v.end(),v.begin())**。是的，这样的错误在现实中屡见不鲜。

自然，不同类型的迭代器对应不同类型的范围。特别是，**input_range**、**forward_range**、**bidirectional_range**、**random_access_range** 和 **contiguous_range** 被表示为概念（14.5 节）。

14.2 视图

视图是查看范围的一种方式。例如：

```
void user(forward_range auto& r)
{
    filter_view v {r, [](int x) { return x%2; } }; // 查看 r 中的奇数

    cout << "odd numbers: "
    for (int x : v)
        cout << x << ' ';
}
```

从 **filter_view** 类型读取数据时，从它对应的范围开始。如果值满足特定谓词则返回对应元素；如果不满足，**filter_view** 在范围内取下一个元素。

范围可以是无限的。然而，我们经常只需要有限的几个值。因而，视图可以用来从范围中获取几个值：

```
void user(forward_range auto& r)
{
    filter_view v{r, [](int x) { return x%2; } };     // 查看 r 中的奇数
    take_view tv {v, 100 };                           // 最多从 v 中查看 100 个元素
```

```
        cout << "odd numbers: "
        for (int x : tv)
            cout << x << ' ';
}
```

如果直接使用，则可以避免给 `take_view` 取名：

```
for (int x : take_view{v, 3})
    cout << x << ' ';
```

类似地，对于 `filter_view` 也可以省略名称：

```
for (int x : take_view{ filter_view { r, [](int x) { return x % 2; } }, 3 })
    cout << x << ' ';
```

这种视图嵌套的写法很快会变得像密码一样难懂，因而出现了一种替换形式，叫作管道写法（14.4 节）。

标准库提供了很多视图，视图又被称为范围适配器（range adaptor），标准库视图如下表所示。

标准库视图（范围适配器）<ranges> v是视图，r是范围，p是谓词，n是整数	
v=all_view{r}	v是r中的所有元素
v=filter_view{r,p}	v是r中满足谓词p的所有元素
v=transform_view{r,f}	v是r中的元素调用f之后的结果
v=take_view{r,n}	v是从r中取最多n个元素的结果
v=take_while_view{r,p}	v是从r中顺序取的元素，直到不满足谓词p时停止
v=drop_view{r,n}	v是从r的第n+1个元素开始的序列
v=drop_while_view{r,p}	v是从r的第一个不满足谓词p的元素开始的序列
v=join_view{r}	r中的所有元素都必须是范围，v把这些范围全部合并在一起
v=split_view(r,d)	v是把范围r切分成多个范围的子范围集，d是分隔符；d必须是元素或者范围
v=common_view(r)	v是r被描述为一对(begin:end)的样子
v=reverse_view{r}	v是r的逆序序列，r必须可以双向访问
v=views::elements<n>(r)	r的元素是tuple，v是tuple中第n个元素组成的序列
v=keys_view{r}}	r的元素是pair，v是pair的第一个元素组成的序列
v=values_view{r}	r的元素是pair，v是pair的第二个元素组成的序列
v=ref_view{r}	v是引用序列，每个元素都是r中对应元素的引用

视图提供的接口与范围提供的接口非常相似，因此在大多数情况下，可以使用范围的地方都能够使用视图。关键的不同在于，视图并不拥有元素本身；因此视图也不负责释放它所指向范围内的元素，那是范围的责任。从另外一方面来说，视图的生命周期不能大于其对应的范围：

```
auto bad()
{
    vector v = {1, 2, 3, 4};
    return filter_view{v,odd};        // v被销毁的时间会比视图被销毁的时间更早
}
```

视图被设计为复制开销很低，因此通常使用值传递。

为了保持示例简单，我曾经使用简单的标准类型，但其实也可以创建用户自定义类型的视图。例如：

```
struct Reading {
    int location {};
    int temperature {};
    int humidity {};
    int air_pressure {};
    // ...
};

int average_temp(vector<Reading> readings)
{
    if (readings.size()==0) throw No_readings{};
    double s = 0;
    for (int x: views::elements<1>(readings)) // 只查看温度字段
        s += x;
    return s/readings.size();
}
```

14.3 生成器

经常需要动态生成范围。标准库提供了简单的生成器（也可以叫作工厂），范围工厂如下表所示。

范围工厂 `<ranges>` v是视图；x是T类型的元素；is是istream类型	
v=empty_view\<T\>{}	**v**是空范围，其元素类型为**T**
v=single_view{x}	**v**是只有一个元素x的范围
v=iota_view{x}	**v**是无限范围，元素分别为：**x, x+1, x+2, ……** 使用**++**操作符进行增量
v=iota_view{x,y}	**v**是有n个元素的范围：**x, x+1, x+2, ……, y-1** 使用**++**操作符进行增量
v=istream_view\<T\>{is}	**v**是通过对**is**流调用**>>**操作符生成的范围，其元素类型为**T**

其中，**itoa_view** 对于生成简单序列很方便。例如：

```
for (int x : iota_view(42,52)) // 42 43 44 45 46 47 48 49 50 51
    cout << x << ' ';
```

而 **istream_view** 可以很方便地在范围 **for** 循环中使用 **istream**：

```
for (auto x : istream_view<complex<double>(cin))
    cout << x << '\n';
```

和其他视图差不多，**istream_view** 视图也可以与其他视图相组合：

```
auto cplx = istream_view<complex<double>>(cin);
for (auto x : transform_view(cplx, [](auto z){ return z*z;}))
    cout << x << '\n';
```

输入 **1 2 3** 会得到 **1 4 9**。

14.4 管道

对每个标准库视图（14.2 节），标准库都提供了可以产生过滤器的函数；也就是可作为过滤器操作符 **|** 的参数的对象。例如，**filter()** 会产生 **filter_view** 对象。这就允许我们将过滤器组合起来成为序列，而不必使用嵌套函数调用来呈现它们：

```
void user(forward_range auto& r)
{
    auto odd = [](int x) { return x % 2; };

    for (int x : r | views::filter(odd) | views::take(3))
        cout << x << ' ';
}
```

输入范围为 **2 4 6 8 20** 会产生输出 **1 2 3**。

管道风格（使用 UNIX 管道操作符**|**）被业界广泛认为比嵌套函数调用的形式更易读。管道操作从左至右进行；这意味着，**f|g** 表示将 **f** 的结果传递给 **g**，那么 **r|f|g** 意味着 **(g_filter(f_filter(r)))**。初始的 **r** 必须是范围或者生成器。

这些过滤器函数定义在命名空间 **ranges::views** 中：

```
void user(forward_range auto& r)
{
```

```
        for (int x : r | views::filter([](int x) { return x % 2; } ) |
        views::take(3) )
            cout << x << ' ';
}
```

我发现，使用 `views::` 可使代码显得非常易读，但也可以进一步缩短代码：

```
void user(forward_range auto& r)
{
    using namespace views;

    auto odd = [](int x) { return x % 2; };

    for (int x : r | filter(odd) | take(3) )
        cout << x << ' ';
}
```

视图和管道的实现涉及一些令人毛骨悚然的模板元编程，如果你对性能表示担忧，请确保先对你实现的性能进行测量，确定其是否符合需求。如果不符合，可以用传统的替代方案来实现：

```
void user(forward_range auto& r)
{
    int count = 0;
    for (int x : r)
        if (x % 2) {
            cout << x << ' ';
            if (++count == 3) return;
        }
}
```

然而，在上述情况下，程序实际运行逻辑会显得晦涩难懂。

14.5　概念概述

标准库提供了很多有用的概念，比如：

- 定义类型属性的概念（14.5.1 节）
- 定义迭代器的概念（14.5.2 节）
- 定义范围的概念（14.5.3 节）

14.5.1 类型概念

与类型的属性和类型之间的关系相关的概念对应了各种各样的类型。这些概念可以帮助简化大多数模板的设计，如下表所示。

核心语言概念<concepts> T 和 U 是类型	
same_as<T,U>	T 与 U 相同
derived_from<T,U>	T 从 U 派生得来
convertible_to<T,U>	T 可以被转化为 U
common_reference_with<T,U>	T 与 U 共享同一个公共引用类型
common_with<T,U>	T 与 U 共享同一个公共类型
integral<T>	T 是整数类型
signed_integral<T>	T 是有符号的整数类型
unsigned_integral<T>	T 是无符号的整数类型
floating_point<T>	T 是浮点类型
assignable_from<T,U>	U 可以被赋值给 T
swappable_with<T,U>	T 可以与 U 交换
swappable<T>	等价于 swappable_with<T,T>

很多算法都可以与几种互相关联的类型组合在一起工作，例如，混合了 **int** 与 **double** 的表达式。我们使用 **common_with** 来表达这种混合是否在数学上可行。如果 **common_with<X,Y>** 为真，那么可以使用 **common_type_t<X,Y>** 来比较 X 和 Y，方法是先将两者都与 **common_type_t<X,Y>** 进行比较。例如：

```
common_type<string, const char*> s1 = some_fct()
common_type<string, const char*> s2 = some_other_fct();

if (s1<s2) {
    // ...
}
```

如果要指定两个类型的公共类型，可以特化 **common** 定义的 **common_type_t** 模板。例如：

```
using common_type_t<Bigint,long> = Bigint;        // 对 Bigint 的合适定义
```

幸运的是，我们通常不需要定义 **common_type_t** 的特化，除非想对库还没有合适定义的混合类型使用操作。

与比较相关的概念受到[Stepanov, 2009]的强烈影响，如下表所示。

比较类概念<concepts>	
equality_comparable_with<T,U>	T和U可以使用==操作符进行比较
equality_comparable<T>	等价于equality_comparablewith<T,T>
totally_ordered_with<T,U>	T和U可以使用<、<=、>、>=操作符进行总体排序
totally_ordered<T>	等价于strict_totally_ordered_with<T,T>
three_way_comparable_with<T,U>	T和U可以使用<=>操作符排序产生一致的结果
three_way_comparable<T>	等价于three_way_comparable_with<T,T>

使用 `equality_comparable_with` 和 `equality_comparable` 这两者，目前会导致没有机会重载概念。

奇怪的是，标准库中没有 **boolean** 概念。但我经常需要它，这里是一种实现：

```
template<typename B>
concept Boolean =
        requires(B x, B y) {
            { x = true };
            { x = false };
            { x = (x == y) };
            { x = (x != y) };
            { x = !x };
            { x = (x = y) };
        };
```

编写模板时，我们经常需要对类型进行分类，如下表所示。

对象概念<concepts>	
destructible<T>	T可以被销毁，并且可以通过一元操作符&取地址
constructible_from<T,Args>	T的构造函数可以用Args类型的参数列表调用
default_initializable<T>	T拥有默认构造函数
move_constructible<T>	T拥有移动构造函数
copy_constructible<T>	T拥有拷贝构造函数及移动构造函数
movable<T>	同时满足move_constructable<T>、assignable<T&,T>和swapable<T>
copyable<T>	同时满足copy_constructable<T>、moveable<T>和assignable<T,const T&>
semiregular<T>	同时满足copyable<T>和default_constructable<T>
regular<T>	同时满足semiregular<T>和equality_comparable<T>

对类型来说最理想的概念是 **regular**。满足 **regular** 概念的类型使用起来大致与 **int** 差不多简单，使用这类类型的时候不需要思考特别的注意事项，降低了程序员的负担（8.2 节）。类不提供默认的==操作符，因此，绝大多数类的初始状态只能是 **semiregular**，虽然很多类可以是也应该是 **regular**。

每当我们将一个操作作为受约束的模板参数传递时，需要指定如何调用它，有时还需要指定对其语义所做的假设，如下表所示。

可调用概念<concepts>	
invocable<F,Args>	F可被调用，使用Args类型的参数列表作为参数
regular_invocable<F,Args>	满足invocable<F,Args>并且满足相等性保持
predicate<F,Args>	满足regular_invocable<F,Args>且返回值为bool类型
relation<F,T,U>	等价于predicate<F,T,U>
equivalence_relation<F,T,U>	满足relation<F,T,U>并且提供等价关系
strict_weak_order<F,T,U>	满足relation<F,T,U>并且提供严格弱排序

函数 f() 具备相等性保持，表示相等的输入必然返回相等的输出：如果 x==y，则 f(x)==f(y)。因此，invocable 与 regular_invocable 仅在语义上有区别。到目前为止，我们无法用代码表达这个概念的约束，因而这个概念的命名仅仅表达了设计者的意图。

类似地，relation 与 equivalence_relation 也仅仅只有语义上的差别。等价关系具有自反性、对称性和传递性。

relation 与 strick_weak_order 也只有语义上的差别。严格弱排序是标准库对所有比较操作的默认假定，比如 < 操作符。

14.5.2　迭代器概念

传统的标准算法通过迭代器来访问数据，因此我们需要概念来对迭代器类型的属性进行分类，如下表所示。

迭代器概念<iterators>	
input_or_output_iterator<I>	I可以自增（++）及解引用（*）
sentinel_for<S,I>	S是Iterator类型的信标
	换句话说，S是迭代器I的值类型的谓词
sized_sentinel_for<S,I>	S是信标，其中I可以应用-操作符。
input_iterator<I>	I是输入迭代器；*操作符只能用于读取
output_iterator<I>	I是输出迭代器；*操作符只能用于写入
forward_iterator<I>	I是前向迭代器；支持多次扫描及==操作符
bidirectional_iterator<I>	支持--操作符的forward_iterator<I>
random_access_iterator<I>	支持+、-、+=、-=和[ ]操作符的bidirectional_iterator<I>
contiguous_iterator<I>	元素位于连续内存区域的random_access_iterator<I>
permutable<I>	支持move跟swap的forward_iterator<I>
mergeable<I1,I2,R,O>	是否可以使用relation<R>，将已排序序列I1、I2归并到O
sortable<I>	I定义的已排序序列是否可以使用less
sortable<I,R>	I定义的已排序序列是否可以使用relation<R>

mergeable 和 **sortable** 相对于它们在 C++20 中的定义进行了简化。

不同种类（类别）的迭代器用于为给定的参数集选择最佳算法；参见 8.2.2 节和 16.4.1 节。有关 **input_iterator** 的例子，可参见 13.3.1 节。

信标的基本思想是，我们可以从迭代器开始迭代一个范围，直到谓词对某个元素变为真。通过这种方式，迭代器 **p** 与信标 **s** 可定义范围[**p:s(*p)**)。例如，我们可以为信标定义一个谓词，以使用指针作为迭代器来遍历 C 风格的字符串。不幸的是，这需要一些样板代码，因为这个想法是将谓词呈现为不能与普通迭代器混淆的东西，但在遍历范围时这个迭代器却可以参与比较：

```cpp
template<class Iter>
class Sentinel {
public:
    Sentinel(int ee) : end(ee) { }
    Sentinel() :end(0) {}              // 概念 sentinel_for 需要默认构造函数

    friend bool operator==(const Iter& p, Sentinel s) { return (*p == s.end); }
    friend bool operator!=(const Iter& p, Sentinel s) { return !(p == s); }
private:
    iter_value_t<const char*> end;   // 信标值
};
```

friend 声明符允许我们定义 **==** 和 **!=** 二元操作符，用于在类的范围内将迭代器与信标进行比较。

我们可以检查这个 **Sentinel** 是否满足 **sentinel_for** 对 **const char*** 的要求：

```cpp
static_assert(sentinel_for<Sentinel<const char*>, const char*>);
                                            // 检查 C 风格字符串信标
```

最后，我们可以编写一个特殊版本的"Hello, World!"程序：

```cpp
const char aa[] = "Hello, World!\nBye for now\n";

ranges::for_each(aa, Sentinel<const char*>('\n'), [](const char x) { cout << x; });
```

是的，这真的写了 **Hello, World!**，后面没有换行符。

14.5.3 范围概念

范围概念定义范围的属性，如下表所示。

范围概念<ranges>	
range<R>	R范围由初始迭代器与信标组成
sized_range<R>	R范围能在常数时间获得其长度
view<R>	R范围能在常数时间进行拷贝、移动、赋值
common_range<R>	R范围的迭代器类型与信标类型相同
input_range<R>	R范围的迭代器类型满足input_iterator
output_range<R>	R范围的迭代器类型满足output_iterator
forward_range<R>	R范围的迭代器类型满足forward_iterator
bidirectional_range<R>	R范围的迭代器类型满足bidirectional_iterator
random_access_range<R>	R范围的迭代器类型满足random_access_iterator
contiguous_range<R>	R范围的迭代器类型满足contiguous_iterator

<ranges>头文件中还有更多的概念，但我们可以从上表中列出的开始。这些概念的主要用途是根据输入的类型属性（8.2.2 节）选择要使用的重载实现。

14.6 建议

[1] 当迭代器对的样式变得冗长乏味时，使用范围版本算法；13.1 节、14.1 节。

[2] 在使用范围版本算法时，记得显式地引入它的名称；13.3.1。

[3] 当对范围进行管道操作时，可以使用 view、generator 和 filter 来表示；14.2 节、14.3 节、14.4 节。

[4] 为了用谓词作为范围的结束，需要定义一个信标；14.5 节。

[5] 可以使用 static_assert 检查特定类型是否满足概念的要求；8.2.4 节。

[6] 如果想要某个基于范围的算法，但是标准库中没有，那就自己写；13.6 节。

[7] 理想的类型应满足 regular 概念；14.5 节。

[8] 尽可能选择标准库提供的概念；14.5 节。

[9] 请求并行执行算法时，一定要避免数据竞争（18.2 节）和死锁（18.3 节）；13.6 节。

第 15 章
指针和容器

教育就是做什么，什么时候做，为什么做。

训练就是如何去做。

——理查德·卫斯里·汉明

- 引言
- 指针类型
    - **unique_ptr** 及 **shared_ptr**；**span**
- 容器
    - **array**；**bitset**；**pair**；**tuple**
- 可变类型容器
    - **variant**；**optional**；**any**
- 建议

15.1 引言

C++提供了简单的、内置的底层类型来保存和引用数据：对象和数组保存数据，指针和数组引用这些数据。但是，我们需要支持更具体和更通用的方式来保存和使用数据。例如，标准库容器（第 12 章）和迭代器（13.3 节）都被用来支持通用算法。

容器和指针抽象的主要共同点是，要想正确且高效地被使用，需要封装一组数据及函数来访问和操作它们。例如，指针是非常通用和有效抽象的机器地址，但正确使用指针来表示资源的所有权已被证明是非常困难的。因此，标准库提供了资源管理指针；换句话说，将指针封装成类，并将其正确的使用方式以类的成员函数提供。

这些标准库抽象封装了内置语言类型，（标准规定）封装的类需要在时间和空间效率上与内置类型的正确使用一样好。

这些类型没有什么"魔法"，可以根据需要使用与标准库相同的技术来设计和实现我们自己的"智能指针"和专用容器。

15.2　指针类型

指针的更泛化的概念是，任何允许我们引用对象并根据其类型访问它的东西。内置指针，比如 **int*** 类型，是其中的一个例子，但指针可以有很多其他形态，如下表所示。

指针	
T*	内置指针类型：指向类型**T**的对象 或者指向类型**T**的连续内存空间序列
T&	内置引用类型：引用**T**类型的对象 是一个隐式解引用的指针（1.7节）
unique_ptr\<T\>	拥有所有权的指针，指向类型**T**
shared_ptr\<T\>	指向类型**T**的对象的指针；其所有权在所有指向特定**T**元素的**shared_ptr**之间共享
weak_ptr\<T\>	指向**shared_ptr**所拥有的对象；需要用它访问对象时，必须转化为**shared_ptr**才能使用
span\<T\>	指向连续序列的**T**元素的指针（15.2.2节）
string_view\<T\>	指向字符串的常量子串的指针（10.3节）
X_iterator\<C\>	来自**C**容器的元素序列；名称**X**表示迭代器的实际类型（13.3节）

可以有多个指针指向同一个对象。拥有所有权的指针意味着它负责删除所指向的对象。不拥有所有权的指针（例如，**T***及 **span**）可以悬空；也就是说，它们允许指向已经被删除的对象（成为野指针），或者离开作用域（造成潜在泄漏）。

对悬空指针进行读写是最令人讨厌的错误之一。这样做的结果在技术上未定义。在实践中，有可能发生的事情是恰好访问到了其他占据对应位置的对象。因此，可能读取了任意的数据，而写入可能扰乱毫不相干的数据结构。对于这种情况，程序崩溃是我们期待的最佳后果，因为这个后果往往比产生错误的结果但程序没有退出更好。

C++ Core Guidelines[CG]提供了避免这种情况的规则，以及通过静态检查来杜绝其发生的建议。然而，我们这里也有一些避免指针问题的方法：

- 在对象离开作用域后，不要保留指向本地对象的指针。具体来说就是，绝不从函数返回指向本地对象的指针或将来源不确定的指针存储在长期存在的数据结构中。系统性地使用容器和算法（第 12 章、第 13 章）通常可以使我们避免直接使用特定编程技术，那些编程技术一旦使用则难以避免指针问题。

- 使用具备所有权的指针来指向从自由存储中分配的对象。
- 指向静态对象（全局量）的指针不可能悬空。
- 将指针的算术运算留给资源句柄的实现（例如，**vector** 和 **unordered_map**）。
- 记住，**string_view** 与 **span** 是不具备所有权的指针。

15.2.1　unique_ptr 及 shared_ptr

对任何重要程序来说，管理资源都是关键任务之一。所谓资源，就是必须获取并且事后（显式或者隐式）释放的东西，如内存、锁、套接字、线程句柄，以及文件描述符。对于长时间运行的程序，未能及时释放资源（"泄漏"），会导致严重的性能下降（12.7 节），甚至可能导致严重的崩溃。即使对于短程序，泄漏也可能成为一种尴尬，比如导致资源短缺，从而使运行时间增加几个数量级。

标准库组件被设计为不泄漏资源。为此，它们依赖于基本语言支持，这意味着使用成对儿的构造函数和析构函数进行资源管理，可确保资源的寿命不会超过负责它的对象。在 **Vector** 中使用成对儿的构造函数与析构函数来管理其元素的生命周期就是示例（5.2.2 节），所有标准库容器都以类似的方式实现。重要的是，这种方法可以与使用异常进行错误处理的代码正确交互。例如，此技术用于标准库 **lock** 类：

```
mutex m;                     // 用来保护对共享数据的访问

void f()
{
    scoped_lock lck {m};    // 获取互斥量（mutex）
    // ……处理共享数据……
}
```

在 **lck** 的构造函数获得 **mutex**（18.3 节）之前，**thread** 不会继续。对应的析构函数会释放这个 **mutex**，因此，在这个例子中，**scoped_lock** 的析构函数在控制线程离开 **f()** 时释放互斥量（通过 **return** 返回、从函数的末尾掉落或通过异常抛出）。

这是 RAII（"资源获取即初始化"技术；5.2.2 节）的应用。RAII 是 C++ 中资源惯用处理手法的基础。容器（例如，**vector** 和 **map**、**string** 和 **iostream**）也以类似方式管理它们的资源（例如，文件句柄和缓冲区）。

到目前为止，这些例子处理的是在作用域内定义的对象，并在退出作用域时释放获取的资源，但是从自由存储中分配的对象呢？在**<memory>**中，标准库提供了两个"智能指针"来帮助管理自由存储中的对象：

- **unique_ptr** 代表唯一所有权（它的析构函数会销毁它的对象）。

- shared_ptr 表示共享所有权（最后一个共享的析构函数负责销毁对象）。

这些"智能指针"最基本的用途是防止"粗心"的程序引起内存泄漏。例如：

```
void f(int i, int j)            // X* 对比 unique_ptr<X>
{
    X* p = new X;               // 新分配一份 X
    unique_ptr<X> sp {new X};   // 新分配 X 并将指针给 unique_ptr
    // ...

    if (i<99) throw Z{};        // 可能抛出异常
    if (j<77) return;           // 可能提前返回
    // ……使用 p 和 sp……
    delete p;                   // 销毁*p
}
```

在这里，如果 **i<99** 或 **j<77**，我们"忘记"删除 **p**。另外，**unique_ptr** 确保它的对象被正确销毁，无论我们以何种方式退出 **f()**（通过抛出异常、通过执行 **return** 或通过"运行到作用域末尾"）。具有讽刺意味的是，我们本可以简单地通过不使用指针也不使用 **new** 来解决问题：

```
void f(int i, int j)            // 使用局部变量
{
    X x;
    // ...
}
```

不幸的是，过度使用 **new**（以及指针和引用）似乎是一个日益严重的问题。

然而，当你真的需要指针的语义时，与正确使用内置指针相比，**unique_ptr** 是一种没有空间或时间开销的轻量级机制。它的进阶用途包括将在自由存储中分配的对象传入和传出函数：

```
unique_ptr<X> make_X(int i)
    // 构造一个 X 并立即将指针交给 unique_ptr
{
    // ……检查 i，等等……
    return unique_ptr<X>{new X{i}};
}
```

unique_ptr 是单个对象（或数组）的句柄，类似地，**vector** 也是对象序列的句柄。两者都控制其他对象的生命周期（使用 RAII），并且都依赖于拷贝消除或移动消除语义来使 **return** 简单高效（6.2.2 节）。

shared_ptr 与 **unique_ptr** 很类似，区别在于 **shared_ptr** 之间是拷贝而非移动。一个对象

可以有多个 **shared_ptr** 指向，并且共享所有权；当最后一个 **shared_ptr** 被销毁时，这个对象
被析构。例如：

```
void f(shared_ptr<fstream>);
void g(shared_ptr<fstream>);

void user(const string& name, ios_base::openmode mode)
{
    shared_ptr<fstream> fp {new fstream(name,mode)};
    if (!*fp) // 确保文件被正常打开
        throw No_file{};

    f(fp);
    g(fp);
    // ...
}
```

现在，由共享指针 **fp** 的构造函数打开的文件将被最后一个（显式或隐式）销毁 **fp** 拷贝的
函数关闭。注意，这里 **f()** 或者 **g()** 都可能启动新的任务复制 **fp** 的拷贝或者以其他方式保存
fp，从而比 **user()** 函数存活时间更长。所以，**shared_ptr** 提供了某种形式的垃圾回收，它尊
重内存管理对象的资源管理，基于析构函数进行资源释放。这既不是免费的也没有非常昂贵，
但它确实使共享对象的生命周期难以预测。请确保确实需要共享所有权时才使用 **shared_ptr**。

在自由存储上创建一个对象，然后将指向它的指针传递给智能指针有点烦琐。不但如此，
这还可能导致潜在的错误，例如，忘记将指针传递给 **unique_ptr** 或将指向不在自由存储中的
内容的指针传递给 **shared_ptr**。为避免此类问题，标准库（在 **<memory>** 中）提供了直接构造
对象并返回对应智能指针的函数，**make_shared()** 和 **make_unique()**。例如：

```
struct S {
    int i;
    string s;
    double d;
    // ...
};
auto p1 = make_shared<S>(1,"Ankh Morpork",4.65); // p1 是 shared_ptr<S>类型的
auto p2 = make_unique<S>(2,"Oz",7.62);           // p2 是 unique_ptr<S>类型的
```

现在，**p2** 是 **unique_ptr<S>**类型的，指向自由存储分配的 S 类型的对象，其值为{2,"Oz"s,7.62}。

相比单独使用 **new** 创建一个对象，然后将其传递给 **shared_ptr** 来说，使用 **make_shared()**
不仅更方便，而且效率也明显更高，因为它不需要单独分配引用计数，这个变量在 **shared_ptr**
的实现中非常重要。

有了 **unique_ptr** 和 **shared_ptr**，我们可以为许多程序实施完整的"禁止直接 **new**"策略（5.2.2 节）。然而，这些"智能指针"在概念上仍然是指针，因此这只是我在资源管理方面的第二选择——选择优先级低于容器，以及其他在更高概念层次上管理资源的类型。特别是，**shared_ptr** 本身并没有为其所有者提供任何可以读取和/或写入共享对象的规则。数据竞争（18.5 节）和其他形式的混淆并不能简单地通过消除资源管理问题来解决。

我们什么时候使用"智能指针"（例如，**unique_ptr**）而不用资源句柄或者专门为资源设计的操作（例如 **vector** 或 **thread**）？不出所料，答案是"当需要指针语义时"。

- 当共享对象时，我们需要指针（或引用）来引用共享对象，因此 **shared_ptr** 成为显而易见的选择（除非可以明确所有者只有一个）。
- 当在经典的面向对象代码（5.5 节）中引用多态对象时，需要指针（或引用），因为我们不知道所引用对象的确切类型（甚至它的大小），所以 **unique_ptr** 成为显而易见的选择。
- 如果上述多态对象同时需要被共享，则使用 **shared_ptr**。

如果只是为了从函数返回对象集合，我们不需要使用指针；作为资源句柄的容器将依靠拷贝省略（3.4.2 节）和移动语义（6.2.2 节）简单而有效地做到这一点。

15.2.2　span

传统上，范围错误一直是引起 C 和 C++程序中严重错误的主要原因，它会导致错误的结果、崩溃和安全问题。容器（第 12 章）、算法（第 13 章）和范围 **for** 语句的使用显著减少了这类问题，而且还可以做更多的事情。范围错误的一个主要来源是人们只传递指针（原始的或智能的），然后打算依靠额外约定来确认指向元素的具体数量。对于资源句柄之外的代码，最好的建议是假设其指向的对象不超过一个[CG: F.22]，但如果没有额外支持，该建议将很难做到。标准库 **string_view**（10.3 节）可以提供帮助，但它是只读的并且仅适用于字符。多数程序员要求的比这更多。例如，在底层软件中读写缓冲区时，要保持高性能，同时还要避免范围错误（"缓冲区溢出"）是出了名的困难。头文件中的 **span**，本质上是用一对（指针，长度）值来表示元素序列的：

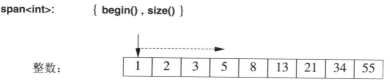

span 类型允许访问连续的元素序列。这些元素可以不同的形式存储，包括内置数组或者动态数组 **vector**。和指针一样，**span** 并不拥有它指向的字符的所有权。这方面它与 **string_view**

类型（10.3 节）或者一对 STL 迭代器（13.3 节）非常像。

考虑一种常见的接口风格：

```cpp
void fpn(int* p, int n)
{
    for (int i = 0; i<n; ++i)
        p[i] = 0;
}
```

我们假定，指针 **p** 指向含有 **n** 个整数的序列。不幸的是，这个假设只是惯用约定，所以我们不能用它来编写范围 **for** 循环，编译器也不能实现低开销、高效率的范围检查。不但如此，这个假定甚至有可能是错的：

```cpp
void use(int x)
{
    int a[100];
    fpn(a,100);        // 可行
    fpn(a,1000);       // 哦，手指打滑了！（fpn 出现范围错误）
    fpn(a+10,100);     // fpn 出现范围错误
    fpn(a,x);          // 可疑，但看起来很无辜
}
```

使用 **span**，我们能把上面的事情做得更优雅：

```cpp
void fs(span<int> p)
{
    for (int& x : p)
        x = 0;
}
```

我们可以这样使用 **fs**：

```cpp
void use(int x)
{
    int a[100];
    fs(a);             // 隐式创建 span<int>{a,100}对象
    fs(a,1000);        // 错误：期待 span 类型
    fs({a+10,100});    // fs 出现范围错误
    fs({a,x});         // 明显值得怀疑
}
```

也就是说，在常见情况下，直接从数组创建 **span** 很安全（编译器计算元素数量），符号记法也简单。在其他情况下，发生错误的可能性降低了，错误检测也变得更容易，因为程序员

必须显式地构造 `span`。

在常见情况下，`span` 在函数之间的传递比用(指针,长度计数)两个参数的组合接口更简单，而且显然不需要额外检查：

```cpp
void f1(span<int> p);

void f2(span<int> p)
{
    // ...
    f1(p);
}
```

和容器类似，当 `span` 被用下标（r[i]形式）访问时，不会进行范围检查，因此超出范围的访问是未定义行为。当然，实现可以将未定义行为实现为范围检查，遗憾的是，很少有人这样做。来自 *C++ Core Guidelines* 支持库[CG]的原始版本 `gsl::span` 会执行范围检查。

15.3　容器

标准库提供了几个不完全适配 STL 框架的容器（第 12 章、第 13 章）。例如，内置数组、`array` 及 `string`。我有时将它们称为"准容器"，但这不太公平：它们储存元素，因此它们是容器，但它们使用起来有限制或者添加了额外的设施，使得在 STL 的上下文中显得笨拙。独立地描述它们会简化对 STL 的描述。下表列出了常见的容器。

容器	
T[N]	内置数组：固定大小、连续分配的**N**个类型为**T**的元素序列；会被隐式转换为**T***
array<T,N>	固定大小、连续分配的**N**个类型为**T**的元素序列；类似于内置数组，但已解决了大多数已知问题
bitset<N>	固定尺寸**N**比特的序列
vector<bool>	比特序列，被存储为一种特殊的**vector**
pair<T,U>	两个元素，类型分别为**T**和**U**
tuple<T...>	任意类型的、任意数量的元素组成的序列
basic_string<C>	字符类型为**C**的字符序列，提供字符串相关操作
valarray<T>	数字构成的数组，数字类型为**T**；支持数学运算

为什么标准库提供如此多种类的容器？它们服务于常见的不同需求（有时这些需求会重叠）。如果标准库不提供，很多人会想要自己实现一份。例如：

- `pair` 和 `tuple` 可以存储不同类的数据，其他容器只能存储同类数据（内部元素的类型都相同）。

- array 与 tuple 的元素是被连续分配的，而 list 与 map 是基于用指针链接节点组成的结构的。
- bitset 和 vector<bool> 都只存储比特，然后使用代理对象来访问它们；其他标准库容器都可以保存各种各样的类型并且直接访问元素。
- basic_string 要求其元素是某种形式的字符，并提供字符串操作，例如，字符串拼接及与区域本地化相关的字符串操作。
- valarray 要求其元素为数字，并支持数学运算。

所有这些容器，都可以被看作（标准库）为大型程序员社区提供需要的专业定制化服务。但单个容器不可能满足所有需求，因为有些需求是矛盾的，例如，"允许动态增加尺寸"与"保证分配在固定位置"矛盾，"尺寸增加时元素不移动"和"保证连续分配"矛盾。

15.3.1 array

在 <array> 中定义的 array，是指定类型的元素的固定尺寸的序列，其中元素的数量在编译时被指定。因此，可以在堆栈、对象或静态存储中分配 array 及其元素。元素被分配的作用域与 array 被定义的作用域一致。最好将 array 直接理解为内置数组，其大小固定不变，没有隐式的、可能令人惊讶的指针类型转换，其还提供了一些方便访问的函数（与算法）。与使用内置数组相比，使用 array 没有任何额外开销（时间或空间）。array 并不遵循 STL 容器常见的"元素句柄"模型。相反，array 直接包含它的元素。它只不过是内置数组的更安全的版本。

这意味着 array 可以而且必须由初始化列表初始化：

```
array<int,3> a1 = {1,2,3};
```

初始化列表中的元素个数必须等于或小于为 array 指定的元素个数。

元素个数不是可选的，其必须是常量表达式，且必须是正数，元素类型必须被明确指定：

```
void f(int n)
{
    array<int> a0 = {1,2,3};                    // 错误：没有指定尺寸
    array<string,n> a1 = {"John's", "Queens' "}; // 错误：尺寸不是常量表达式
    array<string,0> a2;                          // 错误：尺寸必须为正数
    array<2> a3 = {"John's", "Queens' "};        // 错误：没有指定元素类型
    // ...
}
```

如果你需要用变量传入元素数量，那么可用 vector 类。

必要时，可以将 **array** 显式传递给需要指针的 C 风格函数。例如：

```
void f(int* p, int sz);        // C 风格接口

void g()
{
    array<int,10> a;

    f(a,a.size());             // 错误：没有转换
    f(a.data(),a.size());      // 使用 C 风格

    auto p = find(a,777);      // 使用 C++/STL 风格（传递范围作为参数）
    // ...
}
```

既然 **vector** 如此灵活，我们为什么还要使用 **array** 呢？**array** 不太灵活所以可以更简单。有时，直接访问分配在栈上的元素比通过 **vector** 句柄间接访问自由存储中的元素（然后释放它们），具备显著的性能优势。另外，栈是一种有限的资源（尤其是在一些嵌入式系统中），如果栈溢出，后果很严重。此外，还有一些应用领域，例如，具备致命安全需求的实时控制系统，在这些领域中禁止自由存储分配。例如，使用 **delete** 可能会导致碎片化（12.7 节）或内存耗尽（4.3 节）。

既然可以使用内置数组，为什么还要使用 **array** 呢？**array** 知道它的大小，所以它更容易结合标准库算法一起使用，并且可以使用=操作符直接拷贝。例如：

```
array<int,3> a1 = {1, 2, 3 };
auto a2 = a1;           // 拷贝
a2[1] = 5;
a1 = a2;               // 赋值
```

然而，我更喜欢 **array** 的主要原因是，它使我免于使用令人惊讶和讨厌的指针转换。考虑一个涉及类层次结构的示例：

```
void h()
{
    Circle a1[10];
    array<Circle,10> a2;
    // ...
    Shape* p1 = a1;     // 可行：等待发生灾难
    Shape* p2 = a2;     // 报错：无法将 array<Circle,10>转换为 Shape*类型（很好！）
    p1[3].draw();       // 灾难
}
```

"灾难"注释假定 **sizeof(Shape)<sizeof(Circle)**，因此对 **Shape***类型使用下标访问试图获取 **Circle[]**时会给出错误的偏移量。所有标准库容器在这个问题上都比内置数组强。

15.3.2　bitset

系统的各个方面（例如，输入流的状态）通常被表示为一组标志，指示二进制条件，例如，好/坏、真/假和开/关。C++通过对整数的按位运算（1.4 节）高效地支持小标志集的概念。**bitset<N>**类通过提供对 **N** 比特的序列**[0:N)**的操作来概括此概念，其中 **N** 在编译时已知。对于无法放进 **long long int**（通常为 64 位）变量的比特集合，使用 **bitset** 比直接使用整数方便得多。对于较小的集合，**bitset** 通常也同样被优化至最佳性能。如果你想命名这些比特，而不是给它们编号，可以使用 **set**（12.5 节）或枚举（2.4 节）。

可以用整数或字符串初始化 **bitset**：

```
bitset<9> bs1 {"110001111"};
bitset<9> bs2 {0b1'1000'1111};        // 二进制字面量，使用数字分隔符（1.4 节）
```

bitset 还可以使用常用的按位操作符（1.4 节）和左移/右移操作符（**<<**和**>>**）：

```
bitset<9> bs3 = ~bs1;        // 取补: bs3=="001110000"
bitset<9> bs4 = bs1&bs3;     // 全零
bitset<9> bs5 = bs1<<2;      // 左移位: bs5 = "000111100"
```

移位操作符（此处为**<<**）"移入"零。

to_ullong()和 **to_string()**操作为构造函数提供逆操作。例如，我们可以写出 **int** 的二进制表示：

```
void binary(int i)
{
    bitset<8*sizeof(int)> b = i;      // 假定字节为 8 比特（参见 17.7 节）
    cout << b.to_string() << '\n';    // 输出 i 的比特
}
```

这将从左到右打印表示为 **1** 和 **0** 的位，最高有效位在最左边，因此参数 **123** 将给出输出：

```
00000000000000000000000001111011
```

对于这个例子，直接使用 **bitset** 输出操作符更简单：

```
void binary2(int i)
{
    bitset<8*sizeof(int)> b = i;    // 假设字节为 8 比特（参见 17.7 节）
```

```
        cout << b << '\n';              // 输出的比特
    }
```

bitset 类提供了许多用于使用和操作比特集合的函数，例如，**all()**、**any()**、**none()**、**count()**、**flip()**。

15.3.3　pair

一个函数返回两个值是很常见的。有很多方法可以做到这一点，最简单也是最好的方法是为此目的定义一个结构。例如，我们可以返回一个值和一个错误码（用于标识是否成功）：

```
struct My_res {
    Entry* ptr;
    Error_code err;
};

My_res complex_search(vector<Entry>& v, const string& s)
{
    Entry* found = nullptr;
    Error_code err = Error_code::found;
    // ……在 v 中搜索 s……
    return {found,err};
}

void user(const string& s)
{
    My_res r = complex_search(entry_table,s); // 搜索 entry_table
    if (r.err != Error_code::good) {
        // ……处理错误……
    }
    // ……使用 r.ptr……
}
```

我们可以争辩说，将失败情况以 **end()** 迭代器或 **nullptr** 的形式编码进正常返回值中更优雅，但这只能表达一种失败。我们还是希望返回两个不同的值。如果用于保存一对值的 **struct** 及其成员的名称选择得当，为每对值定义一个特定的命名 **struct**，通常效果很好并且非常可读。然而，对于大型代码库，它会导致名称和约定的激增，并且对于需要一致命名的泛型代码来说效果不佳。因此，标准库提供 **pair** 作为对"专门用于保存一对值的结构"用例的泛型支持。使用 **pair**，我们的简单示例变为：

```
pair<Entry*,Error_code> complex_search(vector<Entry>& v, const string& s)
{
```

```
        Entry* found = nullptr;
        Error_code err = Error_code::found;
        // ……在 v 中搜索 s……
        return {found,err};
    }

    void user(const string& s)
    {
        auto r = complex_search(entry_table,s); // 搜索 entry_table
        if (r.second != Error_code::good) {
            // ……处理错误……
        }
        // ……使用 r.first……
    }
```

pair 的成员被命名为 first 和 second。从实现者的角度来看，这是有道理的，但在应用程序代码中，我们可能希望使用自己的名称。结构化绑定（3.4.5 节）可用于处理该情况：

```
    void user(const string& s)
    {
        auto [ptr,success] = complex_search(entry_table,s); // 搜索 entry_table
        if (success != Error_code::good)
            // ……处理错误……
        }
        // ……使用 r.ptr……
    }
```

标准库 pair（来自 <utility>）经常用于标准库和其他地方的"专门用于存储一对值的结构"用例。例如，标准库算法 equal_range 返回一对指定满足谓词的子序列的迭代器：

```
    template<typename Forward_iterator, typename T, typename Compare>
        pair<Forward_iterator,Forward_iterator>
        equal_range(Forward_iterator first, Forward_iterator last, const T& val,
        Compare cmp);
```

给定已排序序列[first:last)，equal_range()将返回表示与谓词 cmp 匹配的子序列的 pair。我们可以使用它来搜索已排序的 Record 序列：

```
    // 比较 name 字段
    auto less = [](const Record& r1, const Record& r2) { return r1.name<r2.name;};
    void f(const vector<Record>& v)            // 假定 v 按照"name"字段排序
    {
        auto [first,last] = equal_range(v.begin(),v.end(),Record{"Reg"},less);
```

```
    for (auto p = first; p!=last; ++p)   // 打印所有相同的记录
        cout << *p;                       // 假定为 Record 类型定义了<<操作符
}
```

pair 类型提供操作符，例如=、==和<，前提是其内部的元素提供对应操作。类型推导使得在不显式写出其类型的情况下轻松创建 **pair** 类型。例如：

```
void f(vector<string>& v)
{
    pair p1 {v.begin(),2};               // 一种方法
    auto p2 = make_pair(v.begin(),2);    // 另一种方法
    // ...
}
```

此处，**p1** 和 **p2** 都是 **pair<vector<string>::iterator,int>** 类型的。

当代码不需要使用泛型时，具有命名成员的简单结构通常会产生更易于维护的代码。

15.3.4 tuple

与数组一样，标准库容器是同类的；也就是说，它们的所有元素都是单一类型的。但是，有时我们希望将一系列不同类型的元素视为一个对象；也就是说，我们想要一个异构的容器；**pair** 是一个例子，但并非所有此类异构序列都只有两个元素。标准库提供 **tuple** 作为具有零个或多个元素的 **pair** 的泛化：

```
tuple t0 {};                                    // 空
tuple<string,int,double> t1 {"Shark",123,3.14}; // 类型被显式指定
auto t2 = make_tuple(string{"Herring"},10,1.23);// 类型被推导为 tuple<string,
                                                // int, double>
tuple t3 {"Cod"s,20,9.99};                      // 类型被推导为 tuple<string,int,double>
```

tuple 的元素（成员）是独立的，它们之间没有约束条件（4.3 节）。如果我们想要一个约束条件，必须将 **tuple** 封装在强制执行它的类中。

对于单一的特定用途，简单的 **struct** 通常更适用，但在很多泛型编程的场合，其中 **tuple** 的灵活性使我们不必以没有成员的助记名称为代价来定义许多 **struct**。可以通过 **get** 函数模板访问 **tuple** 的成员。例如：

```
string fish = get<0>(t1);      // 获取第一个元素: "Shark"
int count = get<1>(t1);        // 获取第二个元素: 123
double price = get<2>(t1);     // 获取第三个元素: 3.14
```

tuple 的元素从零开始编号，并且 **get()** 的索引参数必须是常量。函数 **get** 是模板函数，其

将索引作为模板值参数（7.2.2节）。

通过索引访问 **tuple** 的成员是泛型的、不优雅的，而且容易出错。幸运的是，**tuple** 中具有唯一类型的元素可以通过其类型被"命名"：

```
auto fish = get<string>(t1);     // 获取 string 类型: "Shark"
auto count = get<int>(t1);       // 获取 int 类型: 123
auto price = get<double>(t1);    // 获取 double 类型: 3.14
```

也可以将 **get<>** 的返回值用于写入数据：

```
get<string>(t1) = "Tuna";        // 写入 string 类型
get<int>(t1) = 7;                // 写入 int 类型
get<double>(t1) = 312;           // 写入 double 类型
```

tuple 的大多数用途都被隐藏在更高级别架构的实现中。例如，我们可以使用结构化绑定（3.4.5节）访问 **t1** 的元素：

```
auto [fish, count, price] = t1;
cout << fish << ' ' << count << ' ' << price << '\n'; // 读取
fish = "Sea Bass";                                    // 写入
```

通常，这种绑定及其对 **tuple** 的底层使用会用于函数调用：

```
auto [fish, count, price] = todays_catch();
cout << fish << ' ' << count << ' ' << price << '\n';
```

tuple 的真正优势在于，当你必须将未知数量的未知类型的元素作为对象存储或传递时。

很显然，遍历 **tuple** 的元素会有些混乱，需要函数体的递归以及编译时运算：

```
template <size_t N = 0, typename... Ts>
constexpr void print(tuple<Ts...> tup)
{
    if constexpr (N<sizeof...(Ts)) {   // 没有到达结束?
        cout << get<N>(tup) << ' ';    // 打印第 N 个元素
        print<N+1>(tup);               // 打印下一个元素
    }
}
```

这里，**sizeof...(Ts)** 给出了 **Ts** 中元素的数量。

使用 **print()** 则更简单直接：

```
print(t0);    // 没有输出
print(t2);    // 输出为 Herring 10 1.23
print(tuple{ "Norah", 17, "Gavin", 14, "Anya", 9, "Courtney", 9, "Ada", 0 });
```

与 **pair** 一样，**tuple** 提供操作符，例如=、==和<，只要其元素支持。**pair** 类型和具有两个成员的 **tuple** 之间也可以互相转换。

15.4 可变类型容器

该标准提供了三种类型来表示可变类型容器，如下表所示。

可变类型容器	
union	内置类型，其中包含可变类型的集合
variant<T...>	可变类型的某个特定集合（在**<variant>**中定义）
optional<T>	存储类型T或者空值（在**<optional>**中定义）
any	存储任意类型，不限制其可变类型集合（在**<any>**中定义）

15.4.1 variant

与显式使用 **union**（2.5 节）相比，**variant<A,B,C>**通常是更安全、更方便的替代方法。最简单的示例可能是返回值或错误代码：

```
variant<string,Error_code> compose_message(istream& s)
{
    string mess;
    // ……从 s 读入并且组成消息……
    if (no_problems)
        return mess;                          // 返回 string 类型
    else
        return Error_code{some_problem};      // 返回 Error_code 类型
}
```

当赋值或初始化 **variant** 时，它会记住该值的类型。稍后，我们可以查询 **variant** 持有什么类型并提取值：

```
auto m = compose_message(cin);

if (holds_alternative<string>(m)) {
    cout << get<string>(m);
}
else {
```

```
        auto err = get<Error_code>(m);
        // ……处理错误……
    }
```

这种风格吸引了一些不喜欢异常的人（4.4 节），但它还有更多有趣的用途。例如，一个简单的编译器可能需要区分具有不同表示的不同种类的节点：

```
    using Node = variant<Expression,Statement,Declaration,Type>;

    void check(Node* p)
    {
        if (holds_alternative<Expression>(*p)) {
            Expression& e = get<Expression>(*p);
            // ...
        }
        else if (holds_alternative<Statement>(*p)) {
            Statement& s = get<Statement>(*p);
            // ...
        }
        // ……声明与类型……
    }
```

这种检查备选方案以决定适当行动的模式非常普遍且相对低效，值得（在语言层面）直接支持：

```
    void check(Node* p)
    {
        visit(overloaded {
            [](Expression& e) { /* ... */ },
            [](Statement& s) { /* ... */ },
            // ……声明与类型……
        }, *p);
    }
```

这基本上等同于虚函数调用，但速度可能更快。与所有性能声明一样，当性能至关重要时，应该通过测量来验证这种"可能更快"。对于大多数用途，性能差异微不足道。

overloaded 类是必要的，而且很奇怪，它不是标准的。这是从一组参数（通常是 lambda 表达式）构建重载集的"魔法"：

```
    template<class... Ts>
    struct overloaded : Ts... {                         // 可变参数模板（8.4节）
        using Ts::operator()...;
    };
```

```
template<class... Ts>
    overloaded(Ts...) -> overloaded<Ts...>;        // 推导指南
```

"访问者"调用 **visit** 然后将 **()** 应用于 **overloaded** 对象，**overloaded** 对象根据重载规则选择最合适的 lambda 匿名函数进行调用。

推导指南是一种解决细微歧义的机制，主要用于基础库中类模板的构造函数（7.2.3 节）。

如果我们尝试以其当前存储类型不同的类型访问 variant，则会抛出 **bad_variant_access** 异常。

15.4.2　optional

optional<A> 可以被看作一种特殊的 **variant**（如 **variant<A,nothing>**）或对 **A***的概念的概括，要么指向对象，要么是 **nullptr**。

optional 类型对于可能返回也可能不返回对象的函数很有用：

```
optional<string> compose_message(istream& s)
{
    string mess;

    // ……从 s 读入并且合成信息……

    if (no_problems)
        return mess;
    return {}; // 空的 optional 类型变量
}
```

如此，我们可以写出：

```
if (auto m = compose_message(cin))
    cout << *m; // 注意解引用符号（*）
else {
    // ……处理错误……
}
```

这对一些不喜欢异常的人很有吸引力（4.4 节）。请注意*的奇怪用法。**optional** 被视为指向其对象的指针，而不是对象本身。

对 **optional** 来说，扮演 **nullptr** 功能的值是空对象**{}**。

```
int sum(optional<int> a, optional<int> b)
```

```
{
    int res = 0;
    if (a) res+=*a;
    if (b) res+=*b;
    return res;
}
int x = sum(17,19);    // 36
int y = sum(17,{});    // 17
int z = sum({},{});    // 0
```

如果我们尝试访问不包含值的 **optional**，则结果未被定义且不会抛出异常。因此，**optional** 不能保证类型安全。不要尝试如下代码：

```
int sum2(optional<int> a, optional<int> b)
{
    return *a+*b;                  // 这是在找麻烦
}
```

15.4.3 any

any 可以包含任意类型的值并且知道它包含哪种类型（如果有的话）。它基本上是 **variant** 的无约束版本：

```
any compose_message(istream& s)
{
    string mess;

    // ……从 s 读入并且撰写信息……

    if (no_problems)
            return mess;            // 返回 string 类型
    else
            return error_number;    // 返回 int 类型
}
```

当为 **any** 赋值或初始化时，它会记住该值的类型。稍后，我们可以通过断言值的预期类型来提取 **any** 持有的值。例如：

```
auto m = compose_message(cin);
string& s = any_cast<string>(m);
cout << s;
```

如果我们尝试用与所存储类型不同的类型来访问 **any**，则会抛出 **bad_any_access** 异常。

15.5　建议

[1]　库不是很大很复杂才有用；参见 16.1 节。

[2]　所谓资源是指需要获取和释放（显式或隐式）的东西；参见 15.2.1 节。

[3]　用资源句柄来管理资源（RAII）；参见 15.2.1 节；[CG:R.1]。

[4]　**T***的问题在于它可以用来表示任何东西，所以不能轻易确定"原始"指针的用途；参见 15.2.1 节。

[5]　访问多态类型的对象时使用 **unique_ptr**；参见 15.2.1 节；[CG: R.20]。

[6]　（仅当）访问共享的对象时使用 **share_ptr**；参见 15.2.1 节；[CG: R.20]。

[7]　与智能指针相比，优先选择含有特定语义的资源句柄；参见 15.2.1 节。

[8]　不要在本可以使用局部变量的场合使用智能指针；参见 15.2.1 节。

[9]　与 **shared_ptr** 相比，优先选择 **unique_ptr**；参见 6.3 节、15.2.1 节。

[10] 仅当需要转移或传递所有权责任时，才使用 **unique_ptr** 或 **shared_ptr** 作为参数或返回值；参见 15.2.1 节；[CG: F.26] [CG: F.27]。

[11] 使用 **make_unique()** 构造 **unique_ptr**；参见 15.2.1 节；[CG: R.22]。

[12] 使用 **make_shared()** 构造 **shared_ptr**；参见 15.2.1 节；[CG: R.23]。

[13] 与垃圾回收机制相比，智能指针更优；参见 6.3 节、15.2.1 节。

[14] 与指针加计数接口相比，**span** 更优；参见 15.2.2 节；[CG: F.24]。

[15] **span** 支持范围 **for** 语句；参见 15.2.2 节。

[16] 如果你需要的序列可以使用 **constexpr** 大小，选择 **array**；参见 15.3.1 节。

[17] **array** 比内置数组更好；参见 15.3.1 节; [CG: SL.con.2]。

[18] 如果你需要使用 **N** 个二进制比特，而 **N** 又不是内置整数类型的位宽（比如，**8**、**16**、**32**、**64**），则建议使用 **bitset**；参见 15.3.2 节。

[19] 不要过度使用 **pair** 和 **tuple**；命名 **struct** 通常会有更易读的代码；参见 15.3.3 节。

[20] 使用 **pair** 时，使用模板参数推导或 **make_pair()** 可以帮助我们避免冗余类型说明；参见 15.3.3 节。

[21] 使用 **tuple** 时，使用模板参数推导或 **make_tuple()** 可以帮助我们避免冗余类型说明；参见 15.3.3 节；[CG: T.44]。

[22] 相比显式使用 **union**，使用 **variant** 更优；参见 15.4.1；[CG: C.181]。

[23] 如果在各种可变类型中选择使用 **variant**，考虑使用 **visit()** 和 **overloaded()**；参见 15.4.1 节。

[24] 使用 **variant**、**optional** 或 **any** 对象时，可能有多个可选类型，请在访问前检查标签；参见 15.4 节。

第 16 章
实用工具

能在浪费时间中获得乐趣，就不是浪费时间。

——伯特兰·罗素

16.1 引言

　　将某个库组件命名为"实用程序"并不能提供太多信息。显然，任何库组件都在某个时间点、某个地方对某些人算是实用程序。这里选择介绍的一些实用工具，是因为它们在很多场合有关键性用途，但不适合在其他章节描述。通常，它们可充当更强大的库工具（包括标准库的其他组件）的构建块。

16.2　时间

在 **<chrono>** 中，标准库提供了处理时间的工具：

- 时钟、**time_point** 和 **duration** 用于测量某些动作需要多长时间，并作为与时间有关的任何事情的基础。
- **day**、**month**、**year** 和 **weekdays**，用于将 **time_point** 映射到我们的日常生活中。
- **time_zone** 和 **zoned_time** 处理全球报时的差异。

基本上每个主流系统都会处理其中的一些实体。

16.2.1　时钟

下面这段程序实现了最基本的计时：

```
using namespace std::chrono;            // 在子命名空间 std::chrono 中，参见 3.3 节

auto t0 = system_clock::now();
do_work();
auto t1 = system_clock::now();

cout << t1-t0 << "\n";                  // 默认单位：20223[1/00000000]s
cout << duration_cast<milliseconds>(t1-t0).count() << "ms\n"; // 指定单位：2ms
cout << duration_cast<nanoseconds>(t1-t0).count() << "ns\n"; // 指定单位：2022300ns
```

时钟返回 **time_point** 类型（时间点）。两个 **time_point** 相减可以得到 **duration**（一段时间）。**duration** 的默认 **<<** 操作符添加了一些用作后缀的单位指示。不同的时钟返回的结果时间的单位各有不同（例如，我使用的时间片以百纳秒为单位），因此最好将 **duration** 转换为适当的单位。在上面的代码中，**duration_cast** 负责完成这一任务。

时钟对于快速测量很有用。如果你想对代码的效率发表意见，请一定先进行时间测量再开口。对性能进行盲目猜测往往不靠谱。再简单的测量也好过完全没有测量，当然，现代计算机的性能是一个有争议的话题，因此我们必须注意不要过分重视单次简单的测量。多次重复测量可以避免因罕见事件或缓存效应而盲目下结论。

命名空间 **std::chrono_literals** 定义了时间单位后缀（6.6 节）。例如：

```
this_thread::sleep_for(10ms+33us);      // 等待 10 毫秒 33 微秒
```

符合常识的符号名称极大地提高了可读性，使代码更易于维护。

16.2.2　日历

在处理日常事件时，我们很少使用毫秒，经常使用年、月、日、小时、秒和星期几，标准库支持这一点。例如：

```
auto spring_day = April/7/2018;
cout << weekday(spring_day) << '\n';                // 输出 Sat
cout << format("{:%A}\n",weekday(spring_day));      // 输出 Saturday
```

Sat 是我的计算机上星期六的默认字符表示。我不喜欢这个缩写，所以我使用 **format**（11.6.2 节）来获得更长的名称。**%A** 的意思是"写下星期几的全名"。自然，**April** 是月类型；更准确地说，是 **std::chrono::Month** 类型。也可以写成：

```
auto spring_day = 2018y/April/7;
```

y 后缀用于表明这是年份不是普通 **int**，普通 **int** 可用于表示月份中的天数，范围为 **1** 到 **31**。

日历类型也可以用来表示无效日期。如果对此表示疑惑，可以用 **ok()** 函数检查：

```
auto bad_day = January/0/2024;
if (!bad_day.ok())
    cout << bad_day << "不是有效日期\n";
```

显然，对于从计算得来的日期数据，调用 **ok()** 会非常有用。

日期的组成是通过重载 **year**、**month** 和 **int** 的/（斜杠运算符）来实现的。获得的 **year_month_day** 类型可以与 **time_point** 类型互相转换，从而实现准确、高效的日期时间计算。例如：

```
sys_days t = sys_days{February/25/2022};            // 获取时间点,精确到天
t += days{7};                                       // February 25, 2022 后的第 7 天
auto d = year_month_day(t);                         // 将时间点转化回日历
cout << d << '\n';                                  // 2022-03-04
cout << format("{:%B}/{}/{}\n", d.month(), d.day(), d.year()); // March/04/2022
```

这种计算需要月份的改变以及闰年相关知识。默认情况下，该实现以 ISO 8601 标准格式提供日期。要将月份拼写为"March"，我们必须分解日期的各个字段并研究日期格式化相关的细节（11.6.2 节）。"写下月份的全名"格式使用**%B** 来表示。

这样的操作通常可以在编译时完成，因此效率很高：

```
static_assert(weekday(April/7/2018) == Saturday);   // 返回 true
```

日历系统复杂而微妙。这是几个世纪以来为"普通人"设计的"系统"的典型特征，它们

更偏向普通人，而不考虑程序员编程是否容易。标准库的日历系统可以（并且已经）扩展以处理儒略历、伊斯兰历、泰历和其他历法。

16.2.3 时区

与时间相关的最棘手的问题之一是时区。时区的规律是如此任性以至于难以让人记住，并且有时会以各种方式发生变化，而这些方式在全球范围内并无统一标准。例如：

```
auto tp = system_clock::now();          // tp 是 time_point 类型的
cout << tp << '\n';                      // 2021-11-27 21:36:08.2085095

zoned_time ztp { current_zone(),tp };   // 2021-11-27 16:36:08.2085095 EST
cout << ztp << '\n';

const time_zone est {"Europe/Copenhagen"};
cout << zoned_time{ &est,tp } << '\n';   // 2021-11-27 22:36:08.2085095 GMT+1
```

time_zone 是时间相对于 **system_clock** 所定义的标准时间（又称为 GMT 或 UTC）的偏差。标准库与全球数据库（IANA）同步可获得关于时区的正确答案。该同步可以在操作系统中自动进行，也可以在系统管理员的控制下进行。时区的名称是"大陆/主要城市"形式的 C 风格字符串，例如"America/New_York""Asia/Tokyo""Africa/Nairobi"。**zoned_time** 类型则是 **time_zone** 与 **time_point** 的组合。

像日历一样，时区解决了我们留给标准库的一系列问题，而不是依赖我们自己的手工代码。想一想：2024 年 2 月的最后一天，纽约的什么时候新德里的日期会发生变化？2020 年美国科罗拉多州丹佛市的夏令时何时结束？下一个闰秒会在什么时候出现？标准库"知道"这些问题的答案。

16.3 函数适配

将函数作为函数的参数传递时，参数的类型必须与被调用函数声明中表达的期望完全匹配。如果函数参数只是"大致符合预期"而没有完全匹配，我们有其他方法来调整它：

- 使用匿名函数（16.3.1 节）。
- 使用 **std::mem_fn()** 将成员函数转化为函数对象（16.3.2 节）。
- 让函数接受 **std::function**（16.3.3 节）作为参数。

还有许多其他方法，但效果最好的是上述三种方法中的一种。

16.3.1　匿名函数作为适配器

考虑传统的"画形状"示例：

```
void draw_all(vector<Shape*>& v)
{
    for_each(v.begin(),v.end(),[](Shape* p) { p->draw(); });
}
```

与所有标准库算法一样，**for_each()**使用传统函数调用语法 **f(x)** 调用其参数，但 **Shape** 的 **draw()**使用传统的面向对象符号 **x->f()**。匿名函数很容易在两种表示法之间进行调解。

16.3.2　mem_fn()

函数适配器 **mem_fn(mf)**生成函数对象，我们能像调用非成员函数一样调用这个函数对象。例如：

```
void draw_all(vector<Shape*>& v)
{
    for_each(v.begin(),v.end(),mem_fn(&Shape::draw));
}
```

在 C++11 引入匿名函数之前，**mem_fn()**及类似函数是从面向对象调用风格映射到函数式调用风格的主要方式。

16.3.3　function

标准库 **function** 是一种类型，能保存任何你可以使用**()**操作符的对象。**function** 类型的对象就是函数对象（7.3.2 节）。例如：

```
int f1(double);
function<int(double)> fct1 {f1};              // 初始化为 f1

int f2(string);
function fct2 {f2};                            // fct2 的类型是 function<int(string)>

function fct3 = [](Shape* p) { p->draw(); };   // fct3 的类型是 function<void(Shape*)>
```

对于 **fct2**，我让函数的类型 **int(string)**从给定的初始值中推导出来。

显然，**function** 对于回调、将操作作为参数传递及传递函数对象等很有用。但是，与直接调用相比，它可能会引入少量运行时开销。特别是，对于在编译时未计算其大小的 **function** 对象，可能会发生自由存储分配，会对性能关键型应用程序产生严重的不良影响。C++23 即将推出一个解决方案：**move_only_function**。

另一个问题是，作为对象的 **function** 不参与重载。如果需要重载函数对象（包括匿名函数），请考虑 **overloaded**（15.4.1 节）。

16.4　类型函数

类型函数是以输入参数为类型或返回值为类型的函数，它们在编译时求值。标准库提供了多种类型函数来帮助库实现者（和一般程序员）编写代码，以更好地利用语言、标准库和普通代码的各种优势。

对于数值类型，**<limits>** 中的 **numeric_limits** 提供了各种有用的信息（17.7 节）。例如：

```
constexpr float min = numeric_limits<float>::min(); // 最小正浮点数
```

同样，可以通过内置的 **sizeof** 操作符（1.4 节）找到对象大小。例如：

```
constexpr int szi = sizeof(int); // int 中的字节数
```

在 **<type_traits>** 中，标准库提供了很多查询类型属性的函数。例如：

```
bool b = is_arithmetic_v<X>;                  // 如果 X 是（内置）算术类型之一
using Res = invoke_result_t<decltype(f)>;   // 如果 f 函数返回 int，那么 Res 是 int 类型的
```

decltype(f) 是对内置类型函数 **decltype()** 的调用，返回其参数（**f**）的声明类型。

某些类型函数根据输入创建新类型。例如：

```
typename<typename T>
using Store = conditional_t(sizeof(T)<max, On_stack<T>, On_heap<T>);
```

如果 **conditional_t** 的第一个（布尔）参数为真，则结果为第一个备选方案；否则为第二个。假设 **On_stack** 和 **On_heap** 为 **T** 提供相同的访问函数，它们可以如其名称所示分配它们的 **T**。因此，**Store<X>** 实际使用的分配器可以根据 **X** 对象的大小来自适应调整。通过这种选择性启用的分配器性能调整非常重要。这是一个简单的例子，说明了如何从标准函数或使用概念来构造我们自己的类型函数。

概念也属于类型函数。当在表达式中使用概念时，它们是特定的类型谓词。例如：

```
template<typename F, typename... Args>
auto call(F f, Args... a, Allocator alloc)
{
    if constexpr (invocable<F,alloc,Args...>)      // 需要分配器吗？
        return f(f,alloc,a...);
```

```
        else
            return f(f,a...);
}
```

在许多情况下，概念是最好的类型函数，但大多数标准库都是在概念诞生以前编写的，并且必须支持概念诞生以前的代码库。

符号约定令人困惑。标准库将**_v** 用于返回值的类型函数，**_t** 用于返回类型的类型函数，这是 C 和 C++概念诞生以前 C++弱类型时代的遗留物。没有任何标准库类型函数同时返回类型和值，因此这些后缀是多余的。对于标准库和其他地方的概念，不需要使用也没有使用任何后缀。

类型函数是 C++"编译期计算"机制的一部分，与没有它们相比，它允许更严格的类型检查和更好的性能。类型函数和概念的使用（第 8 章、14.5 节）通常被称为元编程或模板元编程（当涉及模板时）。

16.4.1 类型谓词

在**<type_traits>**中，标准库提供了许多简单的类型函数，称为类型谓词，可以回答有关类型的基本问题。这里选择了其中一部分列举出来，如下表所示。

类型谓词表（部分） T、A和U是类型；所有谓词均返回布尔值	
is_void_v\<T>	T是void类型吗
is_integral_v\<T>	T是整数类型吗
is_floating_point_v\<T>	T是浮点数类型吗
is_class_v\<T>	T是一个class（而不是union）吗
is_function_v\<T>	T是一个函数（而不是函数对象或函数指针）吗
is_arithmetic_v\<T>	T是整数或者浮点数类型吗
is_scalar_v\<T>	T是算术类型、枚举类型、指针或者成员指针吗
is_constructible_v\<T, A...>	T的构造函数可以从参数表A...调用吗
is_default_constructible_v\<T>	T的构造函数可以无显式参数的方法调用吗
is_copy_constructible_v\<T>	T有（参数为const T&的）拷贝构造函数吗
is_move_constructible_v\<T>	T有（参数为T&&的）移动构造函数吗
is_assignable_v\<T,U>	T可以U为参数类型调用赋值操作符函数吗
is_trivially_copyable_v\<T,U>	T的赋值行为可以不借助用户自定义赋值操作来完成吗
is_same_v\<T,U>	T和U是相同的类型吗
is_base_of_v\<T,U>	U是T的基类或者与T相同吗
is_convertible_v\<T,U>	T可以被隐式转换成U吗
is_iterator_v\<T>	T是一个迭代器类型吗
is_invocable_v\<T, A...>	T可以用参数列表A...来调用吗
has_virtual_destructor_v\<T>	T有虚析构函数吗

这些谓词的传统用途是给模板参数增加约束条件。例如：

```
template<typename Scalar>
class complex {
    Scalar re, im;
public:
    static_assert(is_arithmetic_v<Scalar>, "对不起，只支持由算术类型组成的复数。");
    // ...
};
```

然而，与其他传统用途一样，使用概念更容易、更优雅：

```
template<Arithmetic Scalar>
class complex {
    Scalar re, im;
public:
    // ...
};
```

在许多情况下，诸如 **is_arithmetic** 之类的类型谓词会在其他场合消失，因为这种谓词被收录进 concept（概念）的定义中，直接使用 concept（概念）更简便。例如：

```
template<typename T>
concept Arithmetic = is_arithmetic_v<T>;
```

奇怪的是，标准库并没有提供 **std::arithmetic** 概念。

通常，可以定义比标准库类型谓词更通用的概念，因为许多标准库类型谓词仅适用于内置类型。所以我们可以根据所需的操作定义一个概念，如 **Number** 的定义（8.2.4 节）所示：

```
template<typename T, typename U = T>
concept Arithmetic = Number<T,U> && Number<U,T>;
```

在大多数情况下，基础服务的实现中深度使用了标准库类型谓词，通常用于针对特定案例进行区别优化。典型的情况有，**std::copy(Iter,Iter,Iter2)** 的部分实现针对重要场景进行优化，比如对简单类型（整数）的连续序列进行拷贝操作时可以使用特定更优算法取代：

```
template<class T>
void cpy1(T* first, T* last, T* target)
{
    if constexpr (is_trivially_copyable_v<T>)
        memcpy(first, target, (last - first) * sizeof(T));
    else
        while (first != last) *target++ = *first++;
}
```

在特定的标准库实现中，这种简单的优化得到的性能比其未优化的变体高出约 50%。不要沉溺于这种小聪明，除非你已经证实标准库做得不如你好。手工优化的代码通常比直接调用标准库的（更简单的）替代代码更难维护。

16.4.2　条件属性

假如我们想要定义"智能指针"：

```
template<typename T>
class Smart_pointer {
    // ...
    T& operator*() const;
    T* operator->() const;          // 当且仅当 T 是类时，-> 才可用
};
```

当且仅当 T 是类类型时，才应定义 **->** 操作符。例如，**Smart_pointer<vector<T>>** 应该有 **->** 操作符，但 **Smart_pointer<int>** 不应该有。

因为不在函数内部，所以不能使用编译时 **if**。相反，可以写为 **requires**：

```
template<typename T>
class Smart_pointer {
    // ...
    T& operator*() const;
    T* operator->() const requires is_class v<T>;    // 当且仅当 T 是类时，才定义 ->
};
```

类型谓词直接表达了对 **operator->()** 的约束。我们也可以为此使用概念。标准库中没有用来判断类型是否是类类型（**class**、**struct** 或 **union**）的概念，但我们可以定义一个：

```
template<typename T>
concept Class = is_class v<T> || is_union_v<T>;   // union 也是类

template<typename T>
class Smart_pointer {
    // ...
    T& operator*() const;
    T* operator->() const requires Class<T>;        // 当且仅当 T 是类时，才定义 ->
};
```

通常，概念比直接使用标准库类型谓词更通用，或者说更合适。

16.4.3　类型生成器

许多类型函数返回类型，通常是它们计算出的新类型。我将此类函数称为类型生成器，以

将它们与类型谓词区分开来。标准库提供了一些类型生成器，如下表所示。

类型生成器（部分）	
R=remove_const_t<T>	R是去掉T最外层的const（如果有的话）的类型
R=add_const_t<T>	R就是const T
R=remove_reference_t<T>	如果T是U&形式的引用，那么R是U，否则R是T
R=add_lvalue_reference_t<T>	如果T已经是左值引用，则R是T，否则R是T&
R=add_rvalue_reference_t<T>	如果T已经是右值引用，则R是T，否则R是T&&
R=enable_if_t<b,T =void>	如果b为真，则R是T，否则R无定义
R=conditional_t<b,T,U>	如果b为真，则R是T，否则R是U
R=common_type_t<T...>	如果所有T都可以隐式转化为U，则R是U，否则R无定义
R=underlying_type_t<T>	如果T是枚举类型，则R是该枚举的值类型；否则报错
R=invoke_result_t<T,A...>	如果T可以用参数A...调用，则R是其返回值类型；否则报错

这些类型函数通常用于实用工具代码的实现，而并非直接用于应用程序代码。其中，在概念诞生前，代码中最常见的可能是 **enable_if**。例如，用传统方式实现条件启用智能指针的**->**操作符是这样的：

```
template<typename T>
class Smart_pointer {
    // ...
    T& operator*();
    enable_if<is_class_v<T>,T&> operator->(); // 当且仅当 T 为类时，定义-> 操作符
};
```

我觉得这样的代码的可读性并不好，在更复杂的用法中，可读性会更糟糕。**enable_if** 的定义依赖于一种称为 SFINAE（"替换失败不是错误"）的微妙语言特性。请（仅）在你需要时查找相关信息。

16.4.4　关联类型

所有的标准库容器（12.8 节）及被设计为遵循标准库模式的容器都有一些关联类型，例如它们的值类型和迭代器类型。标准库在**<iterator>**和**<ranges>**中提供了它们的名称，如下表所示。

类型生成器（部分）	
range_value_t<R>	范围R所代表容器的元素类型
iter_value_t<T>	迭代器T所指向的元素类型
iterator_t<R>	范围R所代表容器的迭代器类型

16.5　source_location

在写出跟踪消息或错误消息时，我们通常希望将源代码的位置作为该消息的一部分。标准库为此提供了 source_location：

```
const source_location loc = source_location::current();
```

current()返回 source_location 类型的对象，描述它在源代码中出现的位置。类 source_location 的 file()和 function_name()成员函数返回 C 风格字符串，它的 line()和 column()成员函数返回无符号整数。

将 source_location 包装在日志函数中，我们就有了一个不错的日志消息头：

```
void log(const string& mess = "",
        const source_location loc = source_location::current())
{
    cout << loc.file_name()
        << '(' << loc.line() << ':' << loc.column() << ") "
        << loc.function_name() ": "
        << mess;
}
```

current()的调用在默认参数中进行，这样我们可以获取 log()调用者的位置而不是 log()自身的位置：

```
void foo()
{
    log("Hello");              // 输出 myfile.cpp (17,4) foo: Hello
    // ...
}
int bar(const string& label)
{
    log(label);                // 输出 myfile.cpp (23,4) bar: <<label 的值>>
    // ...
}
```

在 C++20 之前编写的代码或需要在较旧的编译器上编译的代码，可使用宏__FILE__和__LINE__完成类似的功能。

16.6　move()和 forward()

移动和拷贝之间的选择大多是隐式进行的（3.4 节）。编译器更倾向于在对象即将被销毁时选择移动（如在返回中），因为这被认为是更简单、更有效的操作。但是，有时我们必须显式指定。例如，**unique_ptr** 是对象的唯一所有者，它不能被拷贝，所以如果你想在别处使用 **unique_ptr**，必须移动它。例如：

```cpp
void f1()
{
    auto p = make_unique<int>(2);
    auto q = p;                 // 错误：不能拷贝 unique_ptr
    auto q = move(p);           // 从此 p 是 nullptr
    // ...
}
```

令人困惑的是，**std::move()** 不会移动任何东西。相反，它将其参数转换为右值引用，从而表明其参数将不会被再次使用，因此可以被移动（6.2.2 节），它或许本应被称为类似 **rvalue_cast** 的东西。这个函数的存在是为了服务一些基本情况。考虑一个简单的交换函数：

```cpp
template <typename T>
void swap(T& a, T& b)
{
    T tmp {move(a)};    // T 的构造函数看见右值引用，执行 move
    a = move(b);        // T 的赋值操作符看见右值引用，执行 move
    b = move(tmp);      // T 的赋值操作符看见右值引用，执行 move
}
```

我们不想重复拷贝潜在的大对象，所以使用 **std::move()** 请求移动。

至于其他的类型转换，**std::move()** 的使用很诱人，但也很危险。考虑：

```cpp
string s1 = "Hello";
string s2 = "World";
vector<string> v;
v.push_back(s1);            // 使用 "const string&" 参数，push_back()执行拷贝
v.push_back(move(s2));      // 使用移动构造函数
v.emplace_back(s1);        // 替代方式：直接在 v 的末尾构造一份 s1 的拷贝（12.8 节）
```

这里 **s1**（通过 **push_back()**）被拷贝，而 **s2** 被移动。这有时（仅在部分场景）会使 **s2** 的 **push_back()** 成本更低。但潜在问题是留下了一个被移走的对象。如果我们再次使用 **s2**，就会出现问题：

```cpp
cout << s1[2];             // 输出'l'
cout << s2[2];             // 可能崩溃
```

我认为这样使用 **std::move()** 对于大多数场景来说太容易出错了。除非你能证明有显著且

必要的性能改进，否则不要使用它，在以后的维护中可能会导致对已移出对象的意外使用。

编译器知道函数中有不会被再次使用的返回值，因此显式地使用 **std::move()**（例如 **return std::move(x);**）往往是多余的，甚至会抑制编译器本应存在的优化。

移出对象的状态通常是未定义的，但所有标准库类型都将移出对象置于可销毁和可被赋值的状态。采用其他做法并不是明智的选择。对于容器（例如，**vector** 或 **string**）而言，移出状态将为"空"。对于许多类型，默认值是良好的空状态：有意义且构建成本低。

转发参数是需要移动的重要用例（8.4.2 节）。我们有时想在不改变任何东西的情况下将一组参数传递给另一个函数（以实现"完美转发"）：

```cpp
template<typename T, typename... Args>
unique_ptr<T> make_unique(Args&&... args)
{
    return unique_ptr<T>{new T{std::forward<Args>(args)...}};  // 转发所有参数
}
```

标准库 **forward()** 与更简单的 **std::move()** 的不同之处在于，正确处理与左值和右值相关的细微差别（6.2.2 节）。**std::forward()** 专门用于转发，不要 **forward()** 两次；一旦你转发了一个对象，它就不再是你的了。

16.7　位操作

在 **<bit>** 中，我们可以发现用于底层位操作（比特操作）的函数。位操作是一项很专业，但通常必不可少的活动。当我们靠近底层的硬件时，常常不得不直接查看位，或者以字节或字为单位更改位模式，并将原始内存转换为类型化的对象。例如，**bit_cast** 让我们将一种类型的值转换为另一种相同大小的类型：

```cpp
double val = 7.2;
auto x = bit_cast<uint64_t>(val);      // 获取 64 位浮点数的比特表示
auto y = bit_cast<uint64_t>(&val);     // 获取 64 位指针的比特表示

struct Word { std::byte b[8]; };
std::byte buffer[1024];
// ...
auto p = bit_cast<Word*>(&buffer[i]);  // p 指向 8 字节
auto i = bit_cast<int64_t>(*p);        // 将 8 字节转化为一个整数
```

标准库类型 **std::byte**（此处 **std::** 是必需的）用来表示字节，而不是用来表示字符或整数的字节。特别是，**std::byte** 仅提供按位操作而不提供算术运算。通常，进行位操作的最佳类型是无符号整数或 **std::byte**。此处，"最佳"的意思是最快和最安全。例如：

```
void use(unsigned int ui)
{
    int x0 = bit_width(ui)       // 用来表示 ui 所需要的最小比特数量
    unsigned int ui2 = rotl(ui,8)  // 循环左移 8 比特（注意这并不改变 ui 本身）
    int x1 = popcount(ui);       // ui 中的比特是 1 的个数
    // ...
}
```

另请参见 **bitset**（15.3.2 节）。

16.8　退出程序

偶尔，代码会遇到无法处理的问题：

- 如果这种问题很常见并且可以期望直接调用者处理它，则返回某种返回码（4.4 节）。
- 如果这种问题很少见，或者不能期望直接调用者处理它，则抛出异常（4.4 节）。
- 如果问题严重到程序的普通部分无法处理它，请退出程序。

标准库提供了处理最后一种情况（"退出程序"）的工具。

- **exit(x)**：调用使用 **atexit()** 注册的函数，然后用返回值 **x** 退出程序。如果需要，请查阅 **atexit()**，它本质上是与 C 语言共享的原始析构函数机制。
- **abort()**：立即无条件退出程序，返回值表示程序以失败码终止。部分操作系统提供了用于修改 **abort()** 函数行为的工具。
- **quick_exit(x)**：调用使用 **at_quick_exit()** 注册的函数，然后用返回值 **x** 退出程序。
- **terminate()**：调用 **terminate_handler**。默认的 **terminate_handler** 是 **abort()**。

这些函数用于处理非常严重的错误。它们不调用析构函数；也就是说，它们不做普通和体面的清理工作。各种处理程序用于在退出前采取行动。此类操作必须非常简单，因为调用这些退出函数的原因之一是程序状态已损坏。一种合理且相当流行的操作是，在定义明确的状态下重新启动系统，不依赖于当前程序的任何状态。另一种不太体面但也还算合理的操作是，记录错误消息并退出。写入日志消息可能有问题，原因是 I/O 系统可能已被破坏，而这种破坏可能是导致退出函数被调用的原因。

错误处理是最棘手的编程类型之一，体面地退出程序也并不容易。

任何通用库都不应无条件终止。

16.9　建议

[1]　对于库来说，大而全不如小而精；参见 16.1 节。

[2]　在对效率下结论之前，要对程序进行计时测量；参见 16.2.1 节。

[3]　使用 **duration_cast** 以适当的单位报告时间测量；参见 16.2.1 节。

[4]　要在源代码中直接表示日期，可使用符号表示法（例如，November/28/2021）；参见 16.2.2 节。

[5]　如果日期是计算出来的结果，使用 **ok()** 检查其有效性；参见 16.2.2 节。

[6]　当处理不同地点的时间时，使用 **zoned_time**；参见 16.2.3 节。

[7]　使用匿名函数来表示调用约定中的细微变化；参见 16.3.1 节。

[8]　需要使用传统的函数调用方式调用普通函数时，使用 **mem_fn()** 或匿名函数创建函数对象，可以调用成员函数；参见 16.3.1 节、16.3.2 节。

[9]　用 **function** 存储任何能被调用的东西；参见 16.3.3 节。

[10] 建议使用概念，而不是显式使用类型谓词；参见 16.4.1 节。

[11] 编写的代码可以显式依赖类型的属性；参见 16.4.1 节、16.4.2 节。

[12] 尽可能使用概念而不是特征和 **enable_if**；参见 16.4.3 节。

[13] 使用 **source_location** 在调试和日志消息中嵌入源代码位置；参见 16.5 节。

[14] 避免显式使用 **std::move()**；参见 16.6 节；[CG: ES.56]。

[15] 使用 **std::forward()** 仅仅用于转发而非其他场合；参见 16.6 节。

[16] 绝不在 **std::move()** 或 **std::forward()** 之后读取对象；参见 16.6 节。

[17] 使用 **std::byte** 来表示（还）没有有意义类型的数据；参见 16.7 节。

[18] 使用 **unsigned** 整数或 **bitset** 进行位操作；参见 16.7 节。

[19] 如果直接调用者可以处理问题，则从函数返回错误代码；参见 16.8 节。

[20] 如果不能指望直接调用者处理问题，则从函数中抛出异常；参见 16.8 节。

[21] 如果试图从问题中恢复是不合理的，则调用 **exit()**、**quick_exit()** 或 **terminate()** 退出程序；参见 16.8 节。

[22] 任何通用库都不应该无条件终止；参见 16.8 节。

第 17 章
数值计算

计算的意义在于洞察力，而非数字本身。

——理查德·卫斯里·汉明

……但是对于学生而言，数字是培养洞察力最好的途径。

——A. 罗尔斯顿

- 引言
- 数学函数
- 数值计算算法
        并行数值算法
- 复数
- 随机数
- 向量算术
- 数值界限
- 类型别名
- 数学常数
- 建议

17.1 引言

当初设计 C+语言时，数值计算并非关注的焦点。然而，数值计算在很多场景中都发挥着重要作用，比如科学计算、数据库访问、网络系统、设备控制、图形学、仿真和金融分析等，因此，C++也成为大型系统中执行计算任务的一种有吸引力的工具。数值计算远不止用简单循环来处理浮点数序列。所需的数据结构越复杂，C++就越能发挥它在数值计算方面的威力。

C++被广泛应用于科学计算、工程计算、金融计算和其他含有复杂数值的计算任务中，而支持这类计算的功能和技术也逐渐发展起来了。本章主要介绍标准库中支持数值的部分。

17.2 数学函数

在<cmath>中包含很多标准数学函数，如参数类型为 **float**、**double** 和 **long double** 的 **sqrt()**、**log()**和 **sin()**函数，如下表所示。

标准数学函数	
abs(x)	绝对值
ceil(x)	大于或等于x的整数中最接近它的那个
floor(x)	小于或等于x的整数中最接近它的那个
sqrt(x)	平方根，x必须非负
cos(x)	余弦值
sin(x)	正弦值
tan(x)	正切值
acos(x)	反余弦值，结果非负
asin(x)	反正弦值，返回最接近0的结果
atan(x)	反正切值
sinh(x)	双曲正弦
cosh(x)	双曲余弦
tanh(x)	双曲正切
exp(x)	e的指数
exp2(x)	2的指数
log(x)	以e为底的对数，x必须为正
log2(x)	以2为底的对数，x必须为正
log10(x)	以10为底的对数，x必须为正

这些函数用于 **complex** 复数的版本（17.4 节）可以在<complex>中找到。对于每个函数，返回类型与参数类型相同。

上述函数的错误报告通过设置<cerrno>中的 **errno** 全局量实现，定义域错误被设定为 **EDOM**，范围错误被设定为 **ERANGE**。例如：

```
errno = 0;          // 清除旧的错误状态码
double d = sqrt(-1);
if (errno==EDOM)
    cerr << "sqrt() not defined for negative argument\n";

errno = 0;          // 清除旧的错误状态码
double dd = pow(numeric_limits<double>::max(),2);
```

```
if (errno == ERANGE)
    cerr << "result of pow() too large to represent as a double\n";
```

在 **<cmath>** 和 **<cstdlib>** 中还有更多的数学功能。另外，一些特殊的数学函数，例如 **beta()**、**rieman_zeta()** 和 **sph_bessel()**，也在 **<cmath>** 中。

17.3 数值计算算法

在 **<numeric>** 中，可以找到一些泛型数值计算算法，例如 **accumulate()**。下表列出了一些数值计算算法。

数值计算算法	
x=accumulate(b,e,i)	x是i及[b:e]范围内所有元素的和
x=accumulate(b,e,i,f)	用f代替+执行accumulate操作
x=inner_product(b,e,b2,i)	x是[b:e]和[b2:b2+(e-b)]的内积，也就是 i和所有(*p1)*(*p2)的和。其中p1对应[b:e]，p2对应[b2:b2+(e-b)]
x=inner_product(b,e,b2,i,f,f2)	用f及f2代替+和*执行inner_product操作
p=partial_sum(b,e,out)	[out:p)的元素i是[b:b+i]中元素的和
p=partial_sum(b,e,out,f)	使用f代替+执行partial_sum操作
p=adjacent_difference(b,e,out)	如果i>0，[out:p)的元素i是*(b+i)-*(b+i-1)。如果e-b>0，则*out是*b
p=adjacent_difference(b,e,out,f)	用f代替–执行adjacent_difference操作
iota(b,e,v)	为[b:e]的每个元素依次赋值++v，赋值后的结果序列是v,v+1,v+2,…
x=gcd(n,m)	x是n与m的最大公约数
x=lcm(n,m)	x是n与m的最小公倍数
x=midpoint(n,m)	x是n与m之间的中点

这些算法可以适配所有类型的序列，因而可以用于概括常见操作（例如，计算总和）的通用形态。它们还可以把应用于这些序列元素的操作本身作为参数传入。对于每个算法来说，在通用（泛型）版本之外都有专门的应用了最常见运算的版本。例如：

```
list<double> lst {1, 2, 3, 4, 5, 9999.99999};
auto s = accumulate(lst.begin(),lst.end(),0.0);   // 计算总和: 10014.9999
```

这些算法适用于每个标准库序列，并且可以将操作作为参数提供（17.3 节）。

17.3.1 并行数值算法

在 **<numeric>** 中，数值算法（17.3 节）具有与串行算法略有不同的并行版本。特别是，并行版本允许以未指定的顺序对元素进行操作。并行数值算法可以采用执行策略参数（13.6 节）：**seq**、**unseq**、**par** 和 **par_unseq**。并行数值算法如下表所示。

并行数值算法	
x=reduce(b,e,v)	相当于**x=accumulate(b,e,v)**，只是不按顺序计算
x=reduce(b,e)	相当于**x=reduce(b,e,V{})**，此处**V**是**b**的值类型
x=reduce(pol,b,e,v)	相当于**x=reduce(b,e,v)**，指定了执行策略为**pol**
x=reduce(pol,b,e)	相当于**x=reduce(pol,b,e,V{})**，此处**V**是**b**的值类型
p=exclusive_scan(pol,b,e,out)	相当于**p=partial_sum(b,e,out)**，以**pol**为执行策略。在第**i**个和中排除第**i**个输入元素
p=inclusive_scan(pol,b,e,out)	相当于**p=partial_sum(b,e,out)**，以**pol**为执行策略。在第**i**个和中包含第**i**个输入元素
p=transform_reduce(pol,b,e,f,v)	对范围**[b:e]**中的每个**x**调用**f(x)**，然后**reduce**
p=transform_exclusive_scan(pol,b,e,out,f,v)	对范围**[b:e]**中的每个**x**调用**f(x)**，然后**exclusive_scan**
p=transform_inclusive_scan(pol,b,e,out,f,v)	对范围**[b:e]**中的每个**x**调用**f(x)**，然后**inclusive_scan**

为简单起见，我省略了这些算法将操作作为参数（而非仅使用**+**和**=**）的版本。对于**reduce()**，我甚至省略了默认执行策略（顺序执行）及默认值。

如同**<algorithm>**（13.6 节）中的并行算法，我们可以指定执行策略：

```
vector<double> v {1, 2, 3, 4, 5, 9999.99999};
auto s = reduce(v.begin(),v.end());              // 使用 double 作为累加器计算总和

vector<double> large;
// ……大量填充值……
auto s2 = reduce(par_unseq,large.begin(),large.end()); // 使用可用的并行计算总和
```

执行策略 **par**、**sec**、**unsec** 和 **par_unsec** 隐藏在**<execution>**的命名空间 **std::execution** 中。

在使用并行或矢量化算法时，请进行测量，以验证这是否值得。

17.4 复数

标准库支持 5.2.1 节中描述的 **complex** 类的一系列复数类型。为了支持标量为单精度浮点数（**float**）、双精度浮点数（**double**）等不同的复数类型，标准库 **complex** 被做成了模板：

```
template<typename Scalar>
class complex {
public:
    complex(const Scalar& re ={}, const Scalar& im ={}); // 默认函数参数；见 3.4.1 节
```

```
    // ...
};
```

复数支持常用的算术运算和最常见的数学函数。例如：

```
void f(complex<float> fl, complex<double> db)
{
    complex<long double> ld {fl+sqrt(db)};
    db += fl*3;
    fl = pow(1/fl,2);
    // ...
}
```

sqrt()和pow()（求幂）函数属于<complex>（17.2 节）中定义的常用数学函数。

17.5　随机数

随机数在许多情况下都很有用，例如，测试、游戏、模拟和安全。应用领域的多样性体现在标准库<random>中提供的随机数生成器的广泛选择。随机数生成器由两部分组成：

- 产生一系列随机或伪随机值的引擎。
- 将这些值映射到范围内的数学分布的分布。

分布的示例有 uniform_int_distribution（生成所有整数的可能性相同）、normal_distribution（"钟形曲线"的正态分布）和 exponential_distribution（指数增长）；每个示例都有一些指定的范围。例如：

```
using my_engine = default_random_engine;           // 引擎类型
using my_distribution = uniform_int_distribution<>;   // 分布类型

my_engine eng {};                                  // 引擎的默认版本
my_distribution dist {1,6};                        // 映射到整数 1..6 的分布
auto die = [&](){ return dist(eng); };             // 制作一个生成器

int x = die();                                     // 掷骰子: x 变成[1:6]中的值
```

由于标准库实现了通用性和性能毫不妥协的成果，某位专家认为标准库随机数组件是"每个随机数库在成长过程中都希望成为的样子"。然而，它很难被视为"新手友好"的。例子中使用 using 语句和匿名函数，是希望能够增加最终代码的可读性的。

对于（任何背景的）新手来说，随机数库的完全通用接口可能是一个严重的障碍。一个简单的统一随机数生成器通常足以开始使用。例如：

```
Rand_int rnd {1,10};          // 为[1:10]创建一个随机数生成器
int x = rnd();                // x是[1:10]中的数字
```

那么，怎么才能得到它呢？我们必须制作一些东西，比如 **die()**，将引擎与 **Rand_int** 类中的分布结合起来：

```
class Rand_int {
public:
    Rand_int(int low, int high) :dist{low,high} { }
    int operator()() { return dist(re); } }          // 绘制一个整数
    void seed(int s) { re.seed(s); } }               // 选择新的随机引擎种子
private:
    default_random_engine re;
    uniform_int_distribution<> dist;
};
```

该定义仍然是"专家级别"的，但新手在 C++新手课程的第一周就能做到对 **Rand_int()**类使用自如。例如：

```
int main()
{
    constexpr int max = 9;
    Rand_int rnd {0,max};                // 制作一个均匀分布的随机数生成器

    vector<int> histogram(max+1);        // 制作一个合适大小的动态数组
    for (int i=0; i!=200; ++i)
        ++histogram[rnd()];              // 根据数字[0:max]出现的频率填充直方图

    for (int i = 0; i!=histogram.size(); ++i) {  // 画出直方图
        cout << i << '\t';
        for (int j=0; j!=histogram[i]; ++j) cout << '*';
        cout << '\n';
    }
}
```

输出是一个（令人放心的无聊的）均匀分布，具有合理的统计学偏差：

```
0 ********************
1 ****************
2 *******************
3 ********************
4 ***************
5 ***********************
6 *************************
```

```
7 **********
8 *********************
9 ************************
```

C++标准库中没有包括标准图形库，所以我使用"ASCII 图形"。显然，有很多适用于 C++的开源和商业的图形与 GUI 库，但在本书中，我只使用 ISO 标准内的功能。

为了重复获得相同序列，或者为了确保每次产生的序列值不同，我们为引擎赋予种子；也就是说，我们给它的内部状态赋予初始值。例如：

```
Rand_int rnd {10,20};
for (int i = 0; i<10; ++i) cout << rnd() << ' ';      // 16 13 20 19 14 17 10 16 15 14
cout << '\n';
rnd.seed(999);
for (int i = 0; i<10; ++i) cout << rnd() << ' ';      // 11 17 14 19 20 13 20 14 16 19
cout << '\n';
rnd.seed(999);
for (int i = 0; i<10; ++i) cout << rnd() << ' ';      // 11 17 14 19 20 13 20 14 16 19
cout << '\n';
```

重复序列对于确定性调试很重要。当我们不想重复时，使用不同的值进行播种很重要。如果你需要真正的随机数，而不是生成伪随机序列，请查看 **random_device** 在你的机器上是如何实现的。

17.6　向量算术

12.2 节介绍的 **vector** 被设计成一种通用机制，它可以存放值并且足够灵活，能够适应容器、迭代器和算法的体系结构，它虽然名为 **vector**，但并不支持数学意义上的向量运算。为 **vector** 提供这类运算并不难，但是 **vector** 对于通用性和灵活性的要求限制了数值计算所需的优化操作。因此，标准库在**<valarray>**中提供了类似 **vector** 的模板类，名叫 **valarray**。与 **vector** 相比，**valarray** 的通用性不强，但是对数值计算进行了必要的优化：

```
template<typename T>
class valarray {
    // ...
};
```

valarray 支持常见的算术运算和大多数数学函数，例如：

```
void f(valarray<double>& a1, valarray<double>& a2)
{
    valarray<double> a = a1*3.14+a2/a1;      // 适用于数字数组的算术运算*、+、/和=
```

```
    a2 += a1*3.14;
    a = abs(a);
    double d = a2[7];
    // ...
}
```

这些操作是向量操作；也就是说，它们应用于所涉及向量的每个元素。

除了算术运算，**valarray** 还提供跨步访问 [1]，以帮助实现多维计算。

17.7　数值界限

在 **<limits>** 中，标准库提供了描述内置类型属性的类——例如，**float** 的最大指数或 **int** 的字节数。例如，我们可以断言一个 **char** 是有符号的：

```
static_assert(numeric_limits<char>::is_signed,"unsigned characters!");
static_assert(100000<numeric_limits<int>::max(),"small ints!");
```

第二个断言（仅）当 **numeric_limits<int>::max()** 是 **constexpr** 函数（1.6 节）时有效。

我们也可以为自定义类型定义 **numeric_limits**。

17.8　类型别名

基本类型的大小，例如，**int** 和 **long long** 是实现定义的；也就是说，它们在 C++的不同实现中可能不同。如果需要指定整数的大小，我们可以使用 **<stdint>** 中定义的别名，例如 **int32_t** 和 **uint_least64_t**。后者表示至少 64 位的无符号整数。

奇怪的 **_t** 后缀是 C 时代的遗留物，当时认为在名称上反映出它是一个类型别名很重要。

其他常见的别名，例如，**size_t**（**sizeof** 运算符返回的类型）和 **ptrdiff_t**（一个指针减去另一个指针的结果类型）也被收录在了 **<stddef>** 中。

17.9　数学常数

进行数学计算时，我们常常会用到一些数学常数，比如 **e**、**pi**、**log2e**。标准库提供了这些及其他一些。它们主要有两种形式：一种是模板，允许指定确切类型（例如，**pi_v<T>**），

1　跨步访问指将一维数组的一部分当作多维数组使用。——译者注

一种是最常用的短名称（例如，**pi** 表示 **pi_v<double>**）。例如：

```
void area(float r)
{
    using namespace std::numbers;   // 这是保存数学常数的地方

    double d = pi*r*r;
    float f = pi_v<float>*r*r;

    // ...
}
```

在上述情况下，不同类型常量的差异很小（我们必须以 16 左右的精度打印才能看到），但在实际物理计算中，这种差异很快就会变得很大。其他常量精度很重要的领域是图形和 AI，其中允许较小的值表示的能力将越来越重要。

在 **<numbers>** 中，我们发现了 **e**（欧拉数）、**log2e**（e 的 log2）、**log10e**（e 的 log10）、**pi**（π）、**inv_pi**（$1/\pi$）、**inv_sqrtpi**（$1/\sqrt{\pi}$）、**ln2**、**ln10**、**sqrt2**（$\sqrt{2}$）、**sqrt3**（$\sqrt{3}$）、**inv_sqrt3**（$1/\sqrt{3}$）、**egamma**（欧拉-马斯切罗尼常数）和 **phi**（黄金分割比例）。

自然地，我们想要更多的数学常数和不同领域的常数。这很容易做到，因为这些常量具有 **double** 特化（或任何对特定领域最有用的类型）的变量模板：

```
template<typename T>
constexpr T tau_v = 2*pi_v<T>;

constexpr double tau = tau_v<double>;
```

17.10 建议

[1] 数值问题非常微妙，如果你对某个问题的数学含义不是百分之百肯定，一定要征询专家的建议、实验验证或者两者兼而有之；参见 17.1 节。

[2] 进行严肃的数学计算时一定要使用库，而不要试图直接用编程语言实现；参见 17.1 节。

[3] 如果想用循环从序列中计算某个结果，优先考虑使用 **accumulate()**、**inner_product()**、**partial_sum()** 或者 **adjacent_difference()**；参见 17.3 节。

[4] 对于大量的数据，尝试并行和向量化算法；参见 17.3.1 节。

[5] 用 **std::complex** 进行复数运算；参见 17.4 节。

[6] 把引擎绑定到某个分布上以得到一个随机数发生器；参见 17.5 节。

[7] 确保你的随机数足够随机；参见 17.5 节。

[8] 不要使用 C 标准库 **rand()**，对于实际用途来说，它不够随机；参见 17.5 节。

[9] 如果运行时效率比操作和元素类型的灵活性更重要的话，应该使用 **valarray** 进行数值计算；参见 17.6 节。

[10] 用 **numeric_limits** 可以访问数值类型的属性；参见 17.7 节。

[11] 用 **numeric_limits** 来检查数值类型是否能够满足特定计算需求；参见 17.7 节。

[12] 如果想要明确整数类型的大小，请使用带别名的整数类型；参见 17.8 节。

第 18 章

并发

保持简单：

尽可能地简单，

但不要过度简化。

——A. 爱因斯坦

- 引言
- 任务和 **thread**
    - 传递参数；返回结果
- 共享数据
    - **mutex** 和锁；原子量
- 等待事件
- 任务间通信
    - **future** 和 **promise**；**packaged_task**；**async()**；停止 **thread**
- 协程
    - 协作式多任务
- 建议

18.1 引言

　　并发，也就是多个任务同时执行，这被广泛用于提高吞吐率（用多个处理器进行单个计算）或提高响应速度（允许程序的一部分在另一部分等待响应时同时执行）。所有现代编程语言都对并发提供了支持。C++标准库并发特性的前身在 C++中使用了 20 多年，经过对可移植性和类型安全的改进，几乎适用于所有现代硬件平台。标准库并发特性重点提供系统级并发机制的支持，而非直接提供复杂的高层并发模型；那些高层并发模型，可以基于标准库工具构建，并且以库的形式提供。

标准库直接支持在单一地址空间内并发执行多个线程。为此，C++提供了合适的内存模型和一套原子操作。原子操作允许无锁编程[Dechev,2010]。而内存模型确保只要程序员避免数据竞争（对可变数据的不受控制的并发访问），一切就会像期望的那样工作。然而，大多数用户眼中的并发知识来源于标准库以及建立在其上的其他库。因此，本章将简要介绍标准库的主要并发特性：**thread**、**mutex**、**lock()**操作、**packaged_task** 和 **future**，并给出了一些示例。这些特性直接建立在操作系统提供的功能之上，与操作系统提供的特性相比，那些函数不会产生额外的性能开销，自然，也不能保证显著的性能改进。

不要认为并发是灵丹妙药。如果一项任务可以按顺序完成，那么这样做通常更简单、更快捷。因为，将信息从一个线程传递到另一个线程可能会非常昂贵。

作为使用显式并发特性的替代方案，我们通常可以使用并行算法来利用多个执行引擎以获得更好的性能（13.6 节、17.3.1 节）。

最后，C++支持协程；也就是说，函数可以在调用之间保持它们的状态（18.6 节）。

18.2　任务和 thread

我们把可与其他计算并行执行的计算称为任务（task）。线程（thread）是任务在程序中的系统级表示。若要启动一个与其他任务并发执行的任务，可构造 **thread** 对象（包含在<thread>中），将任务作为它的参数。这里，任务以函数或函数对象的形式展现：

```
void f();                    // 函数

struct F {                   // 函数对象
    void operator()();       // F 的调用操作符（7.3.2 节）
};

void user()
{
    thread t1 {f};           // f()在单独的线程中执行
    thread t2 {F{}};         // F{}()在单独的线程中执行

    t1.join();               // 等待 t1
    t2.join();               // 等待 t2
}
```

join()函数保证我们在线程完成后才退出 **user()**函数。会合（join）**thread** 表示"等待该线程结束"。

很容易忘记调用 **join()** 函数，而这个后果通常很严重。因此标准库提供了 **jthread**，它是一个"自动会合线程"，通过其析构函数 **join()** 实现了 RAII 特性：

```
void user()
{
    jthread t1 {f};          // f()在单独的线程中执行
    jthread t2 {F{}};        // F{}()在单独的线程中执行
}
```

会合由析构函数自动完成，因此顺序与构造函数调用的顺序相反。在这里，我们先会合 **t2**，再会合 **t1**。

程序的所有线程共享单一地址空间。在这一点上，线程与进程不同，进程间通常不直接共享数据。由于线程共享单一地址空间，因此线程间可通过共享对象（18.3 节）相互通信。通常通过锁或其他防止数据竞争（对变量的不受控制的并发访问）的机制来控制线程间通信。

编写并发任务可能非常棘手。任务函数 **f** 和函数对象 **F** 可以这样实现：

```
void f()
{
    cout << "Hello ";
}

struct F {
    void operator()() { cout << "Parallel World!\n"; }
};
```

这是一个典型的严重错误：在本例中，**f** 和 **F{}** 都使用了对象 **cout**，而没有采取任何形式的同步。输出结果将不可预测，而且程序每一次执行都可能得到不同的结果，因为两个任务中的操作的执行顺序不确定。程序可能会产生下面这样"奇怪的"输出：

PaHeralllllel o World!

只有标准中的特定保证才能使我们免于 **ostream** 定义中可能导致崩溃的数据竞争。

为避免输出流出现此类问题，请只让一个线程使用流，或者使用 **osyncstream**（11.7.5 节）。

定义并发程序的任务时，我们的目标是保持任务的完全隔离，唯一的例外是任务间通信的部分，而这种通信应该以简单而明显的方式进行。思考并发任务的最简单的方式是将它看作一个可以与调用者并发执行的函数。为此，我们只需传递参数、获取结果并保证两者不同时使用共享数据（没有数据竞争）。

18.2.1 传递参数

典型地，任务需要处理数据。我们可以将数据（或指向数据的指针与引用）作为参数传递给任务，例如：

```cpp
void f(vector<double>& v);              // 用于处理 v 的函数

struct F {                              // 用于处理 v 的函数对象
    vector<double>& v;
    F(vector<double>& vv) :v{vv} { }
    void operator()();                  // 调用操作符；参见 7.3.2 节
};

int main()
{
    vector<double> some_vec {1, 2, 3, 4, 5, 6, 7, 8, 9};
    vector<double> vec2 {10, 11, 12, 13, 14};

    jthread t1 {f,ref(some_vec)};       // f(some_vec)在独立线程中运行
    jthread t2 {F{vec2}};               // F(vec2)()在独立线程中运行
}
```

F{vec2}在 **F** 中保存对参数动态数组的引用。**F** 现在可以凭运气使用该动态数组。因为在 **F** 执行时有其他任务访问 **vec2**，存在风险，按值传递 **vec2** 可以消除这种风险。

{f,ref(some_vec)}形式的初始化，使用了 **thread** 类的可变参数模板构造函数（8.4 节），它能接受任意参数序列。**ref()**是来自**<functional>**的类型函数，因为我们必须用它告诉可变参数模板将 **some_vec** 视为引用，而不是对象。如果没有 **ref()**，**some_vec** 将被按值传递。编译器负责检查是否能够以后续参数为参数调用第一个参数，并构建必要的函数对象以传递给线程。因此，如果 **F::operator()()**和 **f()**执行相同的算法，则这两个任务的处理大致相同：在这两种情况下，都会构造函数对象供线程执行。

18.2.2 返回结果

在 18.2.1 节的示例中，我通过非 **const** 引用传递参数。仅当任务可能修改所引用数据的值时，才会这样做（1.7 节）。这是一种有点偷偷摸摸但并不少见的返回结果的方式。另一种不太晦涩的技术是通过 **const** 引用传递输入数据，并将放置结果的位置作为单独的参数传递：

```cpp
void f(const vector<double>& v, double* res);   // 从 v 获取输入；将结果放入*res

class F {
public:
```

```
    F(const vector<double>& vv, double* p) :v{vv}, res{p} { }
    void operator()();                              // 将结果放入*res
private:
    const vector<double>& v;                    // 输入源
    double* res;                                // 输出目标
};

double g(const vector<double>&);                    // 使用返回值

void user(vector<double>& vec1, vector<double> vec2, vector<double> vec3)
{
    double res1;
    double res2;
    double res3;

    thread t1 {f,cref(vec1),&res1};             // f(vec1,&res1)在单独的线程中执行
    thread t2 {F{vec2,&res2}};                  // F{vec2,&res2}()在单独的线程中执行
    thread t3 { [&](){ res3 = g(vec3); } };     // 通过引用捕获局部变量

    t1.join();                                  // 在使用结果之前加入
    t2.join();
    t3.join();

    cout << res1 << ' ' << res2 << ' ' << res3 << '\n';
}
```

这里，**cref(vec1)**将 **vec1** 的 **const** 引用作为参数传递给 **t1**。

这行得通，并且该技术非常普遍，但我认为通过引用返回结果并不是特别优雅，因此我会在 18.5.1 节再回来讨论这个主题。

18.3 共享数据

有时多个任务需要共享数据。在这种情况下，必须对访问进行同步，以便一次最多有一个任务可以进行访问。有经验的程序员会认为这是一种简化（例如，许多任务同时读取不可变数据没有问题），但要考虑如何确保一次最多有一个任务可以访问一组给定的对象。

18.3.1 mutex 和锁

mutex 是一种"互斥对象"，是 **thread**（线程）之间通用共享数据的关键元素。**thread** 使用 **lock()**操作获取 **mutex**：

```
mutex m;                    // 用于控制的互斥锁
int sh;                     // 用于共享的数据

void f()
{
    scoped_lock lck {m};    // 获取互斥锁
    sh += 7;                // 操作共享数据
}                           // 隐式释放互斥量
```

lck 的类型被推断为 **scoped_lock<mutex>**（7.2.3 节）。**scoped_lock** 的构造函数调用 **m.lock()** 获取互斥量。如果另一个线程已经获取了互斥量，则该线程将等待（"阻塞"），直到另一个线程完成其访问。一旦线程完成对共享数据的访问，**scoped_lock** 就会调用 **m.unlock()** 释放互斥量。当 **mutex** 被释放时，等待它的 **thread** 恢复执行（"被唤醒"）。互斥和锁定功能都被收录在**<mutex>**中。

注意 RAII（6.3 节）的使用。使用资源句柄，例如，**scoped_lock** 和 **unique_lock**（18.4 节），比显式锁定和解锁 **mutex** 更简单也更安全。

共享数据和 **mutex** 之间的对应关系依赖于约定：程序员必须知道哪个 **mutex** 应该对应于哪个数据。显然，这容易出错，所以同样，我们试图通过各种语言手段使对应关系清晰。例如：

```
class Record {
public:
    mutex rm;
    // ...
};
```

不难猜到对于名为 **rec** 的 Record，你应该在访问 **rec** 的其余部分之前获取 **rec.rm**，尽管注释或更好的名称可能对读者有所帮助。

需要同时访问多个资源以执行某些操作的情况并不少见，这可能会导致死锁。例如，如果 **thread1** 获取了 **mutex1**，然后尝试获取 **mutex2**，而 **thread2** 获取了 **mutex2**，然后尝试获取 **mutex1**，则两个任务都不会继续进行。**scoped_lock** 可帮助我们同时获取多个锁：

```
void f()
{
    scoped_lock lck {mutex1,mutex2,mutex3};      // 获取所有三个锁
    // ……操作共享数据……
} // 隐式释放所有互斥体
```

此 **scoped_lock** 仅在获取其所有 **mutex** 参数后才会继续，并且在持有 **mutex** 时永远不会阻塞（"进入睡眠"）。**scoped_lock** 的析构函数确保当 **thread** 离开作用域时释放 **mutex**。

通过共享数据进行通信是非常底层的操作。尤其是，程序员必须想办法了解各种任务已经完

成和未完成的工作。在这方面，使用共享数据不如使用函数调用和返回。另一方面，有些人笃信共享数据一定比拷贝函数参数和返回值更有效率。当涉及大量数据时确实如此，但锁定和解锁是相对昂贵的操作。而且，现代机器非常擅长拷贝数据，尤其是紧凑型数据，例如，**vector** 元素。所以不要因为"效率"而不假思索地选择使用共享数据进行通信，最好先测量再做出选择。

基本的 **mutex** 一次只允许一个线程访问数据。共享数据的最常见方式之一是多线程读取和单线程写入。**shared_mutex** 支持这种"读写锁"的用法。多个读取线程将获得"共享"的互斥锁，以便其他读取线程仍然可以获得访问权限，而写入线程将要求独占访问。例如：

```
shared_mutex mx;                    // 可以共享的互斥锁

void reader()
{
    shared_lock lck {mx};           // 愿意与其他读取方共享访问权限
    // ……读……
}

void writer()
{
    unique_lock lck {mx};           // 需要独占（唯一）访问
    // ……写……
}
```

18.3.2 原子量

mutex 涉及操作系统，算是代价较重的机制。它允许在没有数据竞争的情况下完成任意数量的工作。然而，有一种更简单、更便宜的机制来完成少量工作：**atomic** 变量。例如，这是经典的双重检查锁定的简单变体：

```
mutex mut;
atomic<bool> init_x;        // 初始值为假
X x;                        // 该变量需要非平凡的初始化函数

if (!init_x) {
    lock_guard lck {mut};
    if (!init_x) {
        // ……进行 x 的非平凡初始化……
        init_x = true;
    }
}

// ……使用 x……
```

atomic 使我们免于使用开销更高的 **mutex**。如果 **init_x** 不是 **atomic** 的，那么初始化将很少失败，会导致神秘且难以发现的错误，因为在 **init_x** 上会出现数据竞争。

在这里，我使用了 **lock_guard** 而不是 **scoped_lock**，因为只需要一个 **mutex**，所以最简单的锁（**lock_guard**）就足够了。

18.4　等待事件

有时，一个 **thread** 需要等待某种外部事件，如另一个 **thread** 完成了任务或是过去了一段时间。最简单的"事件"就是时间流逝。使用**<chrono>**中的与时间相关的特性，可以写出如下代码：

```
using namespace chrono;                    // 参见 16.2.1 节

auto t0 = high_resolution_clock::now();
this_thread::sleep_for(milliseconds{20});
auto t1 = high_resolution_clock::now();

cout << duration_cast<nanoseconds>(t1-t0).count() << " nanoseconds passed\n";
```

这甚至不必启动线程；默认情况下，**this_thread** 可以指代当前唯一的线程（主线程）。

使用 **duration_cast** 可以将时钟单位调整为期望的纳秒数。

通过外部事件实现线程间通信的基本方法是使用 **condition_variable**，它定义在 **<condition_variable>**中。**condition_variable** 提供了一种机制，允许一个 **thread** 等待另一个 **thread**。特别地，它允许 **thread** 等待某个条件（通常称为一个事件）发生，这种条件通常是其他 **thread** 完成工作产生的结果。

condition_variable 支持很多种优雅而高效的共享方式，但也有可能变得相当复杂。考虑两个 **thread** 通过一个 **queue** 传递消息来通信的经典例子。为简单起见，我声明 **queue** 对象，生产者、消费者共享 **queue** 而避免竞争条件的机制如下：

```
class Message {                    // 要通信的对象
    // ...
};
queue<Message> mqueue;             // 消息队列
condition_variable mcond;          // 事件通信变量
mutex mmutex;                      // 用于同步访问 mcond
```

类型 **queue**、**condition_variable** 和 **mutex** 由标准库提供。

consumer() 函数读取并处理消息:

```
void consumer()
{
    while(true) {
        unique_lock lck {mmutex};                              // 获取互斥量
        mcond.wait(lck,[] { return !mqueue.empty(); });        // 释放互斥量并等待
                                                               // 唤醒时重新获取 mmutex
                                                               // 仅当 mqueue 非空时唤醒
        auto m = mqueue.front();                               // 获取消息
        mqueue.pop();
        lck.unlock();                                          // 释放互斥锁
        // ……处理 m……
    }
}
```

这里, 通过对 **mutex** 上的 **unique_lock** 进行显式保护, 实现了对 **queue** 和 **condition_variable** 的操作。线程在 **condition_variable** 上等待时会释放已持有的锁, 直至被唤醒后 (此时队列非空) 重新获取锁。此处, 在 **!mqueue.empty()** 中显式检查条件变量, 用来处理其他任务提前获取以致条件变量已经被取走的情形。

我使用 **unique_lock** 而不是 **scoped_lock** 有两个原因:

- 需要将锁传递给 **condition_variable** 的 **wait()**。不能移动 **scoped_lock**, 但可以移动 **unique_lock**。
- 我们想在处理消息之前解锁保护条件变量的 **mutex**。**unique_lock** 提供比较底层的同步控制操作, 例如, **lock()** 和 **unlock()**。

另一方面, **unique_lock** 只能处理单个互斥量。

相应的 **producer** 看起来像这样:

```
void producer()
{
    while(true) {
        Message m;
        // ……填写消息……
        scoped_lock lck {mmutex};          // 保护队列上的操作
        mqueue.push(m);
        mcond.notify_one();                // 通知
    }                               }      // 释放 mmutex (作用域结束时)
}
```

18.5 任务间通信

标准库提供了一些特性，允许程序员在抽象的任务层（工作并发执行）进行操作，而不是在底层的线程和锁的层次直接进行操作。

- **future** 和 **promise** 用来从一个独立线程上创建出的任务返回值。
- **package_task** 是帮助启动任务及连接返回结果的机制。
- **async()** 以类似调用函数的方式启动一个任务。

以上这些特性都定义在 **<future>** 中。

18.5.1 future 和 promise

future 和 **promise** 的关键点是，它们允许在两个任务间传输值，而无须使用锁——"系统"高效地实现了这种传输。基本思路很简单：当一个任务需要向另一个任务传输值时，它将值放入 **promise** 中。具体的 C++实现以某种方式令这个值出现在对应的 **future** 中，然后就可以从中读取这个值了（通常是任务的启动者读取此值）。这种模式如下图所示：

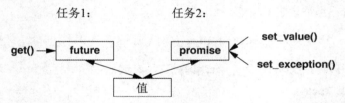

如果我们有一个名为 **fx** 的 **future<X>**，那么可以用 **get()** 从它获取类型为 **X** 的值。

```
X v = fx.get();    // 如有必要，等待值被计算出来
```

如果值还未准备好，线程会被阻塞直至值准备好。如果值不能被正确准备好，**get()** 会抛出异常（可能是系统抛出的，或是从用 **get()** 获取值的任务传递出来的）。

promise 的主要目的是提供与 **future** 的 **get()** 相匹配的简单的"放置"操作（名为 **set_value()** 和 **set_exception()**）。"期货"（**future**）和"承诺"（**promise**）这两个命名是有历史原因的，不必责备或者赞颂我，现实中像这样的双关语有很多。

```
void f(promise<X>& px)        // 一个任务: 结果将放入 px 中
{
    // ...
    try {
        X res;
        // ……计算 res 的值……
```

```
        px.set_value(res);
    }
    catch (...) {                    // 糟糕: 不能正确计算 res
        px.set_exception(current_exception()); // 将异常传递给 future 的线程
    }
}
```

current_exception()表示当前被捕获的异常。

为了处理经过 future 传递的异常, get()的调用者必须准备好捕获异常。例如:

```
void g(future<X>& fx)              // 一个任务: 从 fx 获取结果
{
    // ...
    try {
        X v = fx.get();            // 如果有必要, 等待计算结果
        // ……使用 v……
    }
    catch (...) {                  // 糟糕: v 不能被正确计算好
        // ……处理错误……
    }
}
```

如果错误无须由 g()自己处理, 则代码可以更加简化:

```
void g(future<X>& fx)              // 一个任务: 从 fx 获取结果
{
    // ...
    X v = fx.get();                // 如果有必要, 等待计算结果
    // ……使用 v……
}
```

现在, 从 fx 的函数(f())中抛出的异常被隐式传播到 g()的调用者, 就像 g()直接调用 f()一样。

18.5.2 packaged_task

我们应该如何向一个需要结果的任务引入 future 呢? 又如何向一个生成结果的线程引入对应的 promise 呢?标准库提供了 packaged_task 类型, 其可以简化 thread 上的 future 和 promise 的相关设置。packaged_task 提供了一层包装代码, 实现将某个任务的返回值或异常放入 promise 中 (如 18.5.1 节中的代码所示)。如果你通过调用 get_future()来向一个 packaged_task 发出请求, 它会返回对应的 promise 的 future。例如, 我们可以将两个任务连接起来, 它们分别使用标准库的 accumulate()算法将 vector<double>中的一半元素累加起来:

```
// 从初始值 init 开始计算[beg:end)的总和
double accum(vector<double>::iterator beg, vector<double>::iterator end,
    double init)
{
    return accumulate(&*beg,&*end,init);
}
double comp2(vector<double>& v)
{
    packaged_task pt0 {accum};                  // 将任务打包（即 accum）
    packaged_task pt1 {accum};

    future<double> f0 {pt0.get_future()};       // 取得 pt0 的期货 future
    future<double> f1 {pt1.get_future()};       // 取得 pt1 的期货 future

    double* first = &v[0];
    thread t1 {move(pt0),first,first+v.size()/2,0};            // 为 pt0 启动线程
    thread t2 {move(pt1),first+v.size()/2,first+v.size(),0};   // 为 pt1 启动线程
    // ...

    return f0.get()+f1.get(); // 获取结果
}
```

packaged_task 模板将任务类型作为其模板参数（此处为 double(double*, double*, double)）并将任务作为其构造函数参数（此处为 accum）。需要 move()操作，因为无法拷贝 packaged_task。packaged_task 不能被拷贝的原因是，它是一个资源句柄：它拥有它的 promise 并且（间接地）负责它的任务可能拥有的任何资源。

请注意，此代码中没有明确提及锁：我们能够专注于要完成的任务，而不是用于管理它们通信的机制。这两个任务将在不同的线程上运行，因此可能是并行的。

18.5.3　async()

本章所追求的思路是我认为最简单但最强大的思路：将任务视为可能碰巧与其他任务同时运行的函数。它不是 C++ 标准库唯一支持的模型，但可以很好地满足广泛的需求。可以根据需要使用更微妙和棘手的模型（例如，依赖共享内存的编程风格）。

要启动可能异步运行的任务，我们可以使用 async()：

```
// 如果 v 足够大，则会产生许多任务
double comp4(vector<double>& v)
{
    if (v.size()<10'000)                        // 是否值得使用并发？
        return accum(v.begin(),v.end(),0.0);
```

```
    auto v0 = &v[0];
    auto sz = v.size();

    auto f0 = async(accum,v0,v0+sz/4,0.0);              // 第一节
    auto f1 = async(accum,v0+sz/4,v0+sz/2,0.0);         // 第二节
    auto f2 = async(accum,v0+sz/2,v0+sz*3/4,0.0);       // 第三节
    auto f3 = async(accum,v0+sz*3/4,v0+sz,0.0);         // 第四节

    return f0.get()+f1.get()+f2.get()+f3.get();         // 收集并合并结果
}
```

async() 将函数调用的"调用部分"和"获取结果部分"分离开来，并将这两部分与任务的实际执行分离开来。使用 **async()**，你不必再操心线程和锁，只需考虑可能异步执行的任务。但这显然有一个限制：如果任务需要用到共享资源，且共享资源需要锁机制，则不该使用 **async()**——使用 **async()** 时你甚至不知道具体使用了多少个 **thread**，这是由 **async()** 来决定的，**async()** 根据调用发生时它所了解的系统的可用资源量来确定使用多少个 **thread**。

使用猜测的方式确定计算量与 **thread** 启动开销的比例是一种很原始的方法，很容易得到错误的结论（例如，使用 **v.size() < 10000**）。但是，我们不可能在本节详细讨论如何管理 **thread**。因此，记住这种估计只不过是一个简单而且可能很糟糕的实现，不要在实际代码中使用它。

很少需要手动并行化如 **accumulate()** 之类的标准库算法，因为并行算法（例如，**reduce(par_unseq, /*...*/)**）通常在这方面做得更好（17.3.1 节），而且这类技术是通用的。

请注意，**async()** 并非只是为提高并行计算性能所设计的机制，还可以用它来创建比如从用户获取信息的任务，而让"主程序"继续进行其他计算（18.5.3 节）。

18.5.4　停止 thread

有时，我们想停止 **thread**，因为不再对其结果感兴趣。仅仅"杀死"它通常是不可接受的，因为 **thread** 可以拥有必须释放的资源（例如，锁、子线程和数据库连接）。相反，标准库提供了一种礼貌地请求 **thread** 清理并离开的机制：**stop_token**。如果线程具有 **stop_token** 并被请求停止，则可以将线程编程为终止。

假定我们写一个并行算法 **find_any()**，它产生许多 **thread** 来寻找结果。当 **thread** 返回答案时，我们希望停止剩余的 **thread**。**find_any()** 产生的每个 **thread** 都调用 **find()** 来完成实际任务。这个 **find()** 是常见任务风格的非常简单的例子，其中有一个主循环，我们可以在其中插入测试决定是继续还是停止：

```
atomic<int> result = -1;                    // 在这里放置结果索引

template<class T> struct Range { T* first; T* last; }; // 传递 Ts 范围的方法

void find(stop_token tok, const string* base, const Range<string> r, const
string target)
{
    for (string* p = r.first; p!=r.last && !tok.stop_requested(); ++p)
        if (match(*p, target)) {          // match()对两个字符串应用一些匹配条件
            result = p - base;            // 找到的元素的索引
        return;
    }
}
```

此处，!tok.stop_requested()测试是否有其他线程请求终止该线程。**stop_token** 是安全传达此类请求的机制（无数据竞争）。

下面是一个简单的 **find_any()**，它只产生两个运行 **find()** 的线程：

```
void find_all(vector<string>& vs, const string& key)
{
    int mid = vs.size()/2;
    string* pvs = &vs[0];

    stop_source ss1{};
    jthread t1(find, ss1.get_token(), pvs, Range{pvs,pvs+mid}, key); // vs 的前一半

    stop_source ss2{};
    jthread t2(find, ss2.get_token(), pvs, Range{pvs+mid,pvs+vs.size()} , key);
                                                     // 后一半

    while (result == -1)
        this_thread::sleep_for(10ms);

    ss1.request_stop();                                 // 找到了结果，停止所有线程
    ss2.request_stop();
    // ……使用结果……
}
```

stop_source 产生 **stop_token**，通过它给 **thread** 传递停止请求。

关于结果的同步和返回部分，我能想到的最简单的方法是：将结果放入 **atomic** 变量（18.3.2 节），并对其执行自旋循环。

当然，可以进一步扩展这个简单示例，以使用多个搜索器线程，使返回的结果更加通用，并使用不同的元素类型。但是这会掩盖我们演示 **stop_source** 和 **stop_token** 的基本用途。

18.6　协程

协程是一种在调用之间保持其状态的函数。在这方面，它有点像函数对象，但在调用之间，协程可隐式地、完整地保存与恢复其状态。请看下列经典例子：

```
generator<long long> fib()              // 生成斐波那契数列
{
    long long a = 0;
    long long b = 1;
    while (a<b) {
        auto next = a+b;
        co_yield next;                  // 保存状态，返回值，等待
        a = b;
        b = next;
    }
    co_return 0;                        // fib 数太大了
}

void user(int max)
{
    for (int i=0; i++<max;)
        cout << fib() << ' ';
}
```

这会生成下列数列：

```
1 2 3 5 8 13 …
```

协程在调用之间将状态存储到 `generator` 的返回值处。显然，我们可以创建以相同方式工作的函数对象 `Fib`，但那样我们就必须自己维护它的状态。对于更大的状态和更复杂的计算，保存和恢复状态变得乏味、难以优化且容易出错。实际上，协程是在调用之间保存堆栈帧的函数。`co_yield` 返回值并等待下一次调用。`co_return` 返回值并终止协程。

协程可以是同步的（调用者等待结果）或异步的（调用者做一些其他工作直到它从协程中查找结果）。斐波那契示例显然是同步的。这允许一些不错的优化。例如，一个好的优化器可以内联对 `fib()` 的调用并展开循环，只留下 `<<` 的调用序列，它们本身可以被优化为

```
cout << "1 2 3 5 7 12"; // fib(6)
```

协程框架实现得极其灵活，能够服务于极端范围的潜在用途。它由专家设计并为专家设计，具有委员会的设计风格。这很好，但在 C++20 中仍然缺失能让简单功能轻松实现的库设施。例如，`generator`（目前还）不是标准库的一部分，当然提案已经有了。通过 Web 搜索可以找到

好的实现；[Cppcoro]就是一个例子。

18.6.1　协作式多任务

Donald Knuth 在 *The Art of Computer Programming* 第一卷中称赞了协程的实用性，但也感叹很难给出简短的例子，因为协程在简化复杂系统方面最有用。在这里，我将举一个简单的例子来练习事件驱动模拟所需的原语，这是 C++早期成功的主要原因。关键思想是将系统表示为协作完成复杂任务的简单任务（协程）网络。基本上，每个任务都是执行大量工作的一小部分的参与者。有些是生成请求流的生成器（可能使用随机数生成器，可能提供真实世界的数据），有些是网络计算结果的一部分，有些生成输出。我个人更喜欢任务（协程）通过消息队列进行通信。组织这样的系统的一种方法是让每个任务在产生结果后将自己放在一个事件队列中等待更多的工作。然后，调度程序会在需要时从事件队列中选择下一个要运行的任务。这是一种协作式多任务处理。我从 Simula [Dahl,1970]那里借用了关键思想以构成第一个 C++库（19.1.2 节）的基础。

这种设计的关键是：

- 有许多不同的协程，它们在调用之间保持状态。
- 使用某种形式的多态，允许保留包含不同类型协程的事件列表，并独立于它们的类型调用它们。
- 调度程序负责从列表中选择下一个要运行的协程。

在这里，我将展示几个协程并交替执行它们。对于这样的系统来说，不占用太多空间很重要。这就是此类应用程序不使用进程或线程的原因。一个线程需要一两兆字节（主要用于它的堆栈），一个协程通常只有几十字节。如果你需要数千个任务，那将产生很大的不同。协程之间的上下文切换也比在线程或进程之间快得多。

首先，需要某种运行时多态性，来允许我们统一调用数十或数百种不同类型的协程：

```cpp
struct Event_base {
    virtual void operator()() = 0;
    virtual ~Event_base() {}
};

template<class Act>
struct Event : Event_base {
    Event(const string n, Act a) : name{ n }, act{ move(a) } {}
    string name;
    Act act;
    void operator()() override { act(); }
};
```

Event 只是存储动作并允许将其调用；该动作通常是协程。我添加了 **name** 字段只是为了说明事件通常带有更多信息，而不仅仅是协程句柄。

下面所示的是一种极简的用途：

```
void test()
{
    vector<Event_base*> events = {              // 创建几个持有协程的事件
        new Event{ "integers ", sequencer(10) },
        new Event{ "chars ", char_seq('a') }
    };

    vector order {0, 1, 1, 0, 1, 0, 1, 0, 0};   // 选择几个订单

    for (int x : order)                         // 按照订单调用协程
        (*events[x])();

    for (auto p : events)                       // 清理
        delete p;
}
```

到目前为止，还没有用到协程特有的性质；它只是一个常规的面向对象框架，用于在一组可能不同类型的对象上执行操作。然而，**sequencer** 和 **char_seq** 恰好是协程。它们在调用之间保持状态的事实对于这种框架的现实场景中的使用至关重要：

```
task sequencer(int start, int strp =1)
{
    auto value = start;
    while (true) {
        cout << "value: " << value << '\n';  // 传达结果
        co_yield 0;                          // 挂起，直到协程被恢复
        value += step;                       // 更新状态
    }
}
```

可以看到，**sequencer** 是一个协程，因为它使用 **co_yield** 在调用之间挂起自己。这意味着 **task** 必须是协程句柄（见下文）。

这是一个故意设计的简单协程环境，它所做的就是生成一系列值并输出它们。在正规的模拟中，该输出将直接或间接地成为其他协程的输入。

char_seq 非常相似，但为了行使运行时多态性，它使用了某种不同的类型：

```
task char_seq(char start)
```

```
{
    auto value = start;
    while (true) {
        cout << "value: " << value << '\n';        // 传达结果
        co_yield 0;
        ++value;
    }
}
```

"魔法"在返回类型 **task** 中；它保存协程在调用之间的状态（实际上是函数的堆栈帧）并确定 **co_yield** 的含义。从用户的角度来看，任务是平凡的，它只是提供一个运算符来调用协程：

```
struct task {
void operator()();
    // ……实现细节……
}
```

如果你的库（最好是标准库）中已经有 **task** 了，那将是我们需要知道的全部，但事实并非如此，所以这里有一个如何实现这种协程句柄类型的提示。不过，标准库已经有关于此任务的提案，另外，你可以进行 Web 搜索以找到更好的实现；[Cppcoro]库就是一个例子。

这个 **task** 是我想到的能实现关键示例的最小版本：

```
struct task {
    void operator()() { coro.resume(); }

    struct promise_type {                      // 映射到语言特性
        suspend_always initial_suspend() { return {}; }
        suspend_always final_suspend() noexcept { return {}; } // 对应 co_return
        suspend_always yield_value(int) { return {}; }         // 对应 co_yield
        auto get_return_object() { return task{ handle_type::from_promise(*this) }; }
        void return_void() {}
        void unhandled_exception() { exit(1); }
    };

    using handle_type = coroutine_handle<promise_type>;
    task(handle_type h) : coro(h) { }    // 由 get_return_object()调用
    handle_type coro;                      // 这是协程句柄
};
```

我强烈建议不要自己编写这样的代码，除非你是一个试图帮其他人解决麻烦的库实现者。如果你有兴趣的话，网上有很多关于类似代码的解释。

18.7 建议

[1] 用并发提高响应速度或吞吐率；参见 18.1 节。

[2] 只要能承受，就使用高层抽象；参见 18.1 节。

[3] 将进程作为线程的替代方案；参见 18.1 节。

[4] 标准库的并发特性是类型安全的；参见 18.1 节。

[5] 内存模型的存在是为了大多数程序员不必考虑计算机的机器架构级别；参见 18.1 节。

[6] 内存模型使内存大致按照程序员期望的那样呈现；参见 18.1 节。

[7] 原子操作允许程序员进行无锁编程；参见 18.1 节。

[8] 无锁编程还是留给专家吧；参见 18.1 节。

[9] 有时串行解决方案比并发解决方案更简单也更快；参见 18.1 节。

[10] 避免数据竞争；参见 18.1 节，18.2 节。

[11] 优先选择并行算法，而不是直接使用并发；参见 18.1 节，18.5.3 节。

[12] **thread** 是系统线程的类型安全接口；参见 18.2 节。

[13] 用 **join()** 等待 **thread** 结束；参见 18.2 节。

[14] 优先使用 **jthread** 而不是 **thread**；参见 18.2 节。

[15] 尽可能避免显式共享数据；参见 18.2 节。

[16] 尽量使用 RAII 自动管理，而避免显式锁定/解锁；参见 18.3 节；[CG: CP.20]。

[17] 使用 **scoped_lock** 来管理 **mutex**；参见 18.3 节。

[18] 使用 **scoped_lock** 来获取多个锁；参见 18.3 节；[CG: CP.21]。

[19] 使用 **shared_lock** 实现读写锁；参见 18.3 节。

[20] 把 **mutex** 同其保护的数据定义到一起；参见 18.3 节；[CG: CP.50]。

[21] 使用 **atomic** 可进行非常简单的共享；参见 18.3.2 节。

[22] 使用 **condition_variable** 管理 **thread** 间的通信；参见 18.4 节。

[23] 当需要拷贝锁或需要较低级别的同步操作时，使用 **unique_lock**（而不是 **scoped_lock**）；参见 18.4 节。

[24] 在 **condition_variables** 中使用 **unique_lock**（而不是 **scoped_lock**）；参见 18.4 节。

[25] 不要无条件等待（在循环等待中需要增加条件判断）；参见 18.4 节；[CG: CP.42]。

[26] 尽量减少在关键部分花费的时间；参见 18.4 节；[CG: CP.43]。

[27] 从并发任务的角度考虑，而非直接从 **thread** 的角度考虑；参见 18.5 节。

[28] 追求简洁；参见 18.5 节。

[29] 优先使用 **packaged_task** 和 **future**，而不是直接使用 **thread** 和 **mutex**；参见 18.5 节。

[30] 使用 **promise** 返回结果，从 **future** 获取结果；参见 18.5.1 节；[CG: CP.60]。

[31] 使用 **packaged_task** 来处理任务抛出的异常；参见 18.5.2 节。

[32] 使用 **packaged_task** 和 **future** 来表示对外部服务的请求并等待其响应；参见 18.5.2 节。

[33] 使用 **async()** 来启动简单的任务；参见 18.5.3 节；[CG: CP.61]。

[34] 使用 **stop_token** 实现协同式终止；参见 18.5.4 节。

[35] 协程可以比线程小得多；参见 18.6 节。

[36] 尽可能使用成熟的协同程序支持库，而不要手工编写相关代码；参见 18.6 节。

第 19 章
历史和兼容性

慢慢来

（欲速则不达）！

——屋大维，凯撒·奥古斯都

- 历史

    大事年表；早期的 C++；ISO C++标准；标准与风格；C++的使用；C++模型
- C++特性演化

    C++11 语言特性；C++14 语言特性；C++17 语言特性；C++20 语言特性；C++11
    标准库组件；C++14 标准库组件；C++17 标准库组件；C++20 标准库组件；移除
    或弃用的特性
- C/C++兼容性

    C 与 C++是兄弟；兼容性问题
- 参考文献
- 建议

19.1 历史

我发明了 C++，制定了它的最初定义，并完成了它的第一个实现。我选择并制定了 C++的
设计标准，设计了它的主要语言特性，开发或帮助开发了早期标准库的许多内容，并在 25 年
来持续负责处理 C++标准委员会中的扩展提案。

C++的设计目的是为程序组织[Dahl,1970]提供 Simula 特性，同时为系统程序设计提供 C 语
言的效率和灵活性[Kernighan,1978]。Simula 是 C++抽象机制的最初来源。类的概念（以及派

生类和虚函数的概念）也是从 Simula 借鉴来的。不过，模板和异常则是稍晚引入 C++的，灵感的来源也不同。

讨论 C++的演化，总是要从它的使用来谈。我花了很多时间倾听用户的意见，征求有经验的程序员的观点，当然还有写代码。特别是，我在 AT&T 贝尔实验室的同事们为 C++最初十年的发展贡献了重要力量。

本节是一个简单概览，不会试图讨论每个语言特性和库组件，也不会深入细节。要想了解更多信息，特别是贡献者的名字，请参阅我在 ACM 编程语言历史大会上发表的三篇论文[Stroustrup,1993]、[Stroustrup, 2007]和[Stroustrup, 2020]，以及我的《C++语言的设计与演化》（*The Design and Evolution of C++*）一书（即人们熟知的"D&E"）[Stroustrup,1994]。这些资料详细描述了 C++的设计和演化，并记录了其他编程语言对它们的影响。我试图维护标准库特性与特性提出者和改进者之间的关系。C++既不是一个不知名的匿名委员会的作品，也不是一个想象中的"万能独裁者"的作品，它是成千上万个有奉献精神、经验丰富、辛勤工作的个体的劳动结晶。

大多数作为 ISO C++标准工作的一部分而产生的文档可以在网上获得[WG21]。

19.1.1　大事年表

创造 C++的工作始于 1979 年秋天，当时的名字是"C with Classes"（带类的 C）。下面是简要的大事年表：

1979 "C with Classes"工作开始。最初的特性集合包括类、派生类、公有/私有访问控制、构造函数和析构函数及带实参检查的函数声明。最初的库支持非抢占的并发任务和随机数发生器。

1984 "C with Classes"被重新命名为 C++。那个时候，C++中已经引入了虚函数、函数与操作符重载、引用、输入输出流和复数库。

1985 C++的第一个商业版本发布（10 月 14 日）。标准库中已经包含了输入输出流、复数和多任务（非抢占式调度）特性。

1985 *The C++ Programming Language* 出版（简称"TC++PL"，10 月 14 日）[Stroustrup, 1986]。

1989 *The Annotated C++ Reference Manual* 出版（简称"the ARM"，C++批注版）[Ellis,1989]。

1991 *The C++ Programming Language, Second Edition* 出版[Stroustrup,1991]，提出了使用模板的泛型编程和基于异常的错误处理，包括资源管理理念 RAII（资源获取即初始化）。

1997 *The C++ Programming Language, Third Edition* 出版[Stroustrup,1997]，引入了 ISO C++标准，包括命名空间、**dynamic_cast** 和模板的很多改进。标准库加入了标准模板库（STL）框架，包括泛型容器和算法。

1998 ISO C++标准发布[C++, 1998]。

2002 标准的修订工作开始，这个版本俗称 C++0x。

2003 ISO C++标准的首个"缺陷修正版"发布。[C++, 2003]

2011 ISO C++11 标准[C++, 2011]提供了统一的初始化、移动语义、从初始化表达式推导类型（**auto**）、范围 **for** 语句、可变参数模板、匿名函数（lambda 表达式）、类型别名、适合并发编程的内存模型等。标准库添加了 **thread**、锁、正则表达式、哈希表（**unordered_map**）、资源管理指针（**unique_ptr** 和 **shared_ptr**）等。

2013 第一个完整的 C++11 实现出现。

2013 *The C++ Programming Language, Fourth Edition* 出版，增加了 C++11 的新内容。

2014 ISO C++14 标准[C++, 2014]完成，实现了可变参数模板、数字分隔符、泛型匿名函数和一些标准库的改进。第一个 C++14 实现也同步完成。

2015 *C++ Core Guidelines* 项目开始[Stroustrup, 2015]。

2017 ISO C++17 标准[C++, 2017]提供了各种各样的新功能，包括保证运算的顺序、结构化绑定、折叠表达式、文件系统库，并行算法及 **variant** 与 **optional** 类型。第一个 C++17 实现也成功完成。

2020 ISO C++20 标准[C++, 2020]提供了 **module**、**concept**、协程、范围库、**printf()**风格的格式化库、日历库和许多小功能。第一个 C++20 实现完成。

在开发过程中，C++11 被称为 C++0x。我们对完成日期过于乐观，这种事在大型项目开发中并不少见。到最后，我们开玩笑说，C++0x 中的"x"是十六进制数，因此 C++0x 成为 C++0b。另一方面，委员会按时发布了 C++14、C++17 和 C++20，主要编译器提供商也是如此。

19.1.2 早期的 C++

我最初设计和实现一种新语言的原因是希望在多处理器间和局域网中（现在称为多核与集群）发布 UNIX 内核的服务。为此，我需要一些事件驱动的仿真程序，Simula 是写这类程序的理想语言，但性能不佳。我还需要直接处理硬件的能力和高性能并发编程机制，C 很适合编写这类程序，但它对模块化和类型检查的支持很弱。我将 Simula 风格的类机制加入 C（经典 C；19.3.1 节）中，结果就得到了"C with Classes"，它的一些特性适合于编写具有最小时间和空间需求的程序，在一些大型项目的开发中，这些特性经受了严峻的考验。"C with Classes"缺少操作符重载、引用、虚函数、模板、异常及很多很多特性[Stroustrup,1982]。C++第一次用于研究机构之外是在 1983 年 7 月。

C++（发音为 C plus plus）这个名字是由 Rick Mascitti 在 1983 年的夏天创造的，取代了我创造的"C with Classes"。这个名字体现了新语言的进化本质——它从 C 演化而来，其中"++"是 C 语言的递增运算符。稍短的名字"C+"是一个语法错误，它也曾被用于命名另一种不相干的语言。C 语义的行家可能会认为 C++不如++C。新语言没有被命名为 D 的原因是，作为 C 的扩展，它并没有试图通过删除特性来解决存在的问题，另一个原因是已经有好几个自称 C 语言继任者的语言被命名为 D 了。C++这个名字还有另一个解释，请查阅[Orwell,1949]的附录。

最初设计 C++的目的之一是让我和我的朋友们不必再用汇编语言、C 语言及当时各种流行的语言编写程序。其主要目标是让程序员能更简单、更愉快地编写程序。最初，C++并没有图纸设计阶段，其设计、文档编写和实现是同时进行的。当时既没有"C++项目"，也没有"C++设计委员会"。自始至终，C++的演化都是为了处理用户遇到的问题，主导演化的主要是朋友、同事和我之间的讨论。

C++最初的设计（当时还叫"C with Classes"）包含带实参类型检查和隐式类型转换的函数声明、具备接口和实现间 **public/private** 差异的类机制、派生类及构造函数和析构函数。我使用宏实现了原始的参数化机制[Stroustrup,1982]，并一直沿用至 1980 年中期。当年年底，我提出了一组语言特性来支持一套完整的程序设计风格。回顾往事，我认为引入构造函数和析构函数是最重要的。用当时的术语[Stroustrup,1979]来说：

new 函数为成员函数创建了执行环境，

而 delete 函数则完成了相反的工作。

不久之后，new 函数与 delete 函数被重新命名为构造函数与析构函数。这是 C++资源管理策略的根源（引发了对异常的需求），也是许多使用户代码更简洁、更清晰的技术关键。我没有听说过（到现在也没有）当时有其他语言支持能执行通用代码的多重构造函数。而析构函数则是 C++新发明的特性。

C++第一个商业化版本发布于 1985 年 10 月。到那时为止，我已经增加了内联（1.3 节、5.2.1 节）、**const**（1.6 节）、函数重载（1.3 节）、引用（1.7 节）、操作符重载（5.2.1 节、

6.4 节）和虚函数（5.4 节）等特性。在这些特性中，以虚函数的形式支持运行时多态在当时引起很大争议。我从 Simula 中认识到其价值，但我发现几乎不可能说服大多数系统程序员也认识到它的价值。系统程序员总是对间接函数调用抱有怀疑，而熟悉其他支持面向对象编程语言的人则很难相信 **virtual** 函数能快到足以用于系统级代码中。与之相对的，很多有面向对象编程背景的程序员当时很难习惯（现在很多人仍不习惯）这样一个理念：使用虚函数调用只是为了表达一个必须在运行时做出的选择。虚函数当时受到很大阻力，可能与另一个理念也遇到阻力相关：可以通过程序设计语言所支持的更正规的代码结构来实现更好的系统。因为当时很多 C 程序员似乎已经接受：真正重要的是彻底的灵活性和仔细地手工打造程序的每个细节。而当时我的观点是（现在也是）：我们从语言和工具获得的每一点帮助都很重要，我们正在创建的系统的内在复杂性总是处于我们所能表达的边缘。

早期的文档（例如[Stroustrup,1985]和[Stroustrup,1994]）这样描述 C++：

C++是一种通用的编程语言，它

- 是更好的 C
- 支持数据抽象
- 支持面向对象编程

请注意，我并没有说"C++是一门面向对象的编程语言"。这里，"支持数据抽象"指的是信息隐藏、非类层次结构中的类以及泛型编程。起初，对泛型编程的支持很差，只能通过宏来实现[Stroustrup,1982]，模板和概念则出现得晚得多。

C++的很多设计都是在我同事的黑板上完成的。在早期，Stu Feldman、Alexander Fraser、Steve Johnson、Brian Kernighan、Doug McIlroy 和 Dennis Ritchie 都给出了宝贵的意见。

在 20 世纪 80 年代的后半段，为了回应用户反馈，以及实现 C++的目标，我继续添加新的语言特性。其中最重要的是模板[Stroustrup,1988]和异常处理[Koenig,1990]，在标准制定工作开始时，这两个特性还处于实验性状态。在设计模板的过程中，我被迫在灵活性、效率和提早类型检查之间做出决断。那时没人知道如何同时实现这三点，也没人知道如何与 C 风格代码竞争高要求的系统应用开发任务。我觉得应该选择前两个性质。回顾往事，我认为这个选择是正确的，对模板类型检查的探索一直在进行中[DosReis, 2006] [Gregor, 2006] [Sutton, 2011] [Stroustrup, 2012a] [Stroustrup, 2017]，最终导向了 C++20 的概念（第 8 章）。异常的设计则关注异常的多级传播、将任意信息传递给异常处理程序及异常和资源管理的融合等问题。其中的关键技术之一是使用带析构函数的局部对象来表示和释放资源，我笨拙地称之为"资源获取即初始化"，并很快被其他人简称为 RAII（6.3 节）。

我推广了 C++的继承机制，使之支持多重基类[Stroustrup, 1987]。这种机制被称为多重继承（multiple inheritance），人们认为它很有难度且有争议。我认为它远不如模板和异常重要。当前，支持静态类型检查和面向对象程序设计的语言普遍支持虚基类（通常称为接口）的多重继承。

C++语言的演化与一些关键库特性紧紧联系在一起，本书介绍了这些特性。例如，我设计了复数类[Stroustrup,1984]、动态数组类、堆栈类和输入输出流类[Stroustrup,1985]，以及操作符重载机制。第一个字符串和列表类是由 Jonathan Shopiro 和我开发的，这是我们共同工作的成果之一。Jonathan 的字符串和列表类得到了广泛应用，这是库的特性第一次得到广泛应用。标准 C++库中的字符串类就源于这些早期的工作。[Stroustrup,1987b]中描述了任务库，它是1980 年编写的第 1 版"C with Classes"的一部分。我编写这个库及其相关的类是为了支持Simula 风格的仿真。它对于 C++在 1980 年代的成功和被广泛采用至关重要。不幸的是，我一直等到 2011 年（已经过去了 30 年！）才等到并发特性进入标准并被 C++实现普遍支持（18.6节）。模板机制的发展受到了 **vector**、**map**、**list** 和 **sort** 等各种模板的影响，这些模板是由我、Andrew Koenig 和 Alex Stepanov 等人设计的。

1998 标准库中最重要的革新是 STL 的引入，这是标准库中算法和容器的框架（参见第 12章和第 13 章）。它是 Alex Stepanov（及 Dave Musser 和 Meng Lee 等人）基于其数十年的泛型编程工作经验设计的。STL 已经在 C++社区和更大范围内产生了巨大影响。

C++的成长环境中有着众多成熟的和实验性的程序设计语言（例如，Ada [Ichbiah,1979]、Algol 68 [Woodward,1974]和 ML[Paulson,1996]）。那时，我掌握了大约 25 种语言，它们对 C++的影响都记录在[Stroustrup,1994]和[Stroustrup,2007]中。但是，决定性的影响总是来自我遇到的实际应用场景。这是一个深思熟虑的策略，它令 C++的革新是"问题驱动"的，而非模仿性的。

19.1.3　ISO C++标准

C++的使用呈爆炸式增长，因而产生了一些变化。1987 年，事情变得明朗，C++的正式标准化已是必然，我们必须开始为标准化做好准备[Stroustrup,1994]。因此，我们有意识地保持C++编译器实现者和主要用户之间的联系，这是通过文件和电子邮件及 C++大会和其他场合下的面对面接触实现的。

AT&T 贝尔实验室允许我与 C++实现者和用户共享 C++参考手册修订版的草案，这对 C++及其社区做出了重要贡献。由于这些实现者和用户中的很多人都供职于可视为 AT&T 竞争者的公司中，因此这一贡献的重要性绝对不应被低估。一个不甚开明的公司不会这样做，因为这会导致严重的语言碎片化问题。正是由于 AT&T 这样做了，使得来自数十个机构的大约 100人阅读了草案并提出了意见，使之成为被普遍接受的参考手册和 ANSI C++标准化工作的基础文献。这些人的名字可以在 *C++ Reference Manual*（简称 ARM）[EJlis,1989]中找到。ANSI 的 X3J16 委员会于 1989 年 12 月筹建，这是由 HP 公司发起的。1991 年 6 月，ANSI（美国国标）C++标准化工作成为 ISO（国际）C++标准化工作的一部分，并被命名为 WG21。自 1990 年起，这些联合的 C++标准委员会逐渐成为 C++语言演化及其定义完善工作的主要论坛。我自始至终在这些委员会中任职。特别是，作为扩展工作组（后来改称演化工作组）的主席，我直接负责处理 C++重大变化和新特性加入的提案。最初标准草案的公众预览版于 1995 年 4 月发布。1998 年，第一个 ISO C++标准（ISO/IEC 14882-1998）[C++,1998]被批准，投票结果是 22 票赞成 0 票反对。此标准的"缺陷修正版"于 2003 年发布，因此你有时会听人提到 C++03，它与 C++98 本质上是相同的语言。

C++11，曾经有很多年被称为 C++0x，是 WG21 成员的工作成果。委员会的工作流程和程序日益繁重，这些流程可能产生更好的（也更严格的）规范，但也限制了创新[Stroustrup,2007]。这一版标准的最初草案的公众预览版于 2009 年发布，历史上第二份 ISO C++标准（ISO/IEC 14882-2011）[C++,2011]于 2011 年 8 月被批准，投票结果是 21 票赞成 0 票反对。

造成两个版本的标准之间漫长的时间间隔的原因是，大多数委员会成员（包括我）都对 ISO 的规则有一个错误印象，以为在一版标准发布之后，在开始新特性的标准化工作之前要有"等待期"。结果，有关新语言特性的重要工作直到 2002 年才开始。其他原因包括现代语言及其基础库日益增长的规模。以标准文本的页数来衡量，语言的规模增长了 30%，而标准库则增长了 100%。规模的增长大部分来源于更详细的规范，而非新功能。而且，新 C++标准的工作显然要非常小心，不能发生由于不兼容而导致旧代码不能工作的问题。委员会不可以破坏数十亿行正在被使用着的 C++代码。数十年如一日地保证稳定的兼容性，也是规范的重要特质。

C++11 向标准库增加了非常多的工具和方法，并推动了语言特性集合的完善，这都是为了满足一种综合编程风格——在 C++98 中已被证明很成功的"范型"和风格的总和。C++11 标准制定的工作的总体目标是：

- 使 C++成为系统程序设计和库构造的更好的语言。
- 使 C++更容易教和学。

这些目标在[Stroustrup,2007]中有记载和详细介绍。

C++11 标准制定的一项主要工作是实现并发系统程序设计的类型安全和可移植性。这包括一个内存模型（18.1 节）和一组无锁编程特性，这些工作主要是由 Hans Boehm 和 Brian McKnight 等人完成的。在此基础上，我们添加了 **thread** 库。

在 C++11 之后，人们普遍认为相隔 13 年才推出新标准，时间实在太长了。Herb Sutter 提议委员会采用按固定时间间隔准时发布新标准的政策，即"火车模型"。我强烈主张缩短标准发布之间的时间间隔，以尽量减少夜长梦多的可能性，比如有人坚持要求"我恰好还有个重要功能要添加"从而拖延时间（这样将导致时间表不可控）。我们雄心勃勃地同意了每 3 年更新一次的策略，3 年一次的更新有的是小版本更新，有的是大版本更新，两者可能间隔出现。

C++14 是一个旨在"完善 C++11"的小版本更新。这反映了一个现实，即在固定的发布日期下，一定会存在我们知道想要但无法按时交付的功能。此外，功能一旦被广泛使用，人们将不可避免地发现不同功能集（提供的功能完备程度）存在差距。

C++17 本来应该是一个大版本。我所说的"大版本"是指，包含将改变我们对软件结构和设计方式的思考方式的功能。然而，根据这个定义，C++17 充其量只能算中等版本。它包括许多小的扩展，很多本应进行重大更改的功能（例如，概念、模块和协程）要么没有准备好，要么陷入争议和缺乏设计方向。因此，C++17 在每个方面改善了一点点，但不会显著改变已经吸取了 C++11 和 C++14 知识的 C++程序员的生活。

C++20 提供了承诺已久且急需的重大功能特性，例如，模块（3.2.2 节）、概念（8.2 节）、协程（18.6 节）、范围（14.5 节）和许多小功能。它同 C++11 一样，是对 C++的重大升级。C++20 在 2021 年年底已经广泛可用。

ISO C++标准委员会 SC22/WG21 现在大约有 350 名成员，其中大约 250 人参加了上一次在布拉格举行的扩散前的见面会，当时 C++20 以 79-0 票通过，后来由国家机构以 22-0 票批准。在如此庞杂和多样化的群体中获得惊人的一致，是一件艰巨的工作。风险包括"由委员会设计"、功能臃肿、缺乏一致的风格和短视的决策。语言向更易于使用和更连贯的方向进行进化并且取得进展非常困难。委员会意识到这一点并试图反击，参见[Wong, 2020]。有时，我们成功了，但很难避免复杂性从"有用的小功能"、流行时尚语言特性及专家直接服务于罕见特殊情况的愿望中蔓延出来。

19.1.4　标准与编程风格

标准规定了什么可以正常工作，以及是如何工作的，但没有规定怎样形成良好的和有效率的实践。理解编程语言功能的技术细节是一回事，将它们与其他功能、库和工具有效地结合使用以生成更好的软件是另外一回事。我所说的"更好"是指"更易于维护、更不容易出错、更快"。我们需要开发、推广和支持一致的编程风格。此外，必须支持旧代码向这些更现代、更有效和更一致的风格演变。

随着语言及其标准库的发展，推广高效编程风格这件事变得至关重要。让程序员仅仅为了追求高效卓越而放弃那些现在还能运行的代码极其困难。仍然有人认为 C++是对 C 语言的一些小补充，还有些人认为 1980 年代基于大规模类层次结构的面向对象编程风格是发展的顶峰。

许多人仍为了在具有大量旧 C++ 代码的环境中使用现代 C++ 代码而斗争。另外，还有许多人过度热衷于使用新特性。例如，一些程序员确信只有使用大量模板元编程的代码才是真正的 C++。

什么是现代 C++？2015 年，我曾经试图通过制定一套由明确理由支持的编码指南来回答这个问题。很快我就发现，我并不是唯一在努力解决这个问题的人，于是，我与来自世界许多地方（特别是来自微软、红帽和 Facebook）的人一起，开始了 *C++ Core Guidelines* 项目 [Stroustrup,2015]。这是一个雄心勃勃的项目，旨在实现完全的类型安全和完全的资源安全，作为更简单、更快、更安全、更易于维护的代码的基础[Stroustrup,2015b] [Stroustrup,2021]。除了带有基本原理的特定编码规则外，我们还使用静态分析工具和小型支持库来支持指南。我认为做这样的事情非常有必要，因为它将推动整个 C++ 社区向前发展，以便从语言功能、库和支持工具的改进中受益。

19.1.5　C++ 的使用

C++ 是现在被广泛使用的编程语言。其用户群从 1979 年的 1 人迅速增长到 1991 年的约 40 万人；也就是说，十多年来，用户数量大约每 7.5 个月翻一番。当然，自最初的急剧增长之后，增长速度放缓了，但据我乐观的估计是，2018 年大约有 450 万名 C++ 程序员[Kazakova, 2015]，今天（2022 年）可能在此基础上还追加了 100 万名。这种增长大部分发生在 2005 年之后，当时处理器速度的指数级爆炸式增长停止了，因此语言性能变得越来越重要。实现这种增长并没有依赖正式的市场营销或有组织的用户社区[Stroustrup,2020]。

C++ 主要是一种工业语言；也就是说，它在工业中比在教育或编程语言研究中更为突出。它成长于贝尔实验室，受到电信和系统编程（包括设备驱动程序、网络和嵌入式系统）的各种严格需求的启发。从那时起，C++ 的使用已经扩展到几乎所有行业：微电子、Web 应用程序和基础设施、操作系统、金融、医疗、汽车、航空航天、高能物理、生物学、能源生产、机器学习、视频游戏、图形、动画、虚拟现实等。它主要用于解决需要将 C++ 有效使用硬件和管理复杂性的能力组合起来的问题。目前看起来，C++ 的应用领域还在不断扩充 [Stroustrup,1993] [Stroustrup,2014] [Stroustrup,2020]。

19.1.6　C++ 模型

可以将 C++ 语言概括为一组相互支持的设施：

- 静态类型系统，对内置类型和用户定义类型具有同等支持（第 1 章、第 5 章、第 6 章）。
- 值语义和引用语义（1.7 节、5.2 节、6.2 节、第 12 章、15.2 节）。
- 系统和通用资源管理（RAII）（6.3 节）
- 支持高效的面向对象编程（5.3 节，虚函数类，5.5 节）。

- 支持灵活高效的泛型编程（第7章、第18章）。
- 支持编译时编程（1.6节、第7章、第8章）。
- 直接使用机器和操作系统资源（1.4节、第18章）。
- 通过库提供并发支持（通常使用内部函数实现）（第18章）。

标准库组件为这些高级目标提供了进一步的基本支持。

19.2　C++特性演化

在这里，我列出了已添加到 C++11、C++14、C++17 和 C++20 标准的 C++中的语言功能和标准库组件。

19.2.1　C++11 语言特性

查看语言特性列表很容易让人感到困惑。需要记住，语言特性不是单独使用的。特别是，大多数 C++11 新特性如果离开了旧特性提供的框架将毫无意义。

[1] 使用 `{}` 列表进行统一、通用的初始化（1.4.2 节、5.2.3 节）。

[2] 从初始值设定项中推导类型：`auto`（1.4.2 节）。

[3] 避免类型窄化（1.4.2 节）。

[4] 更加通用和有保证的常量表达式：`constexpr`（1.6 节）。

[5] 范围 `for` 语句（1.7 节）。

[6] 空指针关键字：`nullptr`（1.7.1 节）。

[7] 有作用域且强类型的 `enum`：`enum class`（2.4 节）。

[8] 编译时断言：`static_assert`（4.5.2 节）。

[9] `{}` 列表到 `std::initializer_list` 的语言映射（5.2.3 节）。

[10] 右值引用，使移动语义成为可能（6.2.2 节）。

[11] 匿名函数（7.3.3 节）。

[12] 可变参数模板（7.4.1 节）。

[13] 类型和模板别名（7.4.2 节）。

[14] Unicode 字符。

[15] `long long` 整数类型。

[16] 对齐控制：`alignas` 和 `alignof`。

[17] 在声明中将表达式的返回类型作为类型：`decltype`。

[18] 原始字符串字面量（10.4 节）。

[19] 后置返回类型语法（3.4.4 节）。

[20] 属性语法和两个标准属性：**[[carries_dependency]]** 和 **[[noreturn]]**。

[21] 防止异常传播的方法：**noexcept** 说明符（4.4 节）。

[22] 在表达式中检测 **throw** 的可能性：**noexcept** 运算符。

[23] C99 特性：扩展整数类型（即可选较长整数类型的规则）；窄/宽字符串的编译时串接；**__STDC_HOSTED__**；**_Pragma(X);** 可变参数宏和空宏参数。

[24] **__func__** 宏返回当前函数的名称字符串。

[25] **inline** 命名空间。

[26] 委托构造函数。

[27] 类内成员初始值设定项（6.1.3 节）。

[28] 控制（对象成员的）默认实现：**default** 和 **delete**（6.1.1 节）。

[29] 显式类型转换运算符。

[30] 用户定义的字面量（6.6 节）。

[31] 更显式地控制 **template** 实例化：**extern template**。

[32] 函数模板的默认模板参数。

[33] 继承构造函数（12.2.2 节）。

[34] 覆盖控制：**override**（5.5 节）和 **final**。

[35] 更简单、更通用的 SFINAE（替换失败不是错误）规则。

[36] 内存模型（18.1 节）。

[37] 线程本地存储：**thread_local**。

有关 C++98 到 C++11 变化的更完整的介绍，请参阅[Stroustrup,2013]。

19.2.2　C++14 语言特性

[1] 函数返回类型推导;（3.4.3 节）。

[2] 改进了 **constexpr** 函数，例如，允许 **for** 循环（1.6 节）。

[3] 变量模板（7.4.1 节）。

[4] 二进制字面量（1.4 节）。

[5] 数字分隔符（1.4 节）。

[6] 泛型匿名函数（7.3.3.1 节）。

[7] 更通用的匿名函数捕获。

[8] **[[deprecated]]** 属性。

[9] 还有一些小的扩展。

19.2.3　C++17 语言特性

[1]　保证拷贝省略（6.2.2 节）。

[2]　超对齐类型的动态分配。

[3]　严格指定运算顺序（1.4.1 节）。

[4]　UTF-8 字面量（**u8**）。

[5]　十六进制浮点字面量（11.6.1 节）。

[6]　折叠表达式（8.4.1 节）。

[7]　泛型值模板参数（**auto** 模板参数；8.2.5 节）。

[8]　类模板参数的类型推导（7.2.3 节）。

[9]　编译时 **if**（7.4.3 节）。

[10] 带有初始值设定项的选择语句（1.8 节）。

[11] **constexpr** 匿名函数。

[12] **inline** 变量。

[13] 结构化绑定（3.4.5 节）。

[14] 新的标准属性：**[[fallthrough]]**、**[[nodiscard]]** 和 **[[maybe_unused]]**。

[15] **std::byte** 类型（16.7 节）。

[16] 用底层类型的值来初始化 **enum** 类型（2.4 节）。

[17] 还有一些小的扩展。

19.2.4　C++20 语言特性

[1]　模块（3.2.2 节）。

[2]　概念（8.2 节）。

[3]　协程（18.6 节）。

[4]　可指定的初始值设定项（C99 功能的略微受限版本）。

[5]　**<=>**（"宇宙飞船操作符"）三向比较操作符（6.5.1 节）。

[6]　**[*this]** 按值捕获当前对象（7.3.3 节）。

[7]　标准属性 **[[no_unique_address]]**、**[[likely]]** 和 **[[unlikely]]**。

[8]　在 **constexpr** 函数中允许使用更多功能，包括 **new**、**union**、**try-catch**、**dynamic_cast** 和 **typeid**。

[9]　保证编译时求值的 **consteval** 函数（1.6 节）。

[10] 保证静态（非运行时）初始化的 **constinit** 变量（1.6 节）。

[11] **using** 可用于带作用域的 **enum**（2.4 节）。

[12] 还有一些小的扩展。

19.2.5 C++11 标准库组件

C++11 以两种形式向标准库添加新内容：全新组件（如正则表达式匹配库）；改进 C++98 组件（如容器的移动语义）。

[1] 容器的 **initializer_list** 构造函数（5.2.3 节）。

[2] 容器的移动语义（6.2.2 节、13.2 节）。

[3] 单向链表：**forward_list**（12.3 节）。

[4] 哈希容器：**unordered_map**、**unordered_multimap**、**unordered_set** 和 **unordered_multiset**（12.6 节、12.8 节）。

[5] 资源管理指针：**unique_ptr**、**shared_ptr** 和 **weak_ptr**（15.2.1 节）。

[6] 并发支持：**thread**（18.2 节）、互斥量和锁（18.3 节）及条件变量（18.4 节）。

[7] 高层并发支持：**packaged_thread**、**future**、**promise** 和 **async()**（18.5 节）。

[8] **tuple**（15.3.4 节）。

[9] 正则表达式：**regex**（10.4 节）。

[10] 随机数：分布和引擎（17.5 节）。

[11] 整数类型名称，如 **int16_t**、**uint32_t** 和 **int_fast64_t**（17.8 节）。

[12] 固定大小的连续序列容器：**array**（15.3 节）。

[13] 拷贝和重新抛出异常（18.5.1 节）。

[14] 使用错误代码报告错误：**system_error**。

[15] 容器的 **emplace()** 操作（12.8 节）。

[16] 广泛使用 **constexpr** 函数。

[17] 系统地使用 **noexcept** 函数。

[18] 改进的函数适配器：**function** 和 **bind()**（16.3 节）。

[19] **string** 到数值的转换。

[20] 带作用域的分配器。

[21] 类型特征，如 **is_integral** 和 **is_base_of**（16.4.1 节）。

[22] 时间工具：**duration** 和 **time_point**（16.2.1 节）。

[23] 编译时有理数算术：**ratio**。

[24] 放弃进程：**quick_exit**（16.8 节）。

[25] 更多算法，如 **move()**、**copy_if()** 和 **is_sorted()**（第 13 章）。

[26] 垃圾回收 API；后来被弃用（19.2.9 节）。

[27] 低层并发支持：**atomic**（18.3.2 节）。

[28] 还有一些小的扩展。

19.2.6　C++14 标准库组件

[1] **shared_mutex** 和 **shared_lock**（18.3 节）。

[2] 用户定义的字面量（6.6 节）。

[3] 按类型寻址元组（15.3.4 节）。

[4] 关联容器异构查找。

[5] 还有一些小的扩展。

19.2.7　C++17 标准库组件

[1] 文件系统（11.9 节）。

[2] 并行算法（13.6 节，17.3.1 节）。

[3] 数学特殊函数（17.2 节）。

[4] **string_view**（10.3 节）。

[5] **any**（15.4.3 节）。

[6] **variant**（15.4.1 节）。

[7] **optional**（15.4.2 节）。

[8] 调用任何可以为给定参数集调用的方法：**invoke()**。

[9] 基本字符串转换：**to_chars()** 和 **from_chars()**。

[10] 多态分配器（12.7 节）。

[11] **scoped_lock**（18.3 节）。

[12] 还有一些小的扩展。

19.2.8　C++20 标准库组件

[1] 范围、视图和管道（14.1 节）。

[2] **printf()** 风格的格式化：**format()** 和 **vformat()**（11.6.2 节）。

[3] 日历（16.2.2 节）和时区（16.2.3 节）。

[4] **span**，用于对连续数组进行读写访问（15.2.2 节）。

[5] **source_location**（16.5 节）。

[6] 数学常数，例如 **pi** 和 **ln10e**（17.9 节）。

[7] 对 **atomic** 的许多扩展（18.3.2 节）。

[8] 等待多个 **thread** 的方法：**barrier** 和 **latch**。

[9] 特性测试宏。

[10] **bit_cast<>**（16.7 节）。

[11] 位操作（16.7 节）。

[12] 更多的标准库函数成为 **constexpr**。

[13] 在标准库中更多地使用<=>操作符。

[14] 更多的小扩展。

19.2.9　移除或弃用的特性

世界上有数十亿行 C++代码在运行，没有人确切地知道哪些特性使用在关键场合中。因此，尽管 ISO 委员会警告多年，很多人也不太愿意移除旧特性。然而，一部分麻烦的特性确实需要被移除或弃用。

弃用某个功能，意味着标准委员会有计划让该功能消失。但是，委员会无权立即移除被频繁使用的功能——无论它可能是多余的还是危险的。因此，弃用是一种强烈暗示，提示你尽量避免使用该功能，因为它可能会在未来消失。已弃用功能的列表在标准[C++，2020]的附录 D 中。编译器可能会对使用已弃用的功能发出警告。但是，已弃用的功能依然是标准的一部分，历史上，为了保证兼容性，它们往往会被支持相当长的时间。由于用户对实现者施加的压力，即使最终移除的功能也往往会在编译器实现中继续存在。

- 移除：异常规范，如 **void f() throw(X,Y)**；// C++98 时可用，现在会报错。
- 移除：异常规范的支持工具，如 **unexpected_handler**、**set_unexpected()**、**get_unexpected()**和 **unexpected()**。请使用 **noexcept**（4.2 节）替代。
- 移除：三字符组。
- 移除：**auto_ptr**。请使用 **unique_ptr** 替代（15.2.1 节）。
- 移除：存储说明符 **register**。
- 移除：对 **bool** 使用**++**操作符。
- 移除：C++98 中的 **export** 功能。它很复杂，且一些主要的供应商不提供。**export** 的功能被替代作为模块的关键字（3.2.2 节）。
- 弃用：为具有析构函数的类自动生成拷贝操作（6.2.1 节）。
- 移除：将字符串字面量赋值给 **char ***。请使用 **const char***或 **auto** 替代。
- 移除：一部分 C++标准库函数对象和相关函数。大多数与参数绑定有关。可以使用匿名函数或 **function** 替代（16.3 节）。
- 弃用：将 **enum** 值与来自不同 **enum** 的值或浮点值进行比较。
- 弃用：两个数组之间的比较。
- 弃用：下标中的逗号操作（例如，**[a,b]**）。为允许用户定义带有多个参数的 **operator[]()**腾出空间。
- 弃用：在匿名函数表达式中隐式捕获***this**。请使用**[=,this]**替代（7.3.3 节）。

- 移除：垃圾收集器的标准库接口。C++垃圾收集器没有使用那个接口。
- 弃用：**strstream**；使用 **spanstream** 替代（11.7.4 节）。

19.3　C/C++兼容性

除了少数例外，C++可以看作 C 的超集（这里指 C++20 与 C11；[C,2011]）。两者的大多数差异来自 C++更加强调类型检查。编写良好的 C 程序也往往是合法的 C++程序。例如，K&R2 [Kernighan,1988]中的每个示例都是 C++程序。编译器可以诊断 C++和 C 之间的每一个差异。标准[C++,2020]的附录 C 中列出了 C11 与 C++20 的不兼容之处。

19.3.1　C 与 C++是兄弟

为什么我说 C++是 C 的兄弟（而不是后代）呢？请看一个简化版本的家谱：

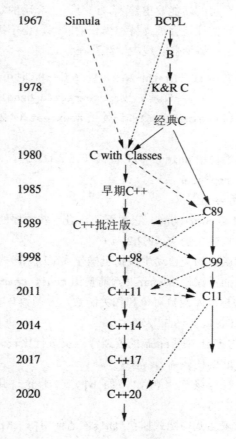

经典 C 有两个主要的后代：ISO C 和 ISO C++。多年来，这两种语言以不同的速度向不同的方向发展。结果是，每种语言都以略有不同的方式提供对传统 C 风格编程的支持。由此产生的兼容性问题会给同时使用 C 和 C++的人带来麻烦，无论你是用一种语言编程时调用另一种语言实现的库的使用者，还是使用一种语言为另外一种语言写库的实现者，程序员的生活都可能变得十分悲惨。

上页图中的实线表示大量继承特征，虚线表示主要特征的借用，点画线表示次要特征的借用。由此可见，ISO C 和 ISO C++作为 K&R C [Kernighan,1978]的主要后代出现，两者呈兄弟关系。两者都带有经典 C 的关键特性，但都不与经典 C 完美兼容。我从曾经贴在 Dennis Ritchie 显示器上的便利贴中选择了术语"经典 C"。经典 C 相当于 K&R C 加上枚举和 **struct** 赋值。BCPL 则由[Richards,1980]定义，而 C89 由[C1990]定义。

C++03 这个版本当然存在，但作为主要是修正缺陷的版本，我没有把它列出来。类似地，C17 也只是一个对 C11 修正缺陷的版本。

请注意，C 和 C++之间的差异不一定是将对 C 的更改引入 C++的结果。在某些情况下，特性在 C++中已经被广泛使用很久，然后 C 以不兼容的方式引入该特性，从而引起了兼容问题。这方面的例子有将 **T*** 分配给 **void*** 的能力、全局 **const** 的链接[Stroustrup, 2002]。有时，特性在成为 ISO C++标准的一部分后才被引入 C 中产生了不兼容，例如，**inline** 的详细含义。

19.3.2　兼容性问题

C 和 C++之间存在许多细微的不兼容。所有这些都可能给程序员带来麻烦，但如果仅从 C++的角度来处理，这些问题都可以解决。在普通情况下，C 代码片段可以被编译为 C 并使用 **extern "C"** 机制链接。

将 C 程序转换为 C++可能遇到的主要问题是：

- 次优的设计和编程风格。
- **void*** 被隐式地转换为 **T***（即，转换时不进行显式强制转换）。
- C++关键字，例如，**class** 和 **private**，在 C 代码中用作标识符。
- 编译为 C 的代码片段与编译为 C++的代码片段在链接时不兼容。

19.3.2.1　风格问题

显然，C 程序是以 C 风格编写的，例如，K&R[Kernighan,1988]中使用的风格。这意味着广泛使用指针和数组，可能还有许多宏。这些设施很难在大型程序中被可靠地使用。资源管理和错误处理通常是临时的（且没有语言级工具支持）并且通常没有完整的文档和一致性。将 C 程序简单地逐行转换为 C++程序，生成的程序通常经过了更好的检查。在现实中，我将 C 程序转换为 C++程序时经常发现新的 bug。然而，程序的基本结构没有改变，错误的根本来源也没有改变。如果你在原始 C 程序中有不完整的错误处理、资源泄漏或缓冲区溢出，它们在 C++版本中仍然会存在。要获得主要优势，你必须更改代码的基本结构：

[1] 不要将 C++视为添加了一些功能的 C。C++可以那样使用，但那不是最好的方式。与 C 相比，要从 C++中获得真正的主要优势，你需要采纳不同的设计和实现风格。

[2] 使用 C++标准库作为新技术和编程风格的老师。应注意与 C 标准库的区别（例如，字符串使用=拷贝赋值，而不用 **strcpy()**）。

[3] 在 C++中几乎不需要宏替换。使用 **const**（1.6 节）、**constexpr**（1.6 节）、**enum** 或 **enum class**（2.4 节）来定义清单常量，使用 **constexpr**（1.6 节）、**consteval**（1.6 节）和 **inline**（5.2.1 节）来避免函数调用开销，使用 **template**（第 7 章）声明一系列的函数和类型，使用 **namespace**（3.3 节）以避免名称冲突。

[4] 不要在需要变量之前声明它，需要变量声明时请立即初始化。声明可以出现在语句可以出现的任何地方（1.8 节），例如，在 **for** 语句初始值设定项和条件中（1.8 节）。

[5] 不要使用 **malloc()**。**new** 运算符（5.2.2 节）可以更好地完成相同的任务。当你觉得需要 **realloc()**时，尝试考虑动态数组 **vector**（6.3 节、12.2 节）。不要只是将 **malloc()** 和 **free()**替换为"裸" **new** 和 **delete**（5.2.2 节）。

[6] 避免 **void***、**union** 和强制类型转换，除非在某些函数或类的实现深处。使用它们限制了你可以从类型系统获得的支持并且会损害性能。在大多数情况下，强制类型转换意味着设计上的失误。

[7] 如果必须使用显式类型转换，请使用适当的命名转换（例如，**static_cast**；5.2.3 节），来更准确地说明你正在尝试做什么。

[8] 尽量减少数组和 C 风格字符串的使用。与传统 C 风格相比，C++标准库 **string**（10.2 节）、**array**（15.3.1 节）和 **vector**（12.2 节）通常可用于编写更简单且更易于维护的代码。一般来说，尽量不要自己构建标准库已经提供的东西。

[9] 除非在非常专门的代码中（例如，内存管理器），否则请避免进行指针运算。

[10] 将连续序列（例如，数组）作为 **span** 传递（15.2.2 节）。这是在不添加测试案例的情况下避免范围错误（缓冲区溢出）的好方法。

[11] 对于简单的数组遍历，可使用范围 **for** 语句（1.7 节）。与传统的 C 循环相比，它更易于编写、速度更快且更安全。

[12] 使用 **nullptr**（1.7.1 节）而不用 **0** 或 **NULL**。

[13] 不要假设用 C 风格（避免类、模板和异常等 C++特性）费力编写的东西比更短的替代方案（例如，使用 C++标准库特性）更有效。实际情况通常恰恰相反（当然也不绝对）。

19.3.2.2　void*

在 C 中，**void*** 可用来为任何指针类型的变量赋值或者初始化，但在 C++ 中不行。例如：

```
void f(int n)
{
    int* p = malloc(n*sizeof(int)); /* 在 C++中不行; C++代码请使用"new"分配 */
    // ...
}
```

这可能是最难处理的不兼容问题了。注意，从 **void*** 到不同指针类型的转换并非总是无害的：

```
char ch;
void* pv = &ch;
int* pi = pv;        // 在 C++中不行
*pi = 666;           // 修改了 ch 及邻近字节中的数据
```

如果你同时使用两种语言，应将 **malloc()** 的结果转换为正确类型。如果你只使用 C++，应避免使用 **malloc()**。

19.3.2.3　链接

C 和 C++ 可以被实现为使用不同的链接规范（多数编译器也确实是这么做的）。其基本原因是 C++ 极为强调类型检查。还有一个实现上的原因是 C++ 支持重载，因此可能出现两个名为 **open()** 的全局函数，链接器必须用某种办法解决这个问题。

为了让 C++ 函数使用 C 链接规范（从而使它可以被 C 程序片段所调用），或者反过来，让 C 函数能被 C++ 程序片段所调用，需要将其声明为 **extern "C"**。例如：

```
extern "C" double sqrt(double);
```

这样，**sqrt(double)** 就可以被 C 或 C++ 代码片段调用了，而其定义既可以作为 C 函数编译，也可以作为 C++ 函数编译。

在作用域中，对于任何给定的名字，只允许一个具有该名字的函数使用 C 链接规范（因为 C 不允许函数重载）。链接说明不会影响类型检查，因此对于声明为 **extern "C"** 的函数，仍要应用 C++ 函数调用和参数检查规则。

19.4　参考文献

[Boost]	*The Boost Libraries: free peer-reviewed portable C++ source libraries.* www.boost.org.
[C,1990]	X3 Secretariat: *Standard – The C Language.* X3J11/90-013. ISO Standard ISO/IEC 9899-1990. Computer and Business Equipment Manufacturers Association. Washington, DC.
[C,1999]	ISO/IEC 9899. *Standard – The C Language.* X3J11/90-013-1999.
[C,2011]	ISO/IEC 9899. *Standard – The C Language.* X3J11/90-013-2011.
[C++,1998]	ISO/IEC JTC1/SC22/WG21 (editor: Andrew Koenig): *International Standard – The C++ Language.* ISO/IEC 14882:1998.
[C++,2004]	ISO/IEC JTC1/SC22/WG21 (editor: Lois Goldthwaite): *Technical Report on C++ Performance.* ISO/IEC TR 18015:2004(E) ISO/IEC 29124:2010.
[C++,2011]	ISO/IEC JTC1/SC22/WG21 (editor: Pete Becker): *International Standard – The C++ Language.* ISO/IEC 14882:2011.
[C++,2014]	ISO/IEC JTC1/SC22/WG21 (editor: Stefanus Du Toit): *International Standard – The C++ Language.* ISO/IEC 14882:2014.
[C++,2017]	ISO/IEC JTC1/SC22/WG21 (editor: Richard Smith): *International Standard – The C++ Language.* ISO/IEC 14882:2017.
[C++,2020]	ISO/IEC JTC1/SC22/WG21 (editor: Richard Smith): *International Standard – The C++ Language.* ISO/IEC 14882:2020.
[Cppcoro]	*CppCoro – A coroutine library for C++.* github.com/lewissbaker/cppcoro.
[Cppreference]	*Online source for C++ language and standard library facilities.* www.cppreference.com.
[Cox,2007]	Russ Cox: *Regular Expression Matching Can Be Simple And Fast.* January 2007. swtch.com/~rsc/regexp/regexp1.html.
[Dahl,1970]	O-J. Dahl, B. Myrhaug, and K. Nygaard: *SIMULA Common Base Language.* Norwegian Computing Center S-22. Oslo, Norway. 1970.
[Dechev,2010]	D. Dechev, P. Pirkelbauer, and B. Stroustrup: *Understanding and Effectively Preventing the ABA Problem in Descriptor-based Lock-free Designs.* 13th IEEE Computer Society ISORC 2010 Symposium. May 2010.
[DosReis,2006]	Gabriel Dos Reis and Bjarne Stroustrup: *Specifying C++ Concepts.* POPL06. January 2006.
[Ellis,1989]	Margaret A. Ellis and Bjarne Stroustrup: *The Annotated C++ Reference Manual.* Addison-Wesley. Reading, Massachusetts. 1990. ISBN 0-201-51459-1.
[Garcia,2015]	J. Daniel Garcia and B. Stroustrup: *Improving performance and maintainability through refactoring in C++11.* Isocpp.org. August 2015. http://www.stroustrup.com/improving_garcia_stroustrup_2015.pdf.
[Friedl,1997]	Jeffrey E. F. Friedl: *Mastering Regular Expressions.* O'Reilly Media. Sebastopol, California. 1997. ISBN 978-1565922570.
[Gregor,2006]	Douglas Gregor et al.: *Concepts: Linguistic Support for Generic Programming in C++.* OOPSLA'06.

[Ichbiah,1979]　　　Jean D. Ichbiah et al.: *Rationale for the Design of the ADA Programming Language*. SIGPLAN Notices. Vol. 14, No. 6. June 1979.

[Kazakova,2015]　　Anastasia Kazakova: *Infographic: C/C++ facts*. https://blog.jetbrains.com/clion/2015/07/infographics-cpp-facts-before-clion/ July 2015.

[Kernighan,1978]　　Brian W. Kernighan and Dennis M. Ritchie: *The C Programming Language*. Prentice Hall. Englewood Cliffs, New Jersey. 1978.

[Kernighan,1988]　　Brian W. Kernighan and Dennis M. Ritchie: *The C Programming Language, Second Edition*. Prentice-Hall. Englewood Cliffs, New Jersey. 1988. ISBN 0-13-110362-8.

[Knuth,1968]　　　Donald E. Knuth: *The Art of Computer Programming*. Addison-Wesley. Reading, Massachusetts. 1968.

[Koenig,1990]　　　A. R. Koenig and B. Stroustrup: *Exception Handling for C++ (revised)*. Proc USENIX C++ Conference. April 1990.

[Maddock,2009]　　John Maddock: *Boost.Regex*. www.boost.org. 2009. 2017.

[Orwell,1949]　　　George Orwell: *1984*. Secker and Warburg. London. 1949.

[Paulson,1996]　　　Larry C. Paulson: *ML for the Working Programmer*. Cambridge University Press. Cambridge. 1996. ISBN 978-0521565431.

[Richards,1980]　　　Martin Richards and Colin Whitby-Strevens: *BCPL – The Language and Its Compiler*. Cambridge University Press. Cambridge. 1980. ISBN 0-521-21965-5.

[Stepanov,1994]　　Alexander Stepanov and Meng Lee: *The Standard Template Library*. HP Labs Technical Report HPL-94-34 (R. 1). 1994.

[Stepanov,2009]　　Alexander Stepanov and Paul McJones: *Elements of Programming*. Addison-Wesley. Boston, Massachusetts. 2009. ISBN 978-0-321-63537-2.

[Stroustrup,1979]　　Personal lab notes.

[Stroustrup,1982]　　B. Stroustrup: *Classes: An Abstract Data Type Facility for the C Language*. Sigplan Notices. January 1982. The first public description of "C with Classes."

[Stroustrup,1984]　　B. Stroustrup: *Operator Overloading in C++*. Proc. IFIP WG2.4 Conference on System Implementation Languages: Experience & Assessment. September 1984.

[Stroustrup,1985]　　B. Stroustrup: *An Extensible I/O Facility for C++*. Proc. Summer 1985 USENIX Conference.

[Stroustrup,1986]　　B. Stroustrup: *The C++ Programming Language*. Addison-Wesley. Reading, Massachusetts. 1986. ISBN 0-201-12078-X.

[Stroustrup,1987]　　B. Stroustrup: *Multiple Inheritance for C++*. Proc. EUUG Spring Conference. May 1987.

[Stroustrup,1987b]　　B. Stroustrup and J. Shopiro: *A Set of C Classes for Co-Routine Style Programming*. Proc. USENIX C++ Conference. Santa Fe, New Mexico. November 1987.

[Stroustrup,1988]　　B. Stroustrup: *Parameterized Types for C++*. Proc. USENIX C++ Conference, Denver, Colorado. 1988.

[Stroustrup,1991]	B. Stroustrup: *The C++ Programming Language (Second Edition)*. Addison-Wesley. Reading, Massachusetts. 1991. ISBN 0-201-53992-6.
[Stroustrup,1993]	B. Stroustrup: *A History of C++: 1979–1991*. Proc. ACM History of Programming Languages Conference (HOPL-2). ACM Sigplan Notices. Vol 28, No 3. 1993.
[Stroustrup,1994]	B. Stroustrup: *The Design and Evolution of C++*. Addison-Wesley. Reading, Massachusetts. 1994. ISBN 0-201-54330-3.
[Stroustrup,1997]	B. Stroustrup: *The C++ Programming Language, Third Edition*. Addison-Wesley. Reading, Massachusetts. 1997. ISBN 0-201-88954-4. Hardcover ("Special") Edition. 2000. ISBN 0-201-70073-5.
[Stroustrup,2002]	B. Stroustrup: *C and C++: Siblings, C and C++: A Case for Compatibility*, and *C and C++: Case Studies in Compatibility*. The C/C++ Users Journal. July-September 2002. www.stroustrup.com/papers.html.
[Stroustrup,2007]	B. Stroustrup: *Evolving a language in and for the real world: C++ 1991-2006*. ACM HOPL-III. June 2007.
[Stroustrup,2009]	B. Stroustrup: *Programming – Principles and Practice Using C++*. Addison-Wesley. Boston, Massachusetts. 2009. ISBN 0-321-54372-6.
[Stroustrup,2010]	B. Stroustrup: "New" Value Terminology. https://www.stroustrup.com/terminology.pdf. April 2010.
[Stroustrup,2012a]	B. Stroustrup and A. Sutton: *A Concept Design for the STL*. WG21 Technical Report N3351==12-0041. January 2012.
[Stroustrup,2012b]	B. Stroustrup: *Software Development for Infrastructure*. Computer. January 2012. doi:10.1109/MC.2011.353.
[Stroustrup,2013]	B. Stroustrup: *The C++ Programming Language (Fourth Edition)*. Addison-Wesley. Boston, Massachusetts. 2013. ISBN 0-321-56384-0.
[Stroustrup,2014]	B. Stroustrup: C++ Applications. http://www.stroustrup.com/applications.html.
[Stroustrup,2015]	B. Stroustrup and H. Sutter: *C++ Core Guidelines*. https://github.com/isocpp/CppCoreGuidelines/blob/master/CppCoreGuidelines.md.
[Stroustrup,2015b]	B. Stroustrup, H. Sutter, and G. Dos Reis: *A brief introduction to C++'s model for type- and resource-safety*. Isocpp.org. October 2015. Revised December 2015. http://www.stroustrup.com/resource-model.pdf.
[Stroustrup,2017]	B. Stroustrup: *Concepts: The Future of Generic Programming (or How to design good concepts and use them well)*. WG21 P0557R1. https://www.stroustrup.com/good_concepts.pdf. January 2017.
[Stroustrup,2020]	B. Stroustrup: *Thriving in a crowded and changing world: C++ 2006-2020*. ACM/SIGPLAN History of Programming Languages conference, HOPL-IV. June 2020.
[Stroustrup,2021]	B. Stroustrup: *Type-and-resource safety in modern C++*. WG21 P2410R0. July 2021.
[Stroustrup,2021b]	B. Stroustrup: *Minimal module support for the standard library*. P2412r0. July 2021.

[Sutton,2011]　A. Sutton and B. Stroustrup: *Design of Concept Libraries for C++.* Proc. SLE 2011 (International Conference on Software Language Engineering). July 2011.

[WG21]　ISO SC22/WG21 The C++ Programming Language Standards Committee: *Document Archive.* www.open-std.org/jtc1/sc22/wg21.

[Williams,2012]　Anthony Williams: *C++ Concurrency in Action – Practical Multithreading.* Manning Publications Co. ISBN 978-1933988771.

[Wong,2020]　Michael Wong, Howard Hinnant, Roger Orr, Bjarne Stroustrup, Daveed Vandevoorde: *Direction for ISO C++.* WG21 P2000R1. July 2020.

[Woodward,1974]　P. M. Woodward and S. G. Bond: *Algol 68-R Users Guide.* Her Majesty's Stationery Office. London. 1974.

19.5　建议

[1]　ISO C++标准[C++,2020]定义了 C++。

[2]　在为新项目选择风格或更新代码库时，请参考 *C++ Core Guidelines*；19.1.4 节。

[3]　学习 C++时，不要孤立地关注语言特性；19.2.1 节。

[4]　不要拘泥于几十年前的语言特性集和设计技术；19.1.4 节。

[5]　在生产代码中使用新特性之前，请先编写小程序来试验，测试你计划使用的特性与标准是否一致、性能是否满足要求。

[6]　学习 C++时，请使用你能获得的最新的、最完整的标准 C++实现。

[7]　C 和 C++的公共子集并非学习 C++的最佳的初始子集；19.3.2.1 节。

[8]　避免强制转换；19.3.2.1 节；[CG: ES.48]。

[9]　优先选择命名类型转换，如 `static_cast`，不要用 C 风格类型转换；5.2.3 节；[CG: ES.49]。

[10]　将 C 程序改写为 C++程序时，要给与 C++关键字重名的变量改名；19.3.2 节。

[11]　为了可移植性和类型安全，如果非使用 C 语言不可，请使用 C 和 C++的公共子集；19.3.2.1 节；[CG: CPL.2]。

[12]　将 C 程序改写为 C++程序时，将 `malloc()`的结果强制转换为适当的类型，或者索性将 `malloc()`都改为 `new`；19.3.2.2 节。

[13]　从 `malloc()`和 `free()`转换为 `new` 和 `delete` 后，考虑使用 `vector`、`push_back()`和 `reserve()`来取代 `realloc()`；19.3.2.1 节。

[14]C++不允许从整数到枚举类型的隐式转换；如果必须进行转换，请使用显式类型转换。

[15]　每个标准 C 的头文件`<X.h>`都将名称定义在全局命名空间中，对应的 C++头文件`<cX>`

则将名称定义在命名称空间 **std** 中。

[16] 声明 C 函数时使用 **extern "C"**；19.3.2.3 节。

[17] 优先使用 **string** 而不是 C 风格字符串（直接处理 0 结尾的 char 数组的那种）；[CG: SL.str.1]。

[18] 优先使用 **iostream** 而不是 **stdio**；[CG: SL.io.3]。

[19] 优先使用容器（如 **vector**）而不是内置数组。

附录 A
std 模块

> 对于发明来说，这件事很重要：
> 你必须构建一整套可以运作的系统。
> ——J.普莱斯珀·埃克特[1]

- 引言
- 使用你的实现所提供的东西
- 使用头文件
- 制作你自己的 `module std`
- 建议

A.1 引言

在撰写本文时，不幸地，**module std** [Stroustrup,2021b]还没成为标准库的一部分。我有理由希望它进入 C++23 标准。这个附录提供了目前试图处理这个问题的想法。

module std 的作用是通过单个 **import std;** 声明语句使标准库中的所有组件能被简单而方便地使用。我在整个章节中都依赖于此。这些头文件之所以被提及和命名，主要是因为它们是传统的、普遍可用的，部分是因为它们反映了标准库的（不完善的）历史组织形式。

部分标准库组件将名称倾倒进全局命名空间中，例如，**<cmath>**中的 **sqrt()**。模块 **std** 不会这样做，但是，当我们需要获得这样的全局名称时，可以用 **import std.compat**。导入 **std.compat** 而不是 **std** 的唯一真正的原因是，可以避免打乱旧的代码库，同时还可以从提高模块的编译速度中获得一些好处。

---

1 他是 ENIAC（最早的电子通用计算机）的发明者之一。——译者注

注意，模块通常不会导出宏。如果需要宏，请使用**#include**。

模块和头文件可以共存；意思是说，如果**#include** 和 **import** 的声明内容完全一致，那么你的程序不会存在一致性问题。这使大型代码库从依赖头文件到使用模块的演变必不可少。

A.2　使用你的实现所提供的东西

如果我们比较幸运，想要使用的实现已经有了一个现成的 **module std**。在这种情况下，我们应该首选直接使用它。它可能被标记为"实验性的"，使用它可能需要一些设置或编译器选项。因此，首先，探索该实现是否具有 **module std** 或等效模块。例如，目前（2022 年春季）Visual Studio 提供了许多"实验性的"模块，因此，使用该实现，可以像下面这样定义模块**std**：

```
export module std;
export import std.regex;        // <regex>
export import std.filesystem;   // <filesystem>
export import std.memory;       // <memory>
export import std.threading;    // <atomic>、<condition_variable>、<future>、<mutex>、
                                // <shared_mutex>、<thread>
export import std.core;         // 其他所有
```

显然，为此我们必须使用 C++20 编译器，并设置选项以访问实验性的模块。请注意，所有"实验性的"东西都可能随着时间而改变。

A.3　使用头文件

如果一个实现还不支持模块或者还没有提供 **module std** 或等价物，我们可以回退到使用传统的头文件。它们是标准的并且普遍可用的。问题在于，要让示例正常工作，我们需要弄清楚需要哪些头文件并**#include** 它们。第 9 章中介绍的内容在这里可以提供帮助，我们可以在 [cppreference]上查找想要使用的功能的名称，以查看它属于哪个头文件。如果这很乏味，可以将常用的头文件统一收集到一个 **std.h** 头文件中：

```
// std.h
#include <iostream>
#include<string>
#include<vector>
#include<list>
```

```
#include<memory>
#include<algorithms>
// ...
```

然后这样：

```
#include "std.h"
```

这样做的问题是，**#include** 较多的文件，将导致编译速度大幅减慢[Stroustrup,2021b]。

A.4　制作你自己的 module std

这是最没有吸引力的方案，因为它看起来工作量最大。然而，有人已经做好了这件事，并进行了分享：

```
module;
#include <iostream>
#include<string>
#include<vector>
#include<list>
#include<memory>
#include<algorithms>
// ...

export module std;
export istream;
export ostream;
export iostream;
// ...
```

还有一种快捷方式能达到上述目的：

```
export module std;

export import "iostream";
export import "string";
export import "vector";
export import "list";
export import "memory";
export import "algorithms";
// ...
```

其中的结构：

```
import "iostream";
```

将头文件单元直接 import（导入），是使用模块还是使用头文件的折中方案。它接受头文件并将其变成类似模块的东西，它也可以将名称注入全局命名空间（如**#include**）并泄漏宏。

编译它不会像直接用**#include** 一样慢，但也不如正规结构的模块（module）编译快。

A.5　建议

[1]　优先使用提供实现的模块；A.2 节。
[2]　使用模块；A.3 节。
[3]　优先使用命名模块而不是头文件单元；A.4 节。
[4]　要使用 C 标准中的宏和全局名称，请 **import std.compat**；A.1 节。
[5]　避免使用宏；A.1 节；[CG: ES.30] [CG: ES.31]。